高 等 学 校 教 材

燃烧与爆炸理论

赵雪娥　孟亦飞　刘秀玉编
魏新利审

化学工业出版社

·北京·

本书涉及了燃烧、爆炸的基本原理，着重论述了燃烧爆炸危险性物质及其特性、燃烧爆炸事故后果分析，对实际生产有一定的指导作用。本书引用了最新的国家标准 GB 18218—2009《危险化学品重大危险源辨识》以及化工企业定量风险评价导则（征求意见稿），更新了危险化学品的分类方法。

本书理论与实践并重，在理论上阐明基本原理的同时，重视工程上的实用性。书中详细阐述了 9 类共计 85 种典型的燃烧、爆炸危险性物质的燃爆特性及灭火方法，以及 15 个泄漏、池火灾、蒸气云爆炸、沸腾液体扩展蒸气云爆炸、物理爆炸、中毒等事故后果进行的定量分析和计算实例。此外书中所列入的工艺参数、相关数据对生产实践均有一定的参考价值。

该书系统性强、内容充实、实用性强，可作为高等院校的化工安全工程等相关专业教材，也可作为消防工程从业人员、安全评价人员以及从事相关专业的研究人员和技术管理人员的参考书。

图书在版编目（CIP）数据

燃烧与爆炸理论/赵雪娥，孟亦飞，刘秀玉编．—北京：化学工业出版社，2010.12（2024.1重印）

高等学校教材

ISBN 978-7-122-09743-9

Ⅰ．燃…　Ⅱ．①赵…②孟…③刘…　Ⅲ．①燃烧学-高等学校教材②爆炸-理论-高等学校-教材　Ⅳ．O643.2

中国版本图书馆 CIP 数据核字（2010）第 205375 号

责任编辑：程树珍　金玉连　　　　　　　装帧设计：周　遥
责任校对：郑　捷

出版发行：化学工业出版社（北京市东城区青年湖南街 13 号　邮政编码 100011）
印　　装：北京七彩京通数码快印有限公司
787mm×1092mm　1/16　印张 12½　字数 334 千字　2024 年 1 月北京第 1 版第 8 次印刷

购书咨询：010-64518888　　　　　　售后服务：010-64518899
网　　址：http://www.cip.com.cn
凡购买本书，如有缺损质量问题，本社销售中心负责调换。

定　　价：45.00 元

前　言

自盘古开天，燃烧、爆炸与人类社会的发展密不可分。从茹毛饮血的祖先钻木取火的那一刻起，人类就不再惧怕寒冷，不用吞下生肉，不怕野兽袭击。得益于火药的发明，鞭炮增添了节日的喜庆气息。核聚变产生的新能源使世界为之喝彩，却阻止不了原子弹毁灭了日本广岛、长绮。化石燃料给人类社会带来了诸多便利，而其产物二氧化碳导致的温室效应，又给我们带来了生存危机。"科学技术是一把双刃剑"，燃烧、爆炸既造福了人类，也给人类留下痛苦的回忆。

近年来，随着石油、化学工业的迅猛发展，新工艺、新技术、新装置、新产品层出不穷，由此造成燃烧、爆炸事故频发。关于燃烧与爆炸理论的书籍纷纷面世，却多偏重于火灾与爆炸的防治。通过多年的教学实践，笔者发现，作为化工安全工程专业的学生需要的不仅是一些防火防爆技术，更重要的是要系统了解及掌握燃烧、爆炸发生、发展的过程并对可能造成的事故进行定性、定量的后果分析。

本书所用素材，部分来自我们多年来从事燃烧与爆炸理论相关学科的教学、科研以及对外协作的积累和体会，部分来自于对近年来国内外出版的相关教材、专著的学习和吸收。本书的基本内容已作为安全工程本科专业的主干课《燃烧与爆炸理论》的讲义使用多年，取得了良好的教学效果。现在此基础上加以修订和补充，使之更适合教学的需要。

教材在内容上，力求正确阐述各门学科的基本理论、基础知识，既注重教材的深度和广度，又注重突出基本理论、基础知识在安全生产工作中的具体应用，并兼顾到内容的科学性、系统性和实用性。

在本书的编写过程中得到了魏新利教授、詹予忠教授、刘诗飞教授等同仁的大力支持和帮助，在此一并向诸位表示最衷心的感谢。

本书的第1章、第2章、第6章～第8章由赵雪娥编写，第3章由孟亦飞编写，第4章、第5章由刘秀玉编写，全书由赵雪娥整理，魏新利主审。

由于作者学识、经验所限，书中可能出现的缺点、错误，敬请同仁和读者予以批评指正。

编　者
2010 年 9 月

目　录

1 绪 论

燃烧，俗称火，是自然界中最神奇和最常见的自然现象之一，是人类在生活中不可缺少的伙伴。远古时期的人学会了钻木取火或以燧石打出火星来生火，开始用火熟食，后来又用火制陶、酿酒、煮盐、冶炼金属、烧制玻璃、发明火药等。人们从用火的实践中开始认识到火除了发光、发热之外，还能使物质发生变化。如果从我们的祖先"元谋人"使用野火的那个时候算起，至今最少也有一百多万年的历史了。在这漫长的历史长河中，出现了诸如关于火的"本源"论、"五行"论、"四大"论、"四元"论、"火微粒"论、"燃素"论。

17世纪末，德国的斯晔尔提出燃素论作为燃烧理论。按照燃素论，一切物质之所以能够燃烧，都是由于其中含有被称为燃素的物质。当燃素逸至空气中时就引起了燃烧现象，逸出的程度愈强，就愈容易产生高热、强光和火焰。物质易燃和不易燃的区别，就在于其中含有燃素量的多寡不同。这一理论对许多燃烧现象给予了说明。但是，一些本质问题尚不清楚，如燃素的本质是什么？为什么物质燃烧重量反而增加？为什么燃烧使空气体积减小？

1774年英国化学家普里斯特利在实验室里用聚光镜分解汞锻灰时，析出并发现了氧，后来这一发现被法国化学家拉瓦锡得知，并在普里斯特利实验的基础上重复做了大量的实验，经过综合分析和归纳，得出了关于燃烧的氧化学说，并于1777年公布于世。这一学说认为：物质只有在氧中才能燃烧，燃烧是物质和氧的化合反应。由于燃烧是物体和氧的化合反应，燃烧产物所增加的质量必然和物体所吸收的氧的质量相等。从而揭开了燃烧之谜，宣告了燃素论的破灭。

人类对自然界的认识是不断发展的。在科学史上，燃烧的氧化理论代替了"燃素"说，是一个伟大的进步。但是氧化理论也还不是人类对火和燃烧认识的终结，后来又出现了燃烧的活化能理论、过氧化物理论、连锁反应理论等。人类对火和燃烧的认识还会不断发展、继续前进。

1.1 燃烧与爆炸的基本概念

1.1.1 燃烧

燃烧是伴随有发光、放热现象的剧烈的氧化反应。放热、发光、生成新物质是燃烧现象的三个特征。

最初氧化这名词仅被理解为氧与物质的化合，而还原则认为是物质之失去氧。但现在则被理解为被氧化物质之失去电子，而还原则认为是被还原物质之得到电子。例如在氯化氢中，氯为一价，而氯从氢中取得一个电子，因此氯在这种情况下即为氧化剂。这就是说，氢被氯所氧化，并放出热和呈现出火焰。同样，当金属钠在氯气中燃烧时生成氯化钠，可以说钠被氧化而生成氯化钠。

燃烧一般在空气或氧气中进行，氧是氧化剂。但是氧化剂并不限于氧气，氯在氢气中燃烧，炽热的铁、铜与氯气反应等均为燃烧现象。

燃烧不包括一般的不发光的氧化还原反应。如铁生锈、脂肪在人体中的氧化等。因此，能够被氧化的物质不一定都能燃烧，而能燃烧的物质一定能被氧化。

在铜与稀硝酸的反应中，反应结果生成硝酸铜，其中铜失掉两个电子被氧化，但在该反应中没有同时产生光和热，所以不能称它为燃烧。灯泡中的灯丝连通电源后虽然同时发光、发热，但它也不是燃烧，因为它不是一种激烈的氧化反应，而是由电能转变为光能的一种物理现象。

1.1.2 爆炸

爆炸是物质从一种状态迅速地转变到另一种状态，并在瞬间放出巨大能量同时产生巨大声响的现象。

爆炸现象的特征：爆炸过程进行得很快；爆炸点附近压力急剧升高，多数爆炸伴有温度升高；发出或大或小的响声；周围介质发生振动或邻近的物质遭到破坏。

按照爆炸的性质不同，爆炸可以分为物理爆炸、化学爆炸和核爆炸。

1.1.3 燃烧与爆炸的关系

燃烧与爆炸有着密切的关系，尤其是化学爆炸，其反应实质与燃烧完全相同，都是氧化还原反应。另一方面，燃烧与爆炸也有区别，其中最主要的差异就是反应速度不同。例如，可燃气体与空气混合系爆炸与燃烧的本质相同，但速度更快；炸药等爆炸是自身氧化还原反应。

燃烧与爆炸在一定条件下转化。例如，物理爆炸可以间接引起火灾，而化学爆炸可以直接导致火灾。

物质发生燃烧或爆炸与自身因素和外界因素有关。炸药也可以稳定燃烧而不爆炸；混合系燃烧或爆炸与空间限制密切相关；粮食、纤维、煤炭、金属粉尘可发生粉尘爆炸。

1.2 化工生产过程中的燃烧爆炸事故

化工企业的火灾、爆炸事故所造成的损失约占其所有事故损失的 50%，这是由现代化工生产的特点决定的，下面对其进行专门探讨。

1.2.1 现代化工生产的特点

(1) 原材料及产品种类繁多

原材料、产品种类繁多，状态多变，绝大多数为易燃、易爆、有毒、腐蚀性物质。

统计资料表明，石油化工生产所涉及的原料、中间产品、产品、辅料等有 400 万余种，其中绝大多数具有易燃易爆、有毒有害、腐蚀性等特点。例如，油田气、炼厂气、天然气、煤气等都是燃点低、爆炸下限低、最小点火能小的物质，极易引燃爆炸。原油及其产品、各种烃类、树脂等亦都是易燃易爆物质。而且生产中所使用的原料及其产品状态多变，气、液、固、气液、气固、液固、气固等各种状态都可能存在。加之温度、压力、物料流速及流量等操作控制条件的诸多变化，使其生产过程具有较大的火灾爆炸危险性。

(2) 生产装置规模大型化

装置规模大型化，能显著降低单位产品的建设投资和生产成本，提高企业的劳动生产率，降低能耗，提高经济效益。因此，物料处理量大、产品产量高、装置规模大型化是现代石油化工生产的显著特点。目前，我国炼油生产装置年最大加工能力已达到 800×10^4 t/a，乙烯生产装置规模已达到 45×10^4 t/a，并即将扩建到 100×10^4 t/a 的更大规模，合成氨生产装置规模已达到 35×10^4 t/a 以上。装置的大型化有效地提高了生产效率，但规模越大，储存的危险物料越多，潜在的火灾爆炸危险性越大，事故后果越严重。

(3) 生产工艺过程高度连续自动化

石油化工生产从原料输入到产品输出具有高度的连续性，前后生产单元之间环环相扣，紧密相连，相互制约，某一环节出现故障常常会影响整个生产的正常进行。由于装置规模大型化、生产过程连续化、工艺过程复杂以及工艺控制参数要求严格，必然要求现代石油化工生产必须采用自动化程度较高的控制系统。自动化控制能大大地节约劳动生产力，提高生产效率以及生产的安全系数，但是自动控制系统和检测仪器仪表维护保养不周，往往因为误操作、误报警引起事故甚至导致事故扩大。连续化使事故互相影响，局部事故全面停车。

（4）生产工艺高参数化

工艺控制参数苛刻，生产操作严格。石油化工生产为了提高设备的单机效率和产品的收率，缩短产品生产周期，获得最佳经济收益，许多工艺大都在高温（乙烯裂解炉大于1000℃）、高压（合成氨大于10MPa，高压聚乙烯大于280MPa）、高速、低温（液化天然气低于−200℃）、低压、临界甚至超临界状态下进行，工艺参数前后变化大，要求苛刻，控制严格，同时也增大了生产的火灾爆炸危险。

（5）生产设备类型多样，结构简繁不一，动态设备与静态设备并存

化工生产中动态设备主要有各种油泵、水泵、压缩机、风机、真空泵、破碎机、研磨机等。静态设备主要包括各种塔、器、釜、罐、槽、炉、管线等。就设备结构而言，不同种设备结构不同，同种设备结构也千差万别。例如，塔按其功能不同有精馏塔、吸收塔、萃取塔、中和塔等；容器设备按其功能不同有反应器、换热器、缓冲器等，泵按其原理不同有离心泵、往复泵、旋转泵和液体作用泵等。

（6）生产综合化，产品和生产方法多样化

现代大型石油化工生产都是集原料加工、中间产品再处理和产品再加工于一体，成为多种产品的综合性企业。生产一种产品可以联产或副产多种其他产品，同时又需要多种其他原料和中间体配套。同一种产品的生产往往可以采用不同的原料和不同的生产方法，例如，苯可以通过石脑油铂重整获得，炼厂副产获得，裂解制乙烯副产以及甲苯经脱烷基制取。而用同一种原料采用不同的方法可以得到不同的产品。例如以乙炔为原料可以得到多种产品，合成橡胶、人造树脂、丙酮、烯酮、炭黑等。

1.2.2 工业装置燃烧爆炸事故常见模式

（1）装置外混合系爆炸

可燃物质泄漏于装置外，引起火灾或爆炸事故。

① 装置质量因素的泄漏 材料错误，品质不符；强度不足；加工、制造缺陷；裂纹扩展；结构缺陷；密封失效。

② 装置工艺因素的泄漏 高流速介质冲刷与摩擦；反复应力作用；腐蚀；蠕变失效；冷脆断裂；结焦；结垢；老化变质；内压超高。

③ 外力因素 外力打击；运载过程倾倒施工破坏；强力拉断；基础下沉或倾斜；支撑体变化；自然灾害；人为因素；操作失误；有意破坏。

（2）装置内混和系爆炸

装置内形成爆炸物质。

① 空气进入装置 负压；密封失效；隔断阀打开；空气压送。

② 配气错误 气源错误；操作错误；计算设定错误。

③ 新生爆炸系 新生气体；新生爆炸危险物；新生过氧化物；杂质积累。

④ 可燃气错误 点燃失控；燃烧中断；隔断失效；压差失控；气体倒流。

（3）压力平衡破坏爆炸

① 高压窜入低压系统 隔断失效；负压；逆止阀失效；液封失效。

② 憋压 系统阻力；排空系统失效；呼吸阀失效；液封或气阻，出口阀关闭。

③ 倒流 气源中断；逆止阀失效；反转。

④ 负压　真空过大；系统降温；呼吸阀失效；冷夜浸入；液位降低。

（4）过压爆炸

ⅰ．高压窜入；

ⅱ．压缩气源增压；

ⅲ．异常反应；

ⅳ．热膨胀；

ⅴ．真空失效。

（5）热平衡破坏爆炸

① 反应物料配比变化　超浓度；配置错误；错误配比。

② 初始反应温度低　未启动搅拌及加热系统；热载体问题。

③ 反应物积聚过量　计量错误；加料速度过快。

④ 温升过快　降温系统失效；催化剂活性高；引发剂过量。

⑤ 催化剂影响　活化过程失效；数量不准；粒径、规格不符。

⑥ 热敏感物、副产物　原料杂质影响；残存物积累。

⑦ 过反应物　温度或压力失控；反应周期过长。

⑧ 测量控制系统有误　调节系统失控；计量错误。

⑨ 异常反应　暴聚；加热介质选择不当。

（6）蒸汽爆炸

ⅰ．外壳破坏、气液平衡破坏、液体介质汽化闪蒸

ⅱ．过热液体减压闪蒸

ⅲ．超过临界温度液体汽化

ⅳ．低沸点液体进入高温系统

ⅴ．高温热载体夹带低沸点液体

ⅵ．反应热液相快速汽化

ⅶ．满罐胀裂液体迅速汽化

（7）液化气体、过热液体爆炸

① 容器质量因素破裂　设计强度不够；材质、制造、加工缺陷。

② 外热影响温度超高　装置内外的固定热源。

③ 满罐胀裂　残液未清导致超装；低温充装。

④ 内部反应热　倒罐时混进反应物；沉淀或积累危险物；混装。

（8）装置泄漏

① 本体材料泄漏　材质缺陷；局部应力；反复载荷；蠕变外力；应力腐蚀；残余应力；裂纹扩展；异常温度；异常外力；腐蚀穿孔。

② 法兰泄漏　平行度不良，加工缺陷；紧固缺陷；热变形；腐蚀；材质不符；错装备；热应力；疲劳；外力；强度影响。

③ 焊缝　焊条选择不当；焊接电流影响；加工接口不良；杂质异物影响；施焊方法不当；材质问题；残余应力；裂纹；热膨胀；振动。

④ 衬垫　材质不良；残余应力；缩孔；位移；硬度影响；机械强度；使用错误；疲劳；内压增大；振动；热应力；反复荷重；安装质量；腐蚀。

⑤ 螺栓　材质影响；应力影响；温差影响；安装质量；选型不当；内压作用；振动。

（9）凝聚相燃烧爆炸

ⅰ．罐内流体快速燃烧；

ⅱ. 装置内油及其他易燃液体快速燃烧；

ⅲ. 油面燃烧引起热波突沸；

ⅳ. 装置内物系热分解；

ⅴ. 装置内残渣或残留物受热分解；

ⅵ. 溶解气体释放被点燃；

ⅶ. 装置保温材料局部燃烧。

（10）分解爆炸

ⅰ. 单一气体分解爆炸；

ⅱ. 爆炸物受热分解爆炸；

ⅲ. 有机过氧化物热分解爆炸；

ⅳ. 无机过氧化物分解爆炸；

ⅴ. 热敏感物分解爆炸；

ⅵ. 有机物热分解爆炸；

ⅶ. 高分子物热分解爆炸

ⅷ. 釜残物热分解爆炸。

（11）混合危险爆炸

ⅰ. 氧化剂与还原剂反应

ⅱ. 遇水燃烧

ⅲ. 遇水发热

ⅳ. 混合发热。

（12）喷雾爆炸

ⅰ. 可燃液体高速泄漏；

ⅱ. 装置排空；

ⅲ. 可燃液体喷射；

ⅳ. 气体凝缩；

ⅴ. 可燃液体飞散降落；

ⅵ. 高压油路系统泄漏；

ⅶ. 喷井引燃；

ⅷ. 压缩气体中带油雾。

（13）粉尘爆炸

ⅰ. 高速风送粉尘静电火花引爆；

ⅱ. 悬浮粉尘被点燃；

ⅲ. 堆积粉尘燃烧引爆。

1.2.3 重大火灾、爆炸事故案例

【案例1】 孙家湾矿难

2005年2月14日15时03分，辽宁省阜新矿业（集团）有限责任公司孙家湾煤矿海州立井发生一起特别重大瓦斯爆炸事故，死亡213人。30人受伤，直接经济损失4968.9万元。

直接原因 冲击地压造成3316工作面风道外段大量瓦斯异常涌出，3316风道里段掘进工作面局部停风造成瓦斯积聚，致使回风流中瓦斯浓度达到爆炸极限；工人违章带电检修架子道（距专用回风上山8m处）临时配电点的照明信号综合保护装置，产生电火花引起瓦斯爆炸。

【案例2】 山西襄浏花炮厂爆炸

2005年1月11日14时30分左右，位于山西省襄汾县京安村的襄浏花炮厂突然发生爆

炸。事故共造成 26 人死亡，9 人受伤，直接经济损失近 630 万元人民币。

直接原因 违章用机动车装运礼花弹时，不仅超高、超重，而且未采取固定措施。在使用前未对车辆进行认真清理。在倒车过程中，包装箱底部与车厢发生摩擦，使遗漏的烟火药剂尤其是黑火药、氯酸钾受摩擦产生火花，引发爆炸。

【案例 3】 洛阳东都商厦火灾

2000 年 12 月 25 日，河南省洛阳市东都商厦发生特大火灾事故火灾，死亡 309 人。直接经济损失 275 万元。

直接原因 该商厦负一层非法施工、施焊、电焊火花溅落到地下二层家具商场的可燃物，造成火灾。施焊人员明知商厦地下二层存有大量可燃木制家具，却在不采取任何防护措施的情况下违法施工，导致火灾发生。

【案例 4】 哈尔滨亚麻纺织厂爆炸

1987 年 3 月 15 日 2 时 39 分，哈尔滨亚麻纺织厂爆炸，造成伤亡 235 人，其中重伤 65 人，轻伤 112 人，死亡 58 人。直接经济损失 881.9 万元。

直接原因 静电引起亚麻粉尘爆炸。

【案例 5】 吉林市煤气公司液化石油气厂 102 号罐爆炸

1979 年 12 月 18 日 14 点 7 分，吉林市煤气公司液化气站的 102 号 400m³ 液化石油气球罐发生破裂，裂口长达 13m 多，大量液化石油气喷出，顺风向北扩散，遇明火发生燃烧，引起球罐爆炸。大火烧了 19h，致使 5 个 400m³ 的球罐、4 个 450m³ 卧罐和 8000 多只液化石油气钢瓶（其中空瓶 3000 多只）爆炸或烧毁，死 36 人，重伤 50 人。直接经济损失约 627 万元。

直接原因 焊接质量低劣，球罐破裂。

【案例 6】 德州石油化工厂电解车间液氯工段液氯钢瓶爆炸

1985 年 3 月 22 日，山东省德州石油化工厂电解车间液氯工段液氯钢瓶爆炸，当场炸死 3 人，重伤 2 人，液氯充装管道被炸毁，厂房遭到严重破坏。

直接原因 回收钢瓶未经检验，内部残留芳香烃，充气时发生剧烈反应引起高温高压爆炸。

【案例 7】 1991 年、1993 年河南两起过氧化苯甲酰爆炸事故

1991 年 12 月 6 日下午 2 时 15 分，许昌制药厂一分厂干燥器内的过氧化苯甲酰发生化学分解强力爆炸，死亡 4 人，重伤 人，轻伤 2 人。

1993 年 6 月 26 日，郑州市食品添加剂厂 7t 多过氧化苯甲酰爆炸事故，死 27 人，受伤 33 人，经济损失 300 万元。

直接原因 具体原因不详，但仓库、厂房、办公区布局不合理。

【案例 8】 温州市电化厂氯气车间液氯钢瓶爆炸

1979 年 9 月 7 日，温州市电化厂氯气车间发生了一起液氯钢瓶爆炸的恶性事故。有 59 人死亡，779 人中毒住院，400 多人接受门诊治疗。直接经济损失达 63 万多元。

有一块 0.8kg 的钢片竟飞离出事地点 800m 左右，还有一块 72kg 的钢片飞越厂区，击断树干，穿透砖墙，落到 85m 外居民住宅里，把一位正在忙碌家务的老大娘砸死。爆炸气浪使 444m² 的钢筋混凝土厂房夷为平地。爆炸中心的水泥地面被作成深 1.8m、直径 6m 的大坑。

直接原因 瓶内液体石蜡与氯反应造成爆炸，引起其他钢瓶爆炸。用户使用氯气违章，使液体石蜡倒灌入钢瓶。充装前未检验钢瓶。

【案例 9】 长沙市造纸厂芦苇火灾

1988 年 8 月 2 日下午 7 时 20 分，长沙市造纸厂芦苇堆起火，大火在 7h 以后才被控制住，待完全把火扑灭，已是 5 天 5 夜以后了。这场大火，烧掉造纸原料芦苇约 2000t，直接经济损失达 40 多万元。

直接原因 潮湿芦苇自燃。事先有征兆，发现芦苇碳化、有烫死的老鼠，但没人知道芦苇会自燃，未采取措施。

【案例10】 深圳市清水河危险化学品仓库爆炸

1993 年 8 月 5 日 13 时 26 分，深圳市安贸危险物品储运公司（以下简称安贸公司）清水河危险化学品仓库发生特大爆炸事故，爆炸引起大火，14 时后着火区又发生第二次强烈爆炸。这起事故造成 15 人死亡、200 人受伤，其中重伤 25 人，直接经济损失 25 亿元。

直接原因 过硫酸铵（强氧化剂）与硫化碱（还原剂）接触，发生激烈的氧化还原反应，热量积聚导致起火燃烧，并引燃引爆仓内其他化学品，最终引发硝酸铵爆炸成灾。

【案例11】 青岛市黄岛油库火灾

1989 年 8 月 12 日 9 时 55 分，胜利输油公司所属青岛市黄岛油库特大爆炸火灾事故，大火前后燃烧了 104h，有 14 名消防官兵牺牲，66 人受伤；5 名油库职工牺牲，12 人受伤。烧掉原油 3.6 万吨，烧毁油罐 5 座，直接经济损失 3500 多万。600t 原油流入海里，使附近海域和沿岸受到一定程度的污染。整个救援中动用了 2204 名公安、消防战士，159 辆消防车，10 架飞机，19 艘舰船，239 吨灭火药剂。

直接原因 非金属油罐本身存在缺陷，遭受对地雷击，产生的感应火花引爆油气。

【案例12】 墨西哥城液化气供应中心站爆炸

1984 年 11 月 19 日 5 时 40 分左右，墨西哥首都墨西哥城近郊液化气供应中心站爆炸，站内的 54 座液化气贮罐几乎全部爆炸起火，附近居民受到严重损害。事故中约有 490 人死亡，4000 人负伤，另有 900 人失踪。民房倒塌和部分损坏达 1400 余所，致使 1000 人无家可归。

直接原因 液化气泄漏遇明火或火花；人为破坏。

【案例13】 成都红光化工厂硝化车间爆炸

1987 年 5 月 3 日，成都红光化工厂硝化车间发生了一起爆炸事故。这次事故炸死 7 人，炸伤 46 人，整个硝化工房和设备被炸毁，共炸毁房屋面积 4281 平方米，直接经济损失 596 万元，间接经济损失近 2000 万元。

直接原因 硝化反应失控，处理措施不当。

【案例14】 江苏淮阴有机化工厂爆炸

1991 年 10 月 8 日 6 时 50 分，淮阴有机化工厂中试室，一台生产高分子聚醚的 100L 高压反应釜突然发生爆炸，连接釜盖和釜体的紧固螺栓被拉断，质量约为 80kg 的釜盖飞落到离原地 80m 远的地方，高压反应釜上安装的安全阀、压力表等也被炸毁。爆炸产生的气浪将房顶掀掉，约 20m² 的中试室完全倒塌，三名操作人员当场被炸死。

直接原因 加料速度过快、过多，违章改"滴加"为"批加"。

1.3 火灾损失统计

据统计，我国 20 世纪 50 年代的火灾直接财产损失平均每年不到 5000 万元（人民币，下同），60 年代平均每年为 1.2 亿元，70 年代平均每年为 2.5 亿元，80 年代平均每年为 3.2 亿元，90 年代平均每年高达 11.6 亿元。仅 2001 年一年，全国就发生火灾 215863 起，死 2314 人，伤 3752 人，直接财产损失 13.9 亿元（上述火灾统计数字均不包括港、澳、台地区和森林、草原、军队、矿井地下发生的火灾）。

1.3.1 2007 年火灾损失统计

据数据统计，全年共发生火灾 15.9 万起（不含森林、草原、军队、矿井地下部分火灾），死亡 1418 人，受伤 863 人，直接财产损失 9.9 亿元，与 2006 年相比，起数、死亡和受伤人数分别下降 30.7%、11.6% 和 40.8%，损失上升 21.7%。

据分析，电气和用火不慎引发的火灾占总数一半以上。而亡人火灾多发生在夜间，以凌晨 2 时至 4 时最为集中。

1.3.2 2008 年火灾损失统计

据统计，2008 年全国共发生火灾 13.3 万起（不含森林、草原、军队、矿井地下部分火灾），死、伤分别为 1385、684 人，直接财产损失 15 亿元，与 2007 年相比，除损失上升 39.3% 外，起数、死伤人数分别下降 16.2%、2.9% 和 21.6%。主要特点有：冬、春、夏、秋季节火灾起数分别占 37%、26%、18% 和 19%；农村和县城集镇火灾所占比重较大（起数和亡人分别占城乡火灾总数的 57% 和 67%），住宅和人员密集场所仍是防控重点；商场、市场和仓储场所火灾损失增加，是全年火灾损失上升的主因；夜间火灾亡人率高出白天 3 倍多，且极易造成多人伤亡；电气火灾所占比重呈加大趋势。

1.3.3 2009 年火灾损失统计

据统计，2009 年 1 至 11 月份，全国共发生火灾 11.7 万起，死亡 945 人，受伤 551 人，直接财产损失 11.6 亿元，与 2008 年同期相比，四项数字分别下降 2.5%、21.6%、11.7% 和 20%。火灾各项数据没有随经济社会飞速发展、社会财富急剧增加而呈上升趋势，这与 2009 年采取的各项强力措施密不可分。

2　燃烧基本原理

2.1　燃烧条件

燃烧是有条件的，它必须是可燃物、氧化剂和点火源三个基本要素同时存在并且相互作用才能发生。也就是说，发生燃烧的条件必须是可燃物质和氧化剂共同存在，并构成一个燃烧系统；同时，要有导致着火的点火源。

2.1.1　燃烧三要素

（1）可燃物

物质被分成可燃物质、难燃物质和不可燃物质三类。可燃物质是指在火源作用下能被点燃，并且当火源移去后能继续燃烧，直到燃尽的物质，如汽油、木材、纸张等。难燃物质是在火源作用下能被点燃并阴燃，当火源移去后不能继续燃烧的物质，如聚氯乙烯、酚醛塑料等。不可燃物质是在正常情况下不会被点燃的物质，如钢筋、水泥、砖、瓦、灰、砂、石等。

可燃物质是主要研究对象。凡是能与空气、氧气和其他氧化剂发生剧烈氧化反应的物质，都称为可燃物质。可燃物的种类繁多，按其状态不同可分为气态、液态和固态三类，一般是气体较易燃烧，其次是液体，再次是固体；按其组成不同可分为无机可燃物质和有机可燃物质两类。可燃物较多为有机物，少数为无机物。无机可燃物质主要包括某些金属单质，如生产中常见的铝、镁、钠、钾、钙以及某些非金属单质，如磷、硫、碳；此外，还有一氧化碳、氢气等。有机可燃物质种类繁多，大部分都含有碳、氢、氧元素，有些还含有少量的氮、硫、磷等。其中，碳是主要成分，其次是氢，它们在燃烧时放出大量热量。硫和磷的燃烧产物会污染环境，对人体有害。

（2）氧化剂

凡具有较强的氧化性能，能与可燃物发生氧化反应的物质称为氧化剂。氧气是最常见的一种氧化剂，由于空气中含有 21％的氧气，因此，人们的生产和生活空间，普遍被这种氧化剂所包围。多数可燃物能在空气中燃烧，也就是说，燃烧的氧化剂这个条件广泛存在着，而且采取防火措施时，在人们工作和生活的场所，它不便被消除。此外，生产中的许多元素和物质如氟、氯、溴、碘以及硝酸盐、氯酸盐、高锰酸盐、过氧化氢、过氯酸盐、金属过氧化物、硝酸铵等，都是氧化剂。

（3）点火源

具有一定温度和热量的能源，或者说能引起可燃物质着火的热源称为点火源。生产和生活中常用的多种热源都有可能转化为点火源。例如，化学能转化为化合热、分解热、聚合热、着火热、自燃热；电能转化为电阻热、电火花热、电弧热、感应发热、静电发热、雷击发热；机械能转化为摩擦热、压缩热、撞击热；光能转化为热能以及核能转化为热能。同时，这些热源的能量转化可能形成各种高温表面，如灯泡、汽车排气管、暖气管、烟囱等。还有自然界存在的地热、火山爆发等。

2.1.2　燃烧的充分条件

可燃物、助燃物和点火源是构成燃烧的三个要素，缺少其中任何一个，燃烧都不能发生。然而，燃烧反应在温度、压力、组成和点火能等方面都存在着极限值。在某些情况下，如可燃物未达到一定的含量，助燃物数量不够，点火源不具备足够的温度或热量，那么，即使具备了三个条件，燃烧也不会发生。例如氢气在空气中的含量少于4％时便不能点燃，而一般可燃物质当空气中含氧量低于14％时便不会发生燃烧。又如，锻件加热炉燃煤炭时飞溅出的火星可以点燃油、棉、丝或刨花，但如果溅落在大块木材上，就会发现它很快熄灭了，不能引起木材的燃烧，这是因为火星虽然有超过木材着火的温度，但却缺乏足够热量的缘故。

实际上，燃烧反应在可燃物、氧化剂和点火源等方面都存在着极限值。

因此，燃烧的充分条件有以下几方面。

① 一定的可燃物含量　可燃气体或蒸气只有达到一定的含量时才会发生燃烧。例如，氢气的含量低于4％时，便不能点燃；煤油在20℃时，接触明火也不会燃烧，这是因为在此温度下，煤油蒸气的数量还没有达到燃烧所需含量的缘故。

② 一定的含氧量　几种可燃物质燃烧所需要的最低含氧量见表2-1。

表 2-1　几种可燃物质燃烧所需要的最低含氧量

可燃物名称	最低含氧量/％	可燃物名称	最低含氧量/％
汽油	14.4	乙炔	3.7
乙醇	15.0	氢气	5.9
煤油	15.0	大量棉花	8.0
丙酮	13.0	黄磷	10.0
乙醚	12.0	橡胶屑	12.0
二硫化碳	10.5	蜡烛	16.0

③ 一定的点火源能量　即能引起可燃物质燃烧的最小点火能。一些可燃物的最小点火能见表2-2。

表 2-2　一些可燃物的最小点火能

物质名称	最小点火能/mJ	物质名称	最小点火能/mJ 粉尘云	最小点火能/mJ 粉尘
汽油	0.2	铝粉	10	1.6
氢(28%～30%)	0.019	合成醇酸树脂	20	80
乙炔	0.019	硼	60	
甲烷(8.5%)	0.28	苯酚树脂	10	40
丙烷(5%～5.5%)	0.26	沥青	20	6
乙醚(5.1%)	0.19	聚乙烯	30	
甲醇(2.24%)	0.215	聚苯乙烯	15	
呋喃(4.4%)	0.23	砂糖	30	
苯(2.7%)	0.55	硫黄	15	1.6
丙酮(5.0%)	1.2	钠	45	0.004
甲苯(2.3%)	2.5	肥皂	60	3.84
乙酸乙烯(4.5%)	0.7			

④ 相互作用　燃烧的三个基本条件需相互作用，燃烧才能发生和持续进行。

综上所述，燃烧必须在充分的条件下才能进行，缺少其中任何一个，燃烧便不会发生。

2.1.3　燃烧条件的应用

燃烧不仅需要一定的条件，而且燃烧条件是一个整体，无论缺少哪一个，燃烧都不能发生。人们掌握了燃烧条件，就可以了解灭火的基本原理。火灾发生的条件实质上就是燃烧的条件。对于已经进行的燃烧（火灾），若消除其中任何一个条件，火灾便会终止，这就是燃烧条件的应用。

2.1.3.1　灭火的基本原理

一切灭火措施，都是为了防止火灾发生和（或）限制燃烧条件互相结合、互相作用。从燃烧的条件出发，消除三要素之一，即为灭火的原理。

（1）控制可燃物和助燃物

根据不同情况采取不同措施，破坏燃烧的基础和助燃条件，即可防止形成燃爆介质。例如：用难燃或不燃材料代替易燃或可燃材料；用水泥代替木材建造房屋；用防火涂料处理可燃材料，以提高其耐火极限；在材料中掺入阻燃剂，进行阻燃处理，使易燃材料变成难燃或不燃材料；加强通风，降低可燃气体、蒸气和粉尘在空间的浓度，使其低于爆炸浓度下限；凡是在性质上抵触能相互作用的物品，分开储运；对易燃易爆物质的生产，在密闭设备中进行；对有易燃物料的设备系统，停产后或检修前，用惰性气体吹洗置换；对乙炔生产、甲醇氧化、TNT 球磨等特别危险的工艺，可充装氮气保护等。

（2）控制和消除点火源

在人们生活、生产中，可燃物和空气是客观存在的，绝大多数可燃物即使暴露在空气中、若没有点火源作用，也是不能着火（爆炸）的。从这个意义上来说，控制和消除点火源是防止火灾的关键。

一般而言，实际生产、生活中经常出现的火源大致有以下几种：生产用火、生活用火、炉火、干燥装置、烟囱烟道、电器设备、机械设备、高温表面、自燃、静电火花、雷击和其他火源。根据不同情况、控制这些火源的产生和使用范围，采取严密的防范措施，严格动火用火制度，对于防火防爆十分重要。

（3）控制生产中的工艺参数

工业生产特别是化工生产中，正确控制各种工艺参数是防止火灾爆炸的根本手段。根据燃烧原理和消防工作中的实践经验，实际工作中可采取下述基本措施：

为了严格控制温度，正确选用传热介质，并设置灵敏优质的控温仪表，不间断地冷却和搅拌，防止冲料起火；控制原料纯度，严格控制投料速度、投料配比、投料顺序，防止可燃物料跑、冒、滴、漏等。

（4）阻止火势扩散蔓延

一旦发生火灾，应千方百计迅速使火灾或爆炸限制在较小的范围内，不使新的燃烧条件形成，造成火势蔓延扩大。

限制火灾爆炸扩散蔓延的措施，应在工艺设计开始就要加以统筹考虑。对于建筑物的布局、结构以及防火防烟分区、工艺装置和各种消防设施的布局与配置等，不仅要考虑节省土地和投资，有利于生产、生活方便，而且更要确保安全。

根据不同情况，可采取下列措施：在建筑物之间设置防火防烟分区、筑防火墙、留防火间距；对危险性较大的设备和装置，采取分区隔离、露天布置和远距离操作的方法；在能形成爆炸介质的厂房、库房、工段，设泄压门窗、轻质屋盖，安装安全可靠的安全液封、水封井、阻火器、单向阀、阻火闸、火星熄灭器等阻火设备；装置一定的火灾自动报警、自动灭火设备或固定、半固定的灭火设施，以便及时发现和扑救初起火灾等。

2.1.3.2 灭火方法

一切灭火方法，都是为了破坏已经形成的燃烧条件，或者使燃烧反应中的游离基消失，以迅速熄灭或阻止物质的燃烧，最大限度地减少火灾损失。根据燃烧条件和灭火的实践经验，灭火的基本方法有以下四种。

（1）隔离法

隔离法是将未燃烧的物质与正在燃烧的物质隔开或疏散到安全地点，燃烧会因缺乏可燃物而停止。这是扑灭火灾比较常用的方法，适用于扑救各种火灾。

在灭火过程中，根据不同情况，可采取：关闭可燃气体、液体管道的阀门，以减少和阻止可燃物质进入燃烧区；将火源附近的可燃、易燃、易爆和助燃物品搬走；排除生产装置、容器内的可燃气体或液体；设法阻挡流散的液体；拆除与火源毗连的易燃建（构）筑物，形成阻止火势蔓延的空间地带；用高压密集射流封闭的方法扑救井喷火灾等措施。

（2）窒息法

窒息法是隔绝空气或稀释燃烧区的空气氧含量，使可燃物得不到足够的氧气而停止燃烧。它适用于扑救容易封闭的容器设备、房间、洞室和工艺装置或船舱内的火灾。

在灭火中根据不同情况，可采取：用干砂、石棉布、湿棉被、帆布、海草等不燃或难燃物捂盖燃烧物，阻止空气流入燃烧区，使已经燃烧的物质得不到足够的氧气而熄灭；用水蒸气或惰性气体（如 CO_2、N_2）灌注容器设备稀释空气，条件允许时，也可用水淹没的窒息方法灭火；密闭起火的建筑、设备的孔洞和洞室；用泡沫覆盖在燃烧物上使之得不到新鲜空气而窒息等措施。

（3）冷却法

冷却法是将灭火剂直接喷射到燃烧物上，将燃烧物的温度降到低于燃点，使燃烧停止；或者将灭火剂喷洒在火源附近的物体上，使其不受火焰辐射热的威胁，避免形成新的火点，将火灾迅速控制和扑灭。最常见的方法，就是用水来冷却灭火。比如，一般房屋、家具、木柴、棉花、布匹等可燃物质都可以用水来冷却灭火。二氧化碳灭火剂的冷却效果也很好，可以用来扑灭精密仪器、文书档案等贵重物品的初期火灾。还可用水冷却建（构）筑物、生产装置、设备容器，以减弱或消除火焰辐射热的影响。但采用水冷却灭火时，应首先掌握"不见明火不射水"这个防止水渍损失的原则。当明火焰熄灭后，应立即减少水枪支数和水流量，防止水渍损失。同时，对不能用水扑救的火灾，切忌用水灭火。

（4）抑制法

抑制法基于燃烧是一种连锁反应的原理，使灭火剂参与燃烧的连锁反应，它可以销毁燃烧过程中产生的游离基，形成稳定分子或低活性游离基，从而使燃烧反应停止，达到灭火的目的。采用这种方法的灭火剂，目前主要有 1211、1301 等卤代烷灭火剂和干粉灭火剂。但卤代烷灭火剂对环境有一定污染，特别是对大气臭氧层有破坏作用，生产和使用将会受到限制，各国正在研制灭火效果好且无污染的新型高效灭火剂来代替。

在火场上究竟采用哪种灭火方法，应根据燃烧物质的性质、燃烧特点和火场的具体情况以及消防器材装备的性能进行选择。有些火场，往往需要同时使用几种灭火方法，比如用干粉灭火时，还要采用必要的冷却降温措施，以防止复燃。

2.1.4 火灾分类

GB/T4968—2008 火灾分类根据可燃物的类型和燃烧特性将火灾定义为以下六个不同的类别。

① A 类火灾 固体物质火灾。这种物质通常具有有机物性质，一般在燃烧时能产生灼热的余烬。

② B 类火灾　液体或可熔化的固体物质火灾。

③ C 类火灾　气体火灾。

④ D 类火灾　金属火灾。

⑤ E 类火灾　带电火灾。物体带电燃烧的火灾。

⑥ F 类火灾　烹饪器具内的烹饪物（如动植物油脂）火灾。

2.2　燃烧形式及燃烧过程

2.2.1　燃烧类型

燃烧按其要素构成的条件和瞬间发生的特点，分为闪燃、着火、自燃、爆炸 4 种类型。

（1）闪燃

各种液体的表面都有一定量的蒸气存在，蒸气的浓度取决于该液体的温度。可燃液体表面或容器内的蒸气与空气混合而形成混合可燃气体，遇火源即发生燃烧。在一定温度下，可燃性液体（包括少量可熔化的固体，如萘、樟脑、硫黄、石蜡、沥青等）蒸气与空气混合后，达到一定浓度时，遇点火源产生的一闪即灭的燃烧现象，叫做闪燃。

液体（和少量固体）产生闪燃现象的最低温度，称为闪点。闪点是衡量可燃液体危险性的主要依据。当可燃液体温度高于其闪点时则随时都有被火点燃的危险。闪点这个概念主要适用于可燃性液体，某些固体（如樟脑和萘等）也能在室温下挥发或缓慢蒸发，因此也有闪点。闪燃现象的产生，是因为可燃性液体在闪燃温度下，蒸发速度不快，蒸发出来的气体仅能维持瞬间的燃烧，而来不及补充新的蒸气以维持稳定的燃烧，故燃一下就灭。

闪燃虽然是瞬间现象，但却具备燃烧的全部特征，因此，也是人们必须研究和掌握的一种燃烧类型。

（2）着火

可燃物质在与空气并存条件下，遇到比其自燃点高的点火源便开始燃烧，并在点火源移开后仍能继续燃烧，这种持续燃烧的现象叫着火。一切物质的燃烧都是从它们的着火开始。着火就是燃烧的开始，并通常以出现火焰为特征。

可燃物质开始着火所需要的最低温度叫燃点，又称着火点或火焰点。

对于可燃性液体，燃点则是指液体表面上的蒸气与空气的混合物接触点火源后出现有焰燃烧时间不少于 5s。

燃点对评价可燃固体和高闪点液体的危险性具有重要意义。

（3）自燃

可燃物在没有外部火花、火焰等点火源的作用下，因受热或自身发热并蓄热而发生的自然燃烧现象，叫做自燃。使可燃物发生自燃的最低温度，叫做自燃点。可燃物的自燃点愈低，火灾危险性愈大。

自燃现象按热的来源不同，分为受热自燃和自热自燃（本身自燃）。

① 受热自燃　可燃物质在外部热源作用下，使温度升高，当达到其自燃点时，即着火燃烧，这种现象称为受热自燃。可燃物质与空气一起被加热时，首先开始缓慢氧化，氧化反应产生的热使物质温度升高，同时，也有部分散热损失。若物质受热少，则氧化反应速度慢，反应所产生的热量小于热散失量，则温度不再会上升。若物质继续受热，氧化反应加快，当反应所产生的热量超过热散失量时，温度逐步升高，达到自燃点而自燃。在工业生产中，可燃物由于接触高温表面、加热或烘烤过度、冲击摩擦等，导致的自燃属于受热自燃。

② 自热自燃　某些物质在没有外来热源影响下，由于物质内部所发生的化学、物理或生

化过程而产生热量，这些热量在适当条件下会逐渐积聚，使物质温度上升，达到自燃点而燃烧，这种现象称为自热自燃。造成自热自燃的原因有氧化热、分解热、聚合热、发酵热等。自热自燃的物质可分为：自燃点低的物质（如磷、磷化氢）；遇空气、氧气发热自燃的物质；自然分解发热的物质（硝化棉）；易产生聚合热或发酵热的物质。能引起本身自燃的物质常见的有植物类、油脂类、煤、硫化铁及其他化学物质等。

遇空气、氧气发热自燃的物质可分为如下几类。

ⅰ．油脂类。油脂类自燃主要是由于氧化作用所造成的，但与所处环境有关。油脂盛于容器中或倒出成薄膜状时不能自燃。但如浸渍在棉纱、锯木屑、破布等物质中形成很大的氧化表面时，则能引起自燃。油脂的自燃能力与不饱和程度有关，不饱和的植物油（如亚麻油等）具有较大的自燃可能性，动物油次之，矿物油一般不能自燃。

ⅱ．金属粉尘及金属硫化物类。如锌粉、铝粉、金属硫化物等。这类物质很危险，现以硫化铁为例说明之。在硫化染料、二硫化碳，石油产品与某些气体燃料的生产中，由于硫化氢的存在，使铁制设备或容器的内表面腐蚀而生成一层硫化铁。如容器或设备未充分冷却便敞开，则它与空气接触，便能自燃。如有可燃气体存在，则可形成火灾爆炸事故。硫化铁类自燃的主要原因是在常温下发生（与空气）氧化。其主要反应式如下：

$$FeS_2 + O_2 = FeS + SO_2 + 222.17kJ$$
$$FeS + 1.5O_2 = FeO + SO_2 + 48.95kJ$$
$$2FeO + 0.5O_2 = Fe_2O_3 + 270.70kJ$$
$$Fe_2S_3 + 1.5O_2 = Fe_2O_3 + 3S + 585.76kJ$$

在化工生产中由于硫化氢的存在，所以生成硫化铁的机会较多。例如设备腐蚀，在常温下：

$$2Fe(OH)_3 + 3H_2S = Fe_2S_3 + 6H_2O$$

在300℃左右

$$Fe_2O_3 + 4H_2S = 2FeS_2 + 3H_2O + H_2 \uparrow$$

在310℃以上

$$2H_2S + O_2 = 2H_2O + 2S$$
$$Fe + S = FeS$$

ⅲ．活性炭、木炭、油烟类。

ⅳ．其他类，例如鱼粉、原棉、骨粉、石灰等。

产生聚合热、发酵热物质，例如：植物类产品、未充分干燥的干草、湿木屑等，由于水分的存在，植物细菌活动便产生热量，若散热条件不良，热量逐渐积聚而使温度上升，当达到70℃后，植物产品中的有机物便开始分解而析出多孔性炭，再吸附氧气继续放热，最后使温度升高到250～300℃而自燃。

（4）爆炸

可燃性气体、蒸气、液体雾滴及粉尘同空气（氧）的混合物发生的爆炸，实际上是带有冲击力的快速燃烧。根据传播速度不同，可以分为以下三个类型。

① 爆燃　以亚声速传波的爆炸称为爆燃。

② 爆炸　传播速度在每秒数十米级至声速之间变化，压力不激增，无多大声响，破坏力较小；可燃性气体、蒸气与空气混合物在接近爆炸上限或爆炸下限的爆炸都属于此种。

③ 爆轰　以强冲击波为特征，以超声速传播的爆炸称为爆轰，亦称作爆震。爆炸的传播速度可达每秒数千米，压力激增，能引起"殉爆"，具有很大的破坏力。

气体爆炸性混合物处于特定浓度或处于高压下的爆炸属于此种。

2.2.2 燃烧形式及分类

由于可燃物质存在的状态不同，所以它们的燃烧形式是多种多样的。

（1）均一系燃烧和非均一系燃烧

按产生燃烧反应相的不同，可分为均一系燃烧和非均一系燃烧。

均一系燃烧是指燃烧反应在同一相中进行，如氢气在氧气中燃烧、煤气在空气中燃烧等均属于均一系燃烧。与此相反，即为非均一系燃烧，如石油、木材和塑料等液体和固体的燃烧属于非均一系燃烧。与均一系燃烧比较，非均一系燃烧较为复杂，必须考虑到可燃液体及固体物质的加热以及由此而产生的相变化。

（2）混合燃烧和扩散燃烧

根据可燃性气体的燃烧过程，又有混合燃烧和扩散燃烧两种形式。

可燃气体与助燃气体在容器内或空间中充分扩散混合，其浓度在爆炸范围内，此时遇火源即会发生燃烧，这种燃烧在混合气所分布的空间中快速进行，称为混合燃烧。混合燃烧燃烧速度由化学反应控制，速度快，也称动力燃烧。

当可燃气体（如氢、乙炔、汽油蒸气等）从管口、管道和容器的裂缝等处流向空气时，由于可燃气体分子和空气分子互相扩散、混合，当浓度达到可燃极限范围的部分时，形成火焰使燃烧继续下去的现象叫做扩散燃烧。

扩散燃烧的速度取决于扩散速度，一般燃烧较慢。混合燃烧容易进行完全；扩散燃烧不容易进行完全，有不完全燃烧产物。混合燃烧反应迅速、温度高、火焰传播速度也快，通常的爆炸反应即属于这一类。在扩散燃烧中，由于氧进入反应带只是部分参加反应，所以经常产生不完全燃烧的炭黑。

（3）蒸发燃烧

蒸发燃烧是指液体蒸发产生蒸气，被点燃起火后，形成的火焰进一步加热液体表面，从而加速液体的蒸发，使燃烧继续蔓延和扩大的现象，如酒精、乙醚等易燃液体的燃烧。萘、硫黄等在常温下虽是固体，但在受热后能升华或熔化而产生蒸发，因而同样能够引起蒸发燃烧。

（4）分解燃烧

指在燃烧过程中可燃物首先遇热分解，再由热分解产物和氧反应产生火焰。木材、煤、纸等固体可燃物的燃烧属于此类，油、脂等高沸点液体和蜡、沥青等低熔点的固体烃类的燃烧也属此类。

（5）表面燃烧

表面燃烧是指可燃物表面接受高温燃烧产物放出的热量，而使表面分子活化。可燃物表面被加热后发生燃烧，燃烧以后的高温气体以同样方式将热量传给下一层可燃物，这样继续燃烧下去。不能挥发、分解或汽化的木炭、焦炭、金属等，燃烧过程在固体表面进行，通常产生红热的表面，不产生火焰，为表面燃烧。

2.3 燃烧理论

2.3.1 活化能理论

在标准状态下，单位时间、单位体积内气体分子相互碰撞约 10^{26} 次。为了使可燃物和助燃物两种气体分子间产生氧化反应，仅仅依靠两种分子发生碰撞还不够，因为相互碰撞的分子不一定发生反应，而只有少数具有一定能量的分子相互碰撞才会发生反应，这种分子称为活化分子。活化分子所具有的能量要比普通分子高，这一能量超出值可使分子活化并参加反应。使普

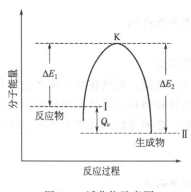

图 2-1 活化能示意图

通分子变为活化分子所必需的能量称为活化能。活化能示意图见图 2-1。

图 2-1 中的纵坐标表示所研究系统的分子能量，横坐标表示反应过程。若系统状态Ⅰ转变为状态Ⅱ。由于的状态Ⅰ的能量大于状态Ⅱ的能量，所以该过程是放热的，反应热效应等于 Q_v，Q_v 即等于状态Ⅰ与状态Ⅱ的态能级差。状态 K 的大小相当于使反应发生所必需的能量，所以状态 K 的能级与状态Ⅰ的能级之差等于正向反应的活化能（ΔE_1），状态 K 与状态Ⅱ的能级差等于逆向反应的活化能（ΔE_2）ΔE_2 与 ΔE_1 之差（$\Delta E_2 - \Delta E_1$）等于反应热效应。

活化能理论指出了可燃物和助燃物两种气体分子发生氧化反应的可能性及其条件。气体分子总是按直线轨迹不断地运动，其运动速度取决于温度。温度越高，气体分子运动越快，反之，温度越低，气体分子运动也越慢。在任一气流中，都有大量的气体分子，当它们进行无规律运动时，许多分子会互相碰撞、弹开和改变方向，随着气体温度和能级的提高，这些碰撞会变得更加频繁和剧烈。

在甲烷（天然气）与氧完全混合的气体中，即使在室温下，一个甲烷分子也可能和两个氧分子相撞。碰撞的能量不足以破坏氧分子以及碳氢键，因而氧不能分别与碳、氢结合，但当温度升高时，分子的运动速度升高，并在碰撞时释放出较多的能量。在 667℃ 左右，分子获得了足够的速度和能量，从而在碰撞时能产生足够的力量，破坏氧的双键结合，并使燃烧分子的氢与中心碳的连接断开；此时，处于一种很不稳定的状态，由子碳和氢对氧都有很高的亲和力，从而开始进行氧化反应——燃烧。

氧原子同氢反应的活化能为 25.10kJ/mol，在 27℃ 时，仅有十万分之一次碰撞有效，当然不能引起燃烧反应。当明火接触时活化分子增多，有效碰撞次数增多才会发生燃烧反应。

2.3.2 过氧化物理论

气体分子在各种能量（热量、辐射能、电能、化学反应能等）作用下可被活化。在燃烧反应中，首先是氧分子在热能作用下活化，被活化的氧分子形成过氧键—O—O—，这种基团加在被氧化物的分子上而成为过氧化物。此种过氧化物是强氧化剂，不仅能氧化形成过氧化物的物质而且也能氧化较难氧化的物质。

如在氢和氧的反应中，先生成氧化氢，而后是过氧化氢再与氢气反应生成 H_2O，其反应式如下：

$$H_2 + O_2 \longrightarrow H_2O_2$$

$$H_2O_2 + H_2 \longrightarrow 2H_2O$$

在有机过氧化物中，通常可看作是过氧化氢 H—O—O—H 的衍生物。其中，有一个或两个氢原子被烷基所取代而成为 H—O—O—H。所以过氧化物是可燃物质被氧化的最初产物，是不稳定的化合物。能在受热、撞击、摩擦等情况下分解甚至引起燃烧或爆炸。如蒸馏乙醚的残渣中常由于形成过氧化乙醚（C_2H_5—O—O—C_2H_5）而引起自燃或爆炸。

2.3.3 链式反应理论

根据上述原理一个活化分子（基）只能与一个分子起反应。但为什么在氯与氢的反应中，引入一个光子却能生成 10 万个氯化氢分子，这就是链式反应的结果。链式反应是指由一个单独分子变化而引起一连串分子变化的化学反应。自由基是指在链式反应体系中存在的一种活性中间物，是链式反应的载体。

链式反应理论是由前苏联科学家谢苗诺夫提出的。他认为物质的燃烧经历以下过程：

ⅰ.可燃物质或助燃物质先吸收能量而离解为自由基；

ⅱ.自由基极其活泼，与其他分子反应，活化能很低；

ⅲ.自由基与其他分子相互作用形成一系列链式反应，将燃烧热释放出来。

2.3.3.1 链式反应历程

① 链引发 在热、光或引发剂等的作用下，起始分子吸收能量产生自由基的过程。

② 链发展 自由基作用于反应物分子时，产生新的自由基和产物，使反应一个传一个不断进行下去。

③ 链终止 自由基销毁，使链式反应不再进行的过程。

2.3.3.2 链式反应分类

(1) 直链反应

直链反应中，在链传递过程中，自由基的数目保持不变，如图 2-2 所示。

图 2-2 直链反应

例如，总反应：$H_2 + Cl_2 \longrightarrow 2HCl$

① $M + Cl_2 \longrightarrow 2Cl \cdot + M$（链引发）

② $Cl \cdot + H_2 \longrightarrow HCl + H \cdot$

③ $H \cdot + Cl_2 \longrightarrow HCl + Cl \cdot$ （链传递）

④ $H \cdot + HCl \longrightarrow H_2 + Cl \cdot$

　　　　……

⑤ $M + 2Cl \cdot \longrightarrow Cl_2 + M$（链终止）

M 分子表示用外界加热或光（短波长光）来破坏氯分子团。

造成自由基消失的原因有：自由基相互碰撞生成分子，自由基撞击器壁将能量散失或被吸附。压力较高时以前者为主，压力较低时以后者为主。

(2) 支链反应

在链传递过程中，一个自由基在生成产物的同时，产生两个或两个以上自由基的链式反应，如图 2-3 所示。

$$2H_2 + O_2 \longrightarrow 2H_2O（总反应）$$

① $M + H_2 \longrightarrow 2H \cdot + M$（链引发）

② $H \cdot + O_2 \longrightarrow H \cdot + 2O \cdot$

③ $O \cdot + H_2 \longrightarrow H \cdot + OH \cdot$

④ $OH \cdot + H_2 \longrightarrow H \cdot + H_2O$（链传递）

⑤ $OH \cdot + H_2 \longrightarrow H \cdot + H_2O$

⑥ $H \cdot \longrightarrow$ 器壁破坏

⑦ $OH \cdot \longrightarrow$ 器壁破坏（链终止）

⑧ $OH \cdot + H \cdot \longrightarrow H_2O$

将②③④⑤相加可得

$$H \cdot + 3H_2 + O_2 \longrightarrow 2H_2O + 3H \cdot$$

这就是说，一个 $H \cdot$ 自由基参加反应后，经过一个链传递形成最终产物 H_2O 的同时产生了三个 $H \cdot$ 自由基，这三个 $H \cdot$ 自由基又开始形成另外三个链，而每个又将产生三个 $H \cdot$ 自由基。这样，随着反应的进行，$H \cdot$ 自由基的数目不断增多，因此反应不断加速，如图 2-3 所示。

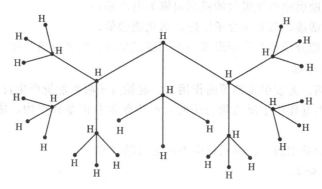

图 2-3　氢原子数目增加示意图

2.4　气体燃烧

2.4.1　气体燃烧过程

在石油化工企业生产中，会产生各种可燃气体，或使用可燃气体做原料。可燃气体燃烧会引起爆炸，在特定条件下还会引起爆轰，对设备造成严重破坏，因此研究气体燃烧的规律，对安全工作具有重要意义。

可燃气体的燃烧，必须经过与氧化剂接触、混合的物理过程和着火（或爆炸）的剧烈氧化还原反应阶段。

由于化学组成不同，各种可燃气体的燃烧过程和燃烧速度也不同。通常情况下，可燃气体的燃烧过程如下：

$$可燃气体 \xrightarrow[扩散]{氧化剂} 可燃混合气体 \xrightarrow[断键、活化]{火源} 分子碎片、游离基 \xrightarrow[连续氧化、燃烧]{火焰} 产物、热量$$

由于气体燃烧不需像固体、液体那样要经过熔化、分解、蒸发等相变过程，而在常温常压下就可以按任意比例和氧化剂相互扩散混合，在混合气中达到一定浓度以后，遇点火源即可发生燃烧（或爆炸），因此气体的燃烧速度大于固体、液体。组成单一、结构简单的气体（如氢气）燃烧只需经过受热、氧化过程，而复杂的气体要经过受热、分解、氧化等过程才能开始燃烧，因此，组成简单的气体比复杂的气体燃烧速度快。从理论上讲，可燃气体在达到化学计量浓度时燃烧最充分，火焰传播速度达到最大值。

2.4.2　气体燃烧形式

根据气体燃烧过程的控制因素不同，可分为扩散燃烧和预混燃烧两种燃烧形式。

（1）扩散燃烧

所谓扩散燃烧是指可燃气体或蒸气与气体氧化剂相互扩散，边混合边燃烧。在扩散燃烧中，化学反应速度要比气体混合扩散速度快得多，整个燃烧速度的快慢由物理混合速度决定，气体（蒸气）扩散多少就烧掉多少。这类燃烧比较稳定，人们在生产、生活中的正常用火（如用燃气做饭、点气照明等）均属这种形式的燃烧。其特点是：扩散火焰不运动，可燃气体与氧化剂气体的混合在可燃气喷口进行。对稳定的扩散燃烧，只要控制得好，就不至于造成火灾，一旦发生火灾也较易扑救。

（2）预混燃烧

预混燃烧又称动力燃烧或爆炸式燃烧。它是指可燃气体或蒸气预先同空气（或氧）混合，遇火源产生带有冲击力的燃烧。

预混燃烧，一般发生在封闭体系中或在混合气向周围扩散速度远小于燃烧速度的敞开体系，燃烧放热造成产物体积迅速膨胀，压力升高，压强可达 709.1～810.4kPa。这种形式的燃烧速度快，温度高，火焰传播速度快，通常的爆炸反应即属于此。

预混燃烧的特征是：反应混合气体不扩散，在可燃混气中引入火源即产生一个火焰中心，成为热量与化学活性粒子集中源。火焰中心把热量和活性粒子供给其周围的未燃气体薄层，反应区的火焰峰按同心球面迅速向外传播，运动火焰峰是厚度约为 $10^{-3}～10^{-4}$ cm 的气相燃烧区，温度按混合气体组成的不同一般介于 1000～3000K 之间。如果预混气体从管口喷出发生预混燃烧，若气体流速大于燃烧速度则在管口形成稳定的燃烧火焰，由于燃烧充分，速度快，燃烧区呈高温白炽状，如汽灯的燃烧即是如此。若气体流速小于燃烧速度，则会发生"回火"。燃气系统开车前不进行吹扫就点火，用气系统产生负压"回火"或者漏气未被发现而用火时，往往形成预混燃烧，有可能造成设备损坏和人员伤亡。

2.4.3　气体燃烧速度

气体燃烧速度是指用火焰传播速度（即火焰的移动速度 cm/s）减去由于燃烧气体的温度升高而产生的膨胀速度。由于各种可燃气体的燃烧形式不同，燃烧速度差异较大，其表示方法也不同。

（1）扩散燃烧速度

扩散燃烧速度取决于燃烧时可燃气体与助燃气体的混合速度。这种燃烧主要是从孔洞喷出的可燃气体与空气的扩散燃烧，可近似认为一旦气体喷出混合后就很快全部燃烧完。若控制气体流量，即控制了扩散燃烧速度。一般以单位面积单位时间内气体流量或线速度来表示，单位为 $m^3/(m^2 \cdot s)$ 或 $m \cdot s^{-1}$。

（2）预混燃烧速度

一般以火焰传播速度表示，单位为 $m \cdot s^{-1}$，通常引用其化学计量浓度的火焰传播速度。一些可燃气体与空气的混合物（已知体积分数）在直径为 25.4mm 的管道中，其火焰传播速度的实验数据如表 2-3 所示。

表 2-3　常见可燃气体的火焰传播速度

气体	火焰最高传播速度 /$m \cdot s^{-1}$	可燃气体体积分数 /%	气体	火焰最高传播速度 /$m \cdot s^{-1}$	可燃气体体积分数 /%
氢	4.83	38.5	丙烷	0.32	4.6
一氧化碳	1.25	45	丁烷	0.82	3.6
甲烷	0.67	9.8	乙烯	1.42	7.1
乙烷	0.85	6.5	炉煤气	1.70	17
水煤气	3.1	43	焦炉发生煤气	0.73	48.5

气体燃烧速度可用本生灯法、圆管法、肥皂泡法、密闭球弹法、平面火焰烧嘴法进行测定。

2.4.4　气体燃烧速度影响因素

（1）气体的性质和浓度

可燃气体的还原性越强，氧化剂的氧化性越强，则燃烧反应的活化能越小，燃烧速度就越快。如 $H_2 + F_2 \longrightarrow 2HF$ 的反应，即使在冷暗处也可瞬间完成，而且反应剧烈；而 H_2 与 O_2 的混合气体，在一定高温下才发生爆炸性化合，速度低于 H_2 和 F_2 的混合气反应速度。

可燃气体和氧化剂浓度越大，分子碰撞机会越多，反应速度越快。如图 2-4 和图 2-5 所

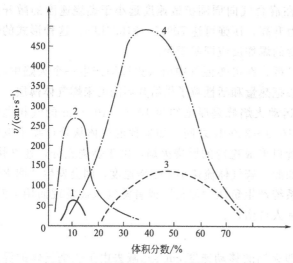

图 2-4　气体体积分数与火焰传播速度
1—甲烷；2—乙烷；3—氧化碳；4—氢气

示。当可燃气体在空气中稍微高于化学计量浓度时燃烧速度最快，爆炸最剧烈，产生的压强和温度均最高。若可燃气体浓度过大，往往发生快速燃烧（爆燃），而不是爆炸，并伴随出现向前翻卷的火焰，未燃尽的可燃气体和不完全燃烧产物与周围空气混合，再次形成扩散火焰继续燃烧。

（2）初始温度

初始温度对火焰传播速度的影响见图 2-6 和图 2-7。

（3）惰性气体的影响

惰性气体加入到混合气中必然消耗热能，并使气体燃烧反应中的自由基与惰性气体分子碰撞销毁的机会增多。因此，混合气中惰性气体浓度增大，火焰传播速度减小，燃烧速度会降低，如图 2-8 所示。

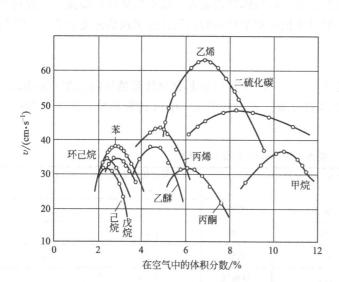

图 2-5　火焰传播速度与混合物组成的关系

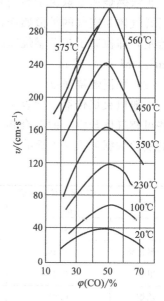

图 2-6　一氧化碳混合物火焰
传播速度视混合物温度的变化

（4）管道、容器材质的导热性

可燃性气体在与环境热交换比表面积相同的情况下，发生燃烧的管道、容器材质的导热性越好，燃烧体系向环境的散热量越大，热量的损失必然造成燃烧速度的降低和火焰传播速度的减少，甚至燃烧停止。

（5）管径的影响

管子的直径对火焰传播速度有明显的影响，一般随着管子直径的增加而增加，当达到某个极限直径时，速度就不再增加了。同样，传播速度随着管子直径减小而减小，管径小至某一直径，火焰不能传播，此为阻火器原理。

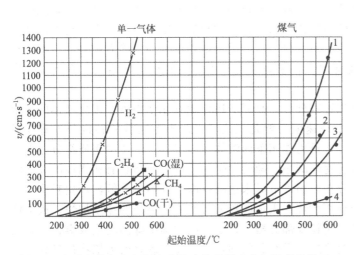

图 2-7　各种气体与空气混合物的火焰传播速度与温度的关系
1—CO＋H₂；2—半水煤气；3—城市煤气；4—空气煤气

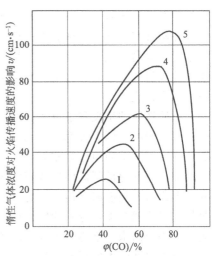

图 2-8　一氧化碳与氮和氧的
混合物的火焰传播速度
1—87％N₂＋13％O₂；2—79％N₂＋21％O₂；
3—70％N₂＋30％O₂；4—60％N₂＋40％O₂；
5—11.5％N₂＋88.5％O₂

表 2-4 列举了甲烷和空气混合物在不同管径下的火焰传播速度。从表中同时也可以看出甲烷在空气中的体积分数在不同管径中的不同影响。

表 2-4　甲烷和空气混合物在不同管径不同体积分数下火焰传播速度　　　　cm/s

φ(甲烷)/%	管径/cm					
	2.5	10	20	40	60	80
6	23.5	43.5	63	95	118	137
8	50	80	100	154	183	213
10	65	110	136	188	215	236
12	35	74	80	123	163	185
13	22	45	62	104	130	138

2.5　液体燃烧

2.5.1　液体燃烧过程

液体的燃烧，并不是液体本身在燃烧，而是液体蒸发出来的蒸气在燃烧。蒸气的燃烧与可燃气体的燃烧有很多相似的地方。例如，可燃液体蒸气同样具有爆炸性。因此，在讨论可燃气体燃烧中的很多观点和方法，同样可以应用于可燃液体蒸气的燃烧。但是可燃蒸气的浓度不像可燃气体那样能任意改变，可燃液体蒸气的浓度受到温度及可燃液体本身性质的影响。

一切液体都能在任何温度下蒸发形成蒸气并与空气或氧气混合扩散，当达到爆炸极限时，遇点火源即能发生燃烧或爆炸，因而液体的燃烧主要是以气相形式进行有焰燃烧。其燃烧历程为：

$$液体 \xrightarrow{热} 蒸气 \xrightarrow[氧化、分解]{热、氧化剂} 中间产物 \xrightarrow{燃烧} 产物＋热量$$

蒸发相变是液体燃烧的准备阶段，而其蒸气的燃烧过程与可燃气体是相同的。

轻质液体的蒸发属纯物理过程，液体分子只要吸收一定能量，克服周围分子的引力即可进入气相并进一步被氧化分解，发生燃烧。因而轻质液体的蒸发耗能低，蒸气浓度较大，点火后首先在蒸气与空气的接触界面上产生瞬时的预混火焰，随后形成稳定的燃烧。着火初期由于液面温度不太高，蒸气补充不快，燃烧速度不太快，产生的火焰就不太高。随着燃烧的持续，火焰的热辐射使液体表面升温，蒸发速度加快，燃烧速度和火焰高度也随之增大，直到液体沸腾，烧完为止。

重质液体的蒸发除了有相变的物理过程外，在高温下还伴随有化学裂解。重质液体的各组分沸点、密度、闪点等都相差很大，燃烧速度一般是先快后慢。沸点较低的轻组分先蒸发燃烧，高沸点的重质组分吸收大量辐射热在重力作用下向液体深部沉降。液体中重质组分比例不断增加，蒸发速度降低而导致燃烧速度逐渐减小。随着燃烧的进行，液体具有相当高的表面温度，形成高温热波向下传播，有些组分在此温度下尚未达沸点即已开始热分解，产生轻质可燃蒸气和炭质残余物，分解的气体产物继续燃烧。火焰的辐射可使液体燃烧的速度加快、火焰增大。火焰中尚未完全燃烧的分子碎片、炭粒及部分蒸气，在扩散过程中降温凝成液雾，于火焰上方形成浓度较大的烟雾，当液面温度接近重质组分的沸点时，稳定燃烧的火焰将达最高。

2.5.2 液体燃烧形式

2.5.2.1 蒸发燃烧

即可燃性液体受热后边蒸发边与空气相互扩散混合、边燃烧，呈现有火焰的气相燃烧形式。

常压下液体有自由表面的燃烧（池状燃烧），一般都为蒸发燃烧。其过程是边蒸发扩散，边氧化燃烧，燃烧速度较慢而稳定。如果液体流速较快，则液体流出部分表面呈池状燃烧，液体流到哪里，便将火焰传播到哪里，具有很大危险性。

闪点较高的液体呈池状往往不容易一下点燃，如把它吸附在灯芯上就很容易点燃。例如：煤油灯、柴油炉之类。液体在多孔物质中的浸润作用使液体蒸发表面增大，而灯芯又是一种有效的绝热体，具有较好的蓄热作用。点火源的能量足以使灯芯吸附的部分液体迅速蒸发，使局部蒸气浓度达到燃烧浓度，一点就燃。燃烧产生的热量又进一步加快了灯芯上液体的蒸发。使火焰温度、高度和亮度增加，达到稳定燃烧，直到液体全部烧完。因此，要注意高闪点液体吸附在多孔物质上发生自燃和着火的危险。

在压力作用下，从容器或管道内喷射出来的液体燃烧呈喷射式燃烧（如油井井喷火灾、高压容器火灾等），这种燃烧形式实际上也属于蒸发燃烧。液体在高压喷流过程中，分子具有较大动能，喷出后迅速蒸发扩散，冲击力大，燃烧速度快，火焰高。在燃烧初期时，如能设法关闭阀门（或防喷器）、切断液体来源，较易扑灭；否则，燃烧时间过长，会使阀门或井口装置被严重烧损，则较难扑救。

2.5.2.2 动力燃烧

可燃性液体的蒸气、低闪点液雾预先与空气（或）氧气混合，遇火源产生带有冲击力的燃烧称为动力燃烧。

可燃、易燃液体的动力燃烧与可燃气体的动力燃烧具有相同的特点。快速喷出的低闪点液雾，由于蒸发面积大、速度快，在与空气进行混合的同时即已形成其蒸气与空气的混合气体，所以遇点火源就产生动力燃烧，使未完全气化的小雾滴在高温条件下立即参与燃烧，燃烧速度远大于蒸发燃烧。例如，雾化汽油、煤油等挥发性较强的烃类在汽缸内的燃烧；煤油汽灯的燃烧速度之所以大于一般煤油灯的燃烧速度，因为它是预混燃烧，氧化充分，表现出火焰白亮、炽热的燃烧现象。

密闭容器中的可燃性液体，受高温会使体系温度骤然升高，蒸发加快，有可能使容器发生爆炸并导致相继产生的混合气体发生二次爆炸。而乙醚、汽油等挥发性强、闪点低的液体，其液面以上相当大的空间即为其蒸气与空气形成的爆炸性混合气体，即使静电火花都会使之发生燃烧甚至爆炸。

2.5.2.3 沸溢式和喷溅式燃烧

可燃液体的蒸气与空气在液面上边混合边燃烧，燃烧放出的热量向液体内部传播。由于液体特性不同，热量在液体中的传播具有不同特点，在一定的条件下，热量在原油或重质油品中的传播会形成热波，并引起原油或重质油品的沸溢和喷溅，使火灾变得更加猛烈。

（1）基本概念

初沸点 原油中相对密度最小的烃类沸腾时的温度，也是原油中最低的沸点。

终沸点 原油中相对密度最大的烃类沸腾时的温度，也是原油中最高的沸点。

沸程 不同相对密度、不同沸点的所有组分转变为蒸气的最低和最高沸点的温度范围。单组分液体只有沸点而无沸程。

轻组分 原油中相对密度小、沸点低的很少一部分烃类组分。

重组分 原油中相对密度大、沸点高的很少一部分烃类组分。

（2）单组分液体燃烧时热量在波层的传播特点

单组分液体（如甲醇、丙酮、苯等）和沸程较窄的混合液体（如煤油、汽油等），在自由表面的燃烧，很短时间内就形成稳定燃烧，燃烧速度基本不变。燃烧时火焰的热量通过辐射传入液体表面，然后通过导热向液面以下传递，由于受热液体相对密度减小而向上运动，所以热量只能传入很浅的液层内。图 2-9 表示几种液体燃烧时液层中的温度分布情况。

从图 2-9 中可以看出各种不同液体其温度分布的厚度是不相同的，即热量由液面向液体内部渗入的深度是不相同的。煤油温度分布厚约 50mm；汽油较薄，约 30mm；石油醚更薄，约 25mm。

液体在燃烧时，火焰传给液面的热量使液面温度升高，直到沸点，液面的温度就再也不能升高了。这样，高沸点液体表面温度就比低沸点液体表面温度要高，液面与液体内部的温差就大，这有利于导热。所以高沸点液体热量传入液体内部要深一些。

（3）原油燃烧时热量在液层的传播特点

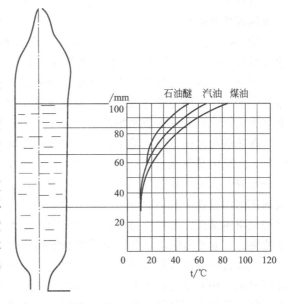

图 2-9 单组分液体中的温度分布

原油在连续燃烧的过程中，其中沸点较低的轻组分首先被蒸发，离开液面进入燃烧区。而沸点较高的重组分，则携带在表面接受的热量向液体深层沉降，从而形成一个热的锋面向液体深层传播，逐渐深入并加热冷的液层。这一现象称为液体的热波特性，热的锋面称为热波。

热波的初始温度等于液面的温度，等于该时刻原油中最轻组分的沸点。随着原油的连续燃烧，液面蒸发组分的沸点越来越高，液面的温度也会逐渐上升，因此热波的温度也会越来越高。

热波的温度会由 150℃逐渐上升到 315℃。在热波向下沉降过程中，由于把热量传递给深层冷的液体，热波温度会随着向下运动，而由初始温度逐渐降低。

热波传播速度一般比燃烧速度快，平均约快 30.5～45.7cm/h。有的原油可能快 127cm/h；

有的原油只快 7.6cm/h。

不同原油的热波速度和直线燃烧速度都不相同，如表 2-5 所示。热波的传播速度是指热波在液层中向下移动的速度称为热波的传播速度。

表 2-5　原油热波传播速度与直线燃烧速度

油品种类		热波传播速度/(mm/min)	直线燃烧速度/(mm/min)
轻质油品	含水<0.3%	7~15	1.7~7.5
	含水>0.3%	7.5~20	1.7~7.5
重质燃油及燃料油	含水<0.3%	~8	1.3~2.2
	含水>0.3%	3~20	1.3~2.3
初馏分（原油轻馏分）		4.2~5.8	2.5~4.2

从上述热波的形成过程可以看出，热波的形成条件必须是沸程较宽的原油，低沸点的轻组分蒸发以后，留下高沸点的重组分携带热量向下沉降才能形成热波。

另外，实验中发现，裂化汽油、煤油、二号燃料油的混合油并不形成热波。这一现象说明原油中的杂质，游离碳等对热波的形成起很大的作用。

（4）沸溢和喷溅

含有水分、黏度较大的重质石油产品，如原油、重油、沥青油等，发生燃烧时，有可能产生沸溢现象和喷溅现象。

① 沸溢的产生　原油黏度比较大，且都含有一定的水分，例如：大庆原油含水量 6.6%，脱水后还含有 0.5% 的水分，思氏黏度（50℃时）为 3.41°E。

原油中的水一般以乳化水和水垫层两种形式存在。所谓乳化水是原油在开采运输过程中，原油中的水由于强力搅拌成细小的水珠悬浮于油中而形成的。放置久后，油水分离，水因相对密度大而沉降在底部形成水垫层。

在热波向液体深层运动中，由于热波温度远高于水的沸点，因而热波会使油品中的乳化水气化，大量的蒸气就要穿过油层向液面逸出，在向上移动过程中形成油包气的气泡，即油的一部分形成了含有大量蒸气气泡的泡沫。这样，必然使液体体积膨胀，向外溢出，同时部分未形成泡沫的油品也会被下面的蒸气膨胀力抛出罐外，使液面猛烈沸腾起来，就像"跑锅"一样，这种现象叫沸溢。发生沸溢的征兆有三个：①火焰由红变白变亮，高度突然增加；②烟气由浓黑变稀白；③油面蠕动，有轻微呼隆和嘶嘶声响。

从沸溢形成的过程说明，沸溢式燃烧必须具备三个条件：①原油具有形成热波的特性，即沸程要宽，相对密度相差较大；②原油中必须含有乳化水，水遇热波变成蒸气；③原油黏度较大，使水蒸气不容易从下往上穿过油层，如果原油黏度较低，水蒸气很容易通过油层，就不容易形成沸溢。

② 喷溅的产生　喷溅式燃烧，是指贮罐中含水垫层的原油、重油、沥青等石油产品随着燃烧的进行，热波的温度逐渐升高，热波向下传递的距离也越远，当到达水垫层时，水垫层的水大量蒸发，蒸气体积迅速膨胀，以致把水垫层上面的液体层抛向空中，向罐外喷射，这种现象叫喷溅。喷溅发生的征兆：①火焰由红变白变亮，高度突然增加；②罐体发生轻微的振动沸溢。

从喷溅形成的过程来看，喷溅式燃烧必须具备三个条件：①油品燃烧时，波面受热后以热波形式向下传热形成高温层；②油罐底部有水垫层；③高温层的热波头温度高于水的沸点。

一般情况下，发生沸溢要比喷溅的时间早得多。发生沸溢的时间与原油种类，水分含量有关。根据实验，含有 1% 水分的石油，经 45~60min 燃烧就会发生沸溢。喷溅发生时间与油层厚度、热波传播速度及油的直线燃烧速度有关，可近似用下式计算：

$$\tau=\frac{H-h}{v_0+v_t}-KH \qquad (2-1)$$

式中　τ——预计发生喷溅的时间，h；

　　　H——贮罐中油面高度，m；

　　　h——贮罐中水垫层的高度，m

　　　v_0——原油直线燃烧速度，m/h；

　　　v_t——原油的热波传播速度，m/h；

　　　K——提前系数，h/m，贮油温度低于燃点取 0，贮油温度高于燃点时取 0.1。

原油、重油贮罐发生火灾以后，如液面高度小于1.5m，大约1h左右，即可发生沸溢和喷溅。油罐火灾在出现沸溢、喷溅前，通常会出现以下现象：油面蠕动、涌涨现象；火焰增大，发亮，变白；出现油沫2~4次；烟色由浓变淡；发生剧烈的"嘶嘶"声；金属油罐会发生罐壁颤抖，伴有强烈的噪声（液面剧烈沸腾和金属罐壁变形所引起的），烟雾减少，火焰更加发亮，火舌尺寸更大，火舌形似火箭。

当油罐火灾发生喷溅时，能把燃油抛出 70~120m，不仅使火灾猛烈发展，而且严重危及扑救人员的生命安全。应及时组织撤退，以减少人员伤亡。

沸溢、喷溅的预防措施：①减少油品中的含水量；②减小油品的黏度；③设置冷却系统降温。

2.5.3　液体燃烧速度

液体燃烧速度取决于液体的蒸发速度，通常有两种表示方法，即质量燃烧速度和直线速度。

① 质量燃烧速度　单位时间内单位面积燃烧的液体质量，单位 g/(cm² · min) 或 kg/(m² · h)

② 直线燃烧速度　单位时间内燃烧掉的液层厚度，单位 mm/min 或 cm/h

某些液体的传播速度如表 2-6 所示。

表 2-6　液体物质的燃烧速度

名称	密度 ρ/(kg/m³)	燃烧速度	
		直线燃烧速度 v/(mm/min)	质量燃烧速度 G/(kg/m² · h)
航空汽油	0.73	2.1	91.98
车用汽油	0.77	1.75	80.88
煤油	0.835	1.10	55.11
直接蒸馏的汽油	0.938	1.41	78.1
丙酮	0.79	1.4	66.36
苯	0.879	3.15	165.37
甲苯	0.866	2.68	138.29
二甲苯	0.861	2.04	104.05
乙醚	0.715	2.93	125.84
甲醇	0.791	1.2	57.6
丁醇	0.81	1.069	52.08
戊醇	0.81	1.297	63.034
二硫化碳	1.27	1.745	132.97
松节油	0.86	2.41	123.84
醋酸乙酯	0.715	1.32	70.31

2.5.4　液体燃烧速度影响因素

液体的燃烧速度不是固定不变的，而是受各种因素的影响。影响液体燃烧速度的因素主要有以下几种。

ⅰ.液体燃烧速度取决于液体的蒸发速度。蒸发所需热量主要来自燃烧的辐射热，所有影响蒸发的因素均影响液体燃烧速度。

ⅱ.液体热容、蒸发潜热、火焰辐射能力。

ⅲ.初温。液体初温高，液体蒸发速度快，燃烧速度就快。表 2-7 列出的是苯和甲苯在直径为 6.2cm 容器中不同初温时的直线燃烧速度。

表 2-7　苯和甲苯在不同初温时的直线燃烧速度

苯的温度/℃	16	40	57	60	70
直线燃烧速度 v/(mm/min)	3.15	3.47	3.69	3.87	4.09
甲苯的温度/℃	17	52	58	98	—
直线燃烧速度 v/(mm/min)	2.68	3.32	3.68	4.01	—

ⅳ.风速。一般风速大加快燃烧；风有利于可燃蒸气与氧的充分混合，有利于燃烧产物及时输送走。因此，风能加快燃烧速度。但风速过大又有可能使燃烧熄灭。风速对汽油、柴油、重油的燃烧速度的影响如图 2-10 所示。

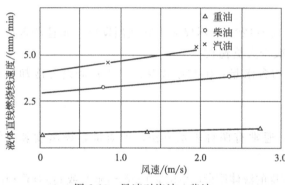

图 2-10　风速对汽油、柴油、重油直线燃烧速度的影响

ⅴ.含水。含水石油产品较不含水石油产品燃烧慢。石油产品大多含有一定的水分，燃烧时水的蒸发要吸收部分热量，蒸发的水蒸气充满燃烧区，使可燃蒸气与氧气浓度降低，使燃烧速度下降。含水对直线燃烧速度的影响可参见图 2-11 重油含水不同时的直线燃烧速度。

ⅵ.罐直径。罐直径对可燃液体燃烧速度的影响规律：

液面接受到火焰的热量有三种途径，与容器的直径有很大关系。

ⅰ.当直径很小时（＜0.03m），液体接受的热量主要以壁面导热为主，随直径减小，液面接受的热量越多，蒸发速度越快，液体的燃烧速度越快。

ⅱ.当直径很大时（＞1.0m），火焰为湍流状态，液体接受的热量主要以火焰的辐射传热为主，燃烧速度趋于定值。

ⅲ.直径在 0.03～1.0m 时，随直径增大，燃烧状态从层流过渡为湍流，燃烧速度先减小，而后增加。直径为 0.1m 时，燃烧速度达到最小值。

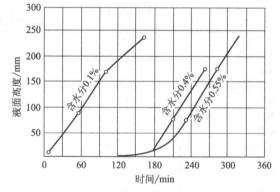

图 2-11　重油含水不同时的燃烧速度（贮罐直径：0.8m）

图 2-12 表示煤油、汽油、轻油直线燃烧速度随贮罐直径变化的曲线。从这些曲线可以看出，当罐径小于 10cm 时，直线燃烧速度随罐径增大而下降；罐径在 10～80cm 时，直线燃烧速度随罐径增大而增大；罐径大于 80cm 时，直线燃烧速度基本稳定下来，不再改变。这是因为随着罐径的改变，火焰向燃料表面传热的机理也相应地发生了重要的改变。在罐径比较小时，直线燃烧速率由热传导决定；在罐径比较大

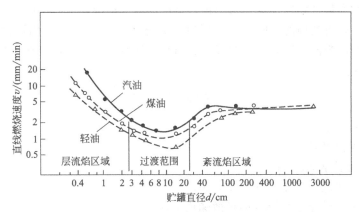

图 2-12　液体直线燃烧速度随贮罐的直径不同而变化

时，直线燃烧速率由辐射传热决定。

2.5.5　油罐火灾

油罐火灾所形成的浓烟、烈火、高温、强烈热辐射以及爆炸，使油罐火灾的扑救相当困难。

2.5.5.1　油罐火灾的发生及发展

绝大多数油罐火灾是由火花（明火、静电、雷击及工业电火花）引起罐内油蒸气和空气的混合气爆炸而起火的。它通常发生在油罐泵油过程中，即油处于低或中液位时。油罐火灾中主要是原油罐和汽油罐着火，而且原油罐比汽油罐多。

通常油罐爆炸后，罐顶全部或部分被掀掉，油罐像一个巨大的金属壁燃烧杯，罐内油温基本等于原始温度，而且是均匀的。

火焰加热油的表面使油迅速蒸发，油蒸气相对密度小因浮力而形成上升气流，上升气流则在油罐内形成局部低压，因而周围的空气被吸入油罐与油蒸气混合燃烧形成火舌，随着火势增强，火焰对油面的热辐射也增强。油面接受了更多的辐射热从而产生更多的油蒸气，进一步增强了火势和上升气流的速度。这是油罐一旦爆炸起火后其火势增加异常迅猛的原因。但是，实践表明，油罐火在燃烧持续一段时间后，其燃烧速率由增大逐渐转变为稳定阶段，然后随油位下降燃烧速率逐渐减小。

火焰的辐射热是使油加热的主要方式，油面接受火焰的辐射热后，表面层迅速被加热到沸点温度，并形成很薄的高温层，高温层的厚度与油罐直径及容积无关。同时产生油蒸气，油蒸气不断进入燃烧区，从而维持燃烧并得以继续进行。

随着燃烧时间的增加，油层内被加热层厚度逐渐增加。它在达到某一定值后，基本上维持不变，直到因油面下降而与罐底接触。此外，已加热区与油的未被加热区之间的过渡区很薄，温度梯度很大。油层内温度变化如图2-13所示。

图中 T_s 和 T_0 分别是油面温度及油底温度（即原油温度）；v_a 及 v_w 分别是油面下降速度（即燃烧速度）和已加热层向深部的发展速度。

在火焰底部与油面之间存在一个中间层，

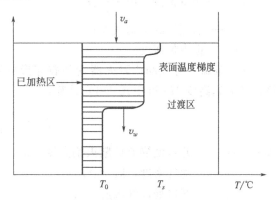

图 2-13　油层内温度分布图

它由油蒸气、烟和燃烧产物以及穿透火焰进入该层的空气组成。进入中间层的烟越多，中间层的"灰度"增加，随着油面的下降，中间层厚度 h 增大，中间层对火焰辐射热的"热屏蔽作用"越明显。中间层内沿高度方向上的温度分布是非线性的，距火焰底部 x 处的温度 T_x（℃）可由式（2-2）表示：

$$T_x = T_f - (T_f - T_s) \cdot \frac{1 - h^{-\lambda x}}{1 - h^{\lambda x}} \tag{2-2}$$

式中　T_f——火焰温度，℃；

　　　T_s——油面温度，℃；

　　　h——中间层厚度，m；

　　　x——距火焰底部 x 处的中间层，m；

　　　λ——油蒸气的流速与燃气的扩散速度之比。

2.5.5.2　油罐火灾的火焰特征

① 火焰的倾斜角度　油罐内油品燃烧的火焰呈锥形，锥形底就等于燃烧油罐的面积。锥形火焰受到风的作用就产生一定的倾斜角度，这个角度的大小与风速直接有关。当风速等于或大于 4.0m/s 时，火焰的倾斜角度为 60°~70°；在无风时，火焰倾斜角度为 0°~15°。

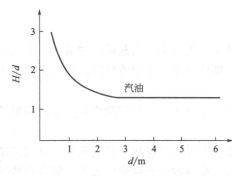

图 2-14　H/d 与油罐直径 d 的关系

② 火焰高度 H　油罐火灾的火焰高度 H 取决于油罐直径和油罐内储存的油品种类。油罐直径越大，储存的油品越轻，则火焰高度越高。试验表明，油罐直径 d 大于或等于 2.7m 时，敞口油罐油品燃烧火焰高度 H 如下：

　ⅰ. 汽油火焰高度 H 约 1.43d，水平投影长度约 0.7d；

　ⅱ. 柴油火焰高度 H 约 0.93d，水平投影长度约 0.5d；

　ⅲ. 乙醇火焰高度 H 约 0.76d，水平投影长度约 （0.2~0.3）d。

汽油火焰高度 H 随罐径的增长而增长，最后 H/d 趋向于 1.5，如图 2-14 所示。

湍流火焰扩散高度 H 与油罐直径 d 之比与弗劳德数 Fr 的 0.2 次方成正比，即

$$H/d = \alpha Fr^{0.2} \tag{2-3}$$

式中　α——由燃料油的品种决定的系数；

　　　Fr——弗劳德数，$Fr = \dfrac{v^2}{gd}$；

　　　v——油蒸气的平均速度；

　　　g——重力加速度。

拱顶油罐上呼吸阀或阻火器受到破坏形成局部开口，开口处火焰可近似看成层流扩散火焰，其火焰高度 H_f 可用式（2-4）计算：

$$H_f = \frac{\rho_n v_n r^2 V_{O_2}}{4 D_k \varphi_{O_2}} q \tag{2-4}$$

式中　H_f——开口处层流扩散火焰高度，m；

　　　ρ_n——油气密度，kg/m³；

　　　v_n——开口处油气流速，m/s；

　　　r——开口直径，m；

D_k——氧气扩散系数；

V_{O_2}——保证单位体积油气燃烧的耗氧量，m^3；

φ_{O_2}——周围空气中的氧体积分数，%。

③ 火焰温度 火焰温度主要取决于可燃液体种类，一般石油产品的火焰温度在 $900℃\sim1200℃$ 之间。火焰沿纵轴的温度分布如图 2-15 所示。从油面到火焰底部随高度增加温度迅速增加；到达火焰底部后有一个稳定阶段；高度再增加时温度逐渐下降。

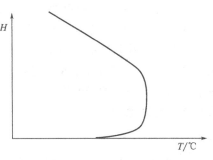

图 2-15 火焰沿纵轴的温度分布

2.6 固体燃烧

2.6.1 固体燃烧过程

相对于气体和液体物质的燃烧而言，固体的燃烧过程要复杂得多，而且不同类型固体的燃烧又有不同的过程。下面按从简单到复杂的顺序分别进行讨论。

2.6.1.1 高蒸气压固体的燃烧过程

在所有固体的燃烧过程中，高蒸气压固体（即饱和蒸气压$>1.01325\times10^5Pa$）的燃烧是最简单的。首先可燃固体受热升华直接变成蒸气，然后蒸气与空气混合就可形成扩散有焰燃烧或预混动力燃烧（爆炸）。如萘、樟脑等。

其燃烧过程是：

$$可燃固体\xrightarrow{升华}气体\xrightarrow{扩散、混合}有焰燃烧（或爆炸）\xrightarrow{连续氧化、燃烧}产物$$

2.6.1.2 高熔点纯净物固体的燃烧过程

高熔点纯净物可燃固体的燃烧过程也比较简单，不需要经过物理相变或化学分解的过程，可燃物与空气在固体表面上直接接触并进行燃烧。如焦炭、木炭、铝、铁等的燃烧。

其燃烧过程是：

$$可燃固体\xrightarrow{空气扩散}空气与固体表面接触\xrightarrow{氧化}表面燃烧\xrightarrow{连续氧化、燃烧}产物$$

2.6.1.3 低熔点纯净物固体和低熔点混合物固体的燃烧过程

低熔点纯净物固体（如硫黄、白磷、钠、钾）和低熔点混合物固体（如石蜡、沥青）的燃烧过程同样也比较简单。首先可燃固体经过熔化、气化两个相变过程，然后蒸气与空气混合燃烧。

其燃烧过程是：

$$可燃固体\xrightarrow{熔体}液体\xrightarrow{蒸发}气体\xrightarrow{扩散、混合}有焰燃烧\xrightarrow{连续氧化、燃烧}产物$$

2.6.1.4 高熔点混合物固体的燃烧过程

在所有类型的固体中，高熔点混合物可燃固体的组成和结构最为复杂，它们可能包含有上述类型特性的所有可燃物，比如煤炭中有碳、烷烃、烯烃、煤焦油等物质，松木中含有松香、纤维素、木质素等成分，因此这类固体物质的燃烧过程也最为复杂。

在燃烧过程中，它们一方面具有受热发生相变或热分解的倾向，另一方面它们的燃烧过程也是分阶段、分层次进行燃烧的。其步骤如下：

ⅰ.受热可燃固体在其表面逸出可燃气体进行有焰燃烧；

ⅱ.低熔点可燃固体熔化、气化进行有焰燃烧；

ⅲ. 高熔点的可燃物受热分解、碳化产生可燃气体进行有焰燃烧；

ⅳ. 不能再分解的高熔点固体（一般是碳质）进行表面燃烧。

显然，固体材料的可燃组分及其含量决定着这类固体的燃烧性能，一般地，当固体中含有的易挥发、易分解的可燃成分越多，那么该固体的燃烧性能就越好；反之亦然。如油煤比褐煤易燃，松木较桦木燃烧速度快。

2.6.2 固体燃烧形式

2.6.2.1 蒸发燃烧

固体的蒸发燃烧是指可燃固体受热升华或熔化后蒸发，产生的可燃气体与空气边混合边着火的有焰燃烧（也叫均相燃烧）。如硫磺、白磷、钾、钠、镁、松香、樟脑、石蜡等物质的燃烧都属于蒸发燃烧。

固体的蒸发燃烧是熔化──→气化──→扩散──→燃烧的连续过程。蜡烛燃烧是典型的固体物质的蒸发燃烧形式。观察蜡烛燃烧会发现稳定的固体蒸发燃烧存在三个明显的物态区域，即固相区、液相区、气相区。在燃烧前受热固体只发生升华或熔化、蒸发物理变化，而化学成分并未发生改变，进入气相区后，可燃蒸气扩散到空气中即开始边混合边燃烧并形成火焰，此时的燃烧特征与气体的燃烧完全一样，只是火焰的大小取决于固体熔化以及液体气化的速度，而熔化和气化的速度则取决于固体及液体从火焰区吸收的热量多少。事实上，燃烧过程中固相区的固体和液相区的液体总是可以从火焰区不断吸收热量，使得固体熔化及液体气化的速度加快，从而就能形成较大的火焰，直至燃尽为止。

2.6.2.2 表面燃烧

表面燃烧是指固体在其表面上直接吸附氧气而发生的燃烧（也叫非均相燃烧或无焰燃烧）。在发生表面燃烧的过程中，固体物质受热时既不熔化或气化，也不发生分解，只是在其表面直接吸附氧气进行燃烧反应，所以表面燃烧不能生成火焰，而且燃烧速度也相对较慢。

在生产生活中，结构稳定、熔点较高的可燃固体，如焦炭、木炭、铁等物质的燃烧就属于典型的表面燃烧实例。燃烧过程中它们不会熔融、升华或分解产生气体，固体表面呈高温炽热发光而无火焰的状态，空气中的氧不断扩散到固体高温表面被吸附，进而发生气-固非均相反应，反应的产物带着热量从固体表面逸出。

2.6.2.3 分解燃烧

固体受热分解产生可燃气体而后发生的有焰燃烧，叫分解燃烧。能发生分解燃烧的固体可燃物，一般都具有复杂的组分或较大的分子结构。

煤、木材、纸张、棉、麻、农副产品等物质，它们都是成分复杂的高熔点固体有机物，受热不发生整体相变，而是分解析出可燃气体扩散到空气中发生有焰燃烧。当固体完全分解不再析出可燃气体后，留下的碳质固体残渣即开始进行无焰的表面燃烧。

塑料、橡胶、化纤等高聚物，它们是由许多重复的物质结构单元（链节）组成的大分子。绝大多数高分子材料都是易燃材料，而且受热条件下会软化熔融，产生熔滴，发生分子断裂，从大分子裂解成小分子，进而不断析出可燃烧气体（如 CO、H_2、CH_4、C_2H_6 等）扩散到空气中发生有焰燃烧，直至燃尽为止。

2.6.2.4 阴燃

阴燃是指在氧气不足、温度较低或湿度较大的条件下，固体物质发生的只冒烟而无火焰的燃烧，阴燃是属于固体物质特有的燃烧形式，液体或气体物质不会发生阴燃。

研究表明，固体物质的阴燃包括干馏分解、碳（焦）化、氧化等过程。阴燃除了要具备特定的燃烧条件外，同时阴燃的分解产物必须是一些刚性结构的多孔炭化物质，只有这样才能保证阴燃由外向内不断延续燃烧；若材料阴燃的分解产物是流动的焦油状产物，就不能发生阴燃。现实中，成捆堆放的棉、麻、纸张及大量堆垛的煤、稻草、烟叶、布匹等都会发生阴燃。

在一定条件下，阴燃与有焰燃烧之间会发生相互转化。如在缺氧或湿度较大条件下发生的火灾，由于燃烧消耗氧气及水蒸气的蒸发耗能，使燃烧体系氧气浓度和温度均降低，燃烧速度减慢，固体分解出的气体量减少，火焰逐渐熄灭，此时有焰燃烧可能转为阴燃；阴燃中干馏分解产生的炭粒及含碳游离基、未燃气体降温形成的小液滴等不完全燃烧产物会形成烟雾。如果改变通风条件，增加供氧量，或可燃物中水分蒸发到一定的程度，也可能由阴燃转变成为有焰燃烧或爆燃；当阴燃完全穿透固体材料时，由于气体对流增强，会使空气流入量相对增大，阴燃则可转变为有焰燃烧。火场上的复燃现象以及固体阴燃引起的火灾等都是阴燃在一定条件下转化为有焰燃烧的例子。

总之，在固体的四种燃烧形式中，蒸发燃烧和分解燃烧都是有焰的均相燃烧，只是可燃气体的来源不同；蒸发燃烧的可燃气体是相变的产物，分解燃烧的可燃气体则来自固体的热分解。固体的表面燃烧和阴燃，都是发生在固体表面与空气的界面上，呈无焰的非均相燃烧，两者的区别在于：阴燃中固体有分解反应，而表面燃烧则没有。火场上，木材及木制品、纸张、棉、麻、化纤织物是常见的可燃固体，四种燃烧形式往往同时伴随在火灾过程中：阴燃一般发生在火灾的初始阶段；蒸发燃烧和分解燃烧多发生于火灾的发展阶段和猛烈阶段；表面燃烧一般则发生在火灾的熄灭阶段。可见，有焰燃烧对火灾发展起着重要作用，这个阶段温度高、燃烧快，能促使火势猛烈发展。

2.6.3 典型固体物质的燃烧

2.6.3.1 木材的燃烧

木材及木质制品（如胶合板、木屑板、粗纸板、纸卡片等）是建筑装饰中最常用的一种材料。它广泛用于框架、板壁、屋顶、地板、室内装饰及家具等方面。在火灾发生时常涉及木材，所以研究这种多用途的物质在火灾中的反应显得十分很重要。

（1）木材的化学组成

木材的种类、产地不同，木材的组成也不同，但主要由碳、氢、氧构成，还有少量氮和其他元素，且通常不含有硫元素。在表 2-8 中列举了部分干木材的化学成分。木材是典型的混合物，主要由纤维素 $[(C_6H_{10}O_5)_x]$（含量为 39.97%～57.84%）、木质素（含量为 18.24%～26.17%）组成，另外还含有少量的缩糖、蛋白质、脂肪、树脂、无机质（灰分）等成分。

表 2-8　部分干木材的元素质量分数　　　　　　　　　　　　　　%

种类	碳	氢	氧	氮	灰分
橡树	50.16	6.02	43.26	0.09	0.37
桉木	49.18	6.27	43.19	0.07	0.57
榆木	48.99	6.20	44.25	0.06	0.50
山毛榉	49.60	6.11	44.17	0.09	0.57
桦木	48.88	6.06	44.67	0.10	0.29
松木	50.31	6.20	43.08	0.04	0.37
白杨	49.37	6.21	41.60	0.95	1.86
枞木	52.30	6.30	40.50	0.10	0.80

（2）木材的燃烧过程

木材属于高熔点类混合物，在干燥、高温、富氧条件下，木材燃烧一般包含蒸发燃烧、分解燃烧和表面燃挠三种燃烧类型。在高湿、低温、贫氧条件下，木材还能发生阴燃。木材燃烧过程大体分为干燥准备、有焰燃烧和无焰燃烧三个阶段。

① 干燥准备阶段　在热作用下木材中的水分蒸发，达约 $105℃$ 时，木材呈干燥状态；温度达到 $150\sim200℃$ 时，木材开始弱分解，产生水蒸气（分解物）、二氧化碳、甲酸、乙酸等气体，为燃烧做好准备。

② 有焰燃烧阶段　即木材的热分解产物的燃烧。在此过程中，木材的成分逐渐发生变化，氢、氧含量减少，碳含量增加。温度在 $200\sim250℃$ 时，木材开始碳（焦）化，产生少量水蒸气及一氧化碳、氢气、甲烷等气体，伴有闪燃现象；当温度达 $250\sim280℃$ 时，木材开始剧烈分解，产生大量的一氧化碳、氢气、甲烷等气体，并进行稳定的有焰燃烧，直到木材的有机质组分分解完为止，有焰燃烧才结束。

③ 表面燃烧阶段　当木材析出的可燃气体很少时，有焰燃烧逐渐减弱，氧气开始扩散到碳质表面进行燃烧；当两种形式固体物质的燃烧同时进行一段时期，且不能再析出可燃气体后，则完全转变成炭的无焰燃烧，直至熄灭。

(3) 木材的燃烧特点

① 燃烧过程复杂　从上面的分析可看出，木材及木制品的燃烧包括着有焰燃烧、表面燃烧或阴燃等燃烧类型，燃烧的方式可以是闪燃、自燃、着火等形式，而且燃烧过程中伴随着干燥、蒸发、分解、碳化等物质变化，因此，木材的燃烧过程是比较复杂的。

② 燃烧性能比较稳定　从燃烧过程来看，在燃烧过程中木材没有软化、熔融现象，同时由于木材的导热速率较小，并且总是以由表及里的方式进行燃烧，所以粗大的木材（如承重梁）燃烧一段时间后，仍具有支撑能力。

从燃烧产物的成分来看，木材的完全燃烧产物主要是二氧化碳和水两种物质。从燃烧参数来看，木材的燃点一般介于 $250\sim275℃$，自燃点介于 $410\sim440℃$ 之间。木材的平均热值约为 $20000kJ/kg$。

表 2-9 列举了部分木材的燃点或自燃点。表 2-10 列举了一些木材、木制品的热值。

表 2-9　部分木材的燃点和自燃点 ℃

木材种类	燃点	自燃点	木材种类	燃点	自燃点
榉木	264	424	针枞	262	437
红松	263	430	杉	240	421
白桦	263	438	落叶松	271	416

表 2-10　木材、木制品和某些比较物的热值

物质名称	热值/(kJ/kg)	物质名称	热值/(kJ/kg)
栎木锯末	19755	包装纸	16529
松木锯末	22506	石油焦	36751
碎木片	19185	沥青	36910
松树树皮	51376	棉籽油	4103139775
纸箱	13866	石蜡	41031

2.6.3.2　高聚物的燃烧

高聚物也叫聚合物，是指由单体合成得到的高分子化合物。一般是指合成纤维、合成橡胶和塑料，即"三大合成材料"。

(1) 高聚物的化学组成

高聚物是以烯烃、炔烃、醇、醛、羧酸其衍生物，以及 HCl、HBr、NH_3、H_2S、S 等无机物为基础原料进行化学反应而合成的，因此，它们主要由碳、氢、氧元素构成，同时还含有Cl、Br、N、S 等元素。现代生产生活中，三大合成材料具有广泛的用途，在许多方面已成为天然材料的替代品，而且与使用天然材料不同，合成材料的制品几乎都是纯净物（有的含少量添加剂），例如聚氯乙烯、尼龙、聚丙烯腈（人造羊毛）、氯丁橡胶等。

（2）高聚物的燃烧过程

大多数高聚物都具有可燃性，但一般不发生蒸发燃烧和表面燃烧，而只会分解燃烧。在热作用下，高聚物一般经过熔融、分解和着火三个阶段进行燃烧。

① 熔融阶段　高聚物具有很好的绝缘性，很高的强度、良好的耐腐蚀性。但是高聚物的耐热性差，容易受热软化、熔融，变成黏稠状熔滴。表 2-11 列举了部分高聚物的软化、熔化、分解温度。

表 2-11　高聚物的软化、熔化、分解温度

高聚物	软化温度/℃	熔化温度/℃	分解温度/℃	分解产物	燃烧产物
聚乙烯	123	220	335～450	H_2、CH_4、C_2H_4	CO、CO_2、C
聚丙烯	157	214	328～410	H_2、CH_4、C_3H_6	CO、CO_2、C
聚氯乙烯	219	—	200～300	H_2、C_2H_4、HCl	CO、CO_2、HCl
ABS	202	313	—	—	—
醋酸纤维	200	260	—	CO、CH_3OH	CO、CO_2、C
尼龙-6	180	215～220	310～380	己内酰胺、NH_3	CO、CO_2、N_2O_x、HCN
涤纶	235～240	255～260	283～306	C、CO、NH_3	CO、CO_2、N_2O_x、HCN
腈纶	190～240	—	250～280	C、CO、NH_3	CO、CO_2、N_2O_x、HCN
维纶	220～230	—	250	C、CO、NH_3	CO、CO_2、N_2O_x、HCN

② 分解阶段　温度继续升高，高聚物熔滴开始变成蒸气，继而气态高聚物分子开始断键，从高分子裂解成小分子，产生烷烃、烯烃、氢气、一氧化碳等可燃气体，同时冒出黑色碳粒浓烟。塑料、合成纤维的分解温度一般为 200～400℃；合成橡胶的分解温度约为 400～800℃。

③ 着火阶段　高聚物着火其实是热分解产生的可燃气体着火。火场上可能出现以下几种情况：

ⅰ．热分解产生的可燃气体数量较少，遇明火产生一闪即灭现象，即发生闪燃；

ⅱ．可燃气体和氧气浓度都达到燃烧条件，遇明火立即发生持续稳定的有焰燃烧。

ⅲ．虽然有较多的可燃气体，却因缺氧（如在封闭房间内），所以燃烧暂时不能进行，但是一旦流入新鲜空气（如开启门窗），则有可能立即发生爆燃，使火势迅速扩大。

以上分析可看出，由于高聚物一般不溶于水，且是靠高温分解进行燃烧，所以同扑救木材、棉、麻、纸张等天然物品的火灾一样，水也是扑救高聚物火灾的最好灭火剂。

（3）高聚物的燃烧特点

① 发热量大　大多数合成高聚物材料的燃烧热都比较高，如软质聚乙烯的热值为46610kJ/kg，比煤炭、木材的热值分别高出 1 倍和 2 倍还多。发热量大，使得高聚物的燃烧温度（火焰温度）升高，可达 2000℃左右，从而加剧了燃烧，如表 2-12 所示。

② 燃速快　高聚物因为发热量大，使得燃烧温度高，火场热辐射强度增大，传给未燃材料的热量也增多，因而加快了材料软化、熔融、分解的速度，所以其燃烧速度也随之加快，如表 2-13 所示。

表 2-12　高聚物材料的燃烧热及火焰温度

材料名称	燃烧热/(kJ/kg)	火焰温度/℃	材料名称	燃烧热/(kJ/kg)	火焰温度/℃
软质聚乙烯	46610	2120	赛璐珞	17300	—
硬质聚乙烯	45880	2120	缩醛树脂	16930	—
聚丙烯	43960	2120	氯丁橡胶	23430~32640	—
聚苯乙烯	40180	2210	香烟	—	500~800
ABS	35250	—	火柴	—	800~900
聚酰胺（尼龙）	30840	—	煤（一般）	23010	—
有机玻璃	26210	2070	木材	14640	—

表 2-13　高聚物的燃烧速度　　　　　　　　　　　　　　mm/min

材料名称	燃烧速度	材料名称	燃烧速度
聚乙烯	7.6~30.5	硝酸纤维	迅速燃烧
聚丙烯	17.8~40.6	醋酸纤维	12.7~50.8
聚苯乙烯	27.9	聚氯乙烯	自熄
有机玻璃	15.2~40.6	尼龙	自熄
缩醛	12.7~27.9	聚四氯乙烯	不燃

③ 发烟量大　高聚物中含碳量都很高，如聚苯乙烯的 $w(C)$ 99.84%。因此，在燃烧时很难燃烧完全，大部分碳都以黑烟的形式释放到空气中。据对比实验分析，高聚物燃烧的发烟量通常是木材、棉、麻等天然材料的 2~3 倍，一般起火后在不到 15s 内就产生烟雾，在不到 1min 就会让视线模糊起来。火场上浓密的烟雾加大了受困人员逃生以及救援人员施救的难度。

④ 有熔滴　在燃烧过程中许多聚合物都会软化熔融，产生高温熔滴。高温熔滴产生后会带着火焰滴落、流淌，一方面扩大了燃烧面积，另一方面对火场人员构成了巨大威胁。如聚乙烯、聚丙烯、有机玻璃、尼龙等。

⑤ 产物毒性大　实际上，在所有重大火灾中，造成人员伤亡的主要原因是吸入了高温有毒的气体燃烧产物（其毒性大小一般用半数致死量 LD_{50} 来确定）。实验证明，可燃物的化学组成和燃烧温度是决定燃烧产物毒性大小的两个重要因素。一般说来，对于同一可燃烧物而言，燃烧温度较低的燃烧产物其毒性比燃烧温度高的燃烧产物的毒性大（如在 400℃、600℃时木材燃烧产物的 LD_{50} 分别为 14mg/L 和 55mg/L）；而在同一燃烧温度下，高聚物的燃烧产物的毒性比天然材料燃烧产物的毒性大，这是因为，高聚物燃烧会迅速产生大量的 CO、CO_2、N_2O、HCN、$COCl_2$（光气）等有害气体所致。例如，在燃烧温度为 600℃时，木材、聚氯乙烯、腈纶毛线的 LD_{50} 分别是 55mg/L、21.6mg/L、3.2mg/L。可见，高聚物燃烧产物的毒性十分强烈，火场上，加强防排烟措施就显得十分重要。

（4）高聚物燃烧产物的毒性

ⅰ. 只含碳和氢的高聚物，如聚乙烯、聚丙烯、聚苯乙烯等，易燃但不猛烈，离开火焰后仍能持续燃烧，火焰呈蓝色或黄色，燃烧时有熔滴，并产生有毒的一氧化碳气体。

ⅱ. 含有氧的高聚物，如有机玻璃、赛璐珞等，易燃且猛烈，火焰呈黄色，燃烧时变软，无熔滴，并产生有毒的一氧化碳气体。

ⅲ. 含有氮的高聚物，燃烧情况比较复杂，如脲甲醛树脂为难燃自熄；三聚氰胺甲醛树脂为缓燃缓熄；尼龙为易燃易烬。它们在燃烧时都有熔滴，并产生一氧化碳、氧化氮有毒气体和氰化氢剧毒气体。

ⅳ．含有氯的高聚物，如聚氯乙烯等，硬的为难燃自熄，软的为缓燃缓熄，火焰呈黄色，燃烧时无熔滴，有炭瘤，并产生氯化氢气体，有毒且溶于水后有腐蚀性。

ⅴ．含有氟的高聚物，实际上不燃，但加强热时，能放出腐蚀毒性的氟化氢气体。

ⅵ．酚醛树脂，无填料的为难燃自熄，有木粉填料的为缓燃缓熄，火焰呈黄色，冒黑烟，放出有毒的酚蒸气。

各种塑料、纤维的燃烧特性见表 2-14 和表 2-15。

表 2-14　各种塑料的燃烧特性

塑料名称		燃烧的难易程度	离开火焰是否燃烧	火焰的状态	表面状态	嗅味
热塑性塑料	聚氯乙烯	难燃	不燃	黄色、外边绿色	软化	盐酸刺激味
	聚乙烯	易燃	燃烧	蓝色、上端黄色	熔融滴落	石蜡气味
	聚丙烯	易燃	燃烧	蓝色、上端黄色	膨胀滴落	石蜡气味
	聚苯乙烯	易燃	燃烧	橙黄色、浓黑烟，向空中喷出黑炭沫	发软	特殊气味
	尼龙	缓燃	缓熄	蓝色、上端黄色	熔融滴落	烧羊毛味
	有机玻璃	易燃	燃烧	黄色、上端蓝色	发软	香味
	赛璐珞	急剧燃烧	燃烧	黄色	全部烧完	闻不到味
热固性塑料	酚醛塑料(无填料)	难燃	不燃	黄色火花	裂纹、变深色	甲醛味
	酚醛树脂(木粉为填料)	缓燃	不燃	黄色、黑烟	膨胀、裂纹膨胀、裂纹发白膨胀、裂纹发白	木头和甲醛味
	脲醛树脂	难燃	不燃	黄色、上端淡蓝色		甲醛气味
	三聚氰胺塑料	难燃	不燃	浅黄色		甲醛气味

表 2-15　各种纤维的燃烧特性

纤维名称	燃烧过程及灰烬状态
锦纶	接近火焰时，边熔融边缓慢燃烧，燃烧时冒白烟，有刺鼻的气味，灰烬为褐色玻璃球硬块
涤纶	接近火焰时，边熔融边冒黑烟燃烧，有芳香气味，灰烬为黑褐色玻璃状物
腈纶	接近火焰时，边收缩边熔融边燃烧，有特殊气味，灰烬为脆而不规则的黑色块状物
维纶	接近火焰时，软化收缩并缓慢燃烧，有特殊的臭味，灰烬呈黑褐色不规则块状物
丙纶	接触火焰时，边熔融边缓慢燃烧，有石蜡气味，无灰烬，但燃剩的部分为透明球状物
氯纶	接近火焰时，收缩熔融、不发火，有氯气的刺激臭味，残剩物呈不规则的黑色块状物

2.6.3.3　金属的燃烧

（1）金属的组成

在元素周期表中有 85 种金属元素，除汞是液体之外，常温常压下的所有金属都是固体。金属由金属键构成，金属里具有自由电子，因而表现出良好的导电性、导热性，同时金属的熔点都比较高，通常具有一定的刚韧性。现实生活中，金属一般是以单质或合金两种形式加以运用。在空气中性质稳定的金属（如铁、铜、铝等）通常被加工制造成各种形状的设备和零件，有时则被制成金属粉屑，如金粉（铜粉）、铝粉（银粉）等；而性质活泼的金属则要特殊保存，如 K、Na 一般保存在煤油中。

（2）金属的燃烧过程

金属的燃烧类型主要有两种，即蒸发燃烧和表面燃烧。金属的燃烧能力取决于金属本身及其氧化物的物理、化学性质，其中金属及其氧化物的熔点和沸点对其燃烧能力的影响比较显著。

① 金属的蒸发燃烧 低熔点活泼金属如钠、钾、镁、钙等，容易受热熔化变成液体，继而蒸发成气体扩散到空气中，遇到火源即发生有焰燃烧，这种燃烧现象称为金属的蒸发燃烧。发生蒸发燃烧的金属通常被称为挥发金属。实验证明，挥发金属沸点比它的氧化物熔点要低（钾除外），如表 2-16 所示。

表 2-16 挥发金属及其氧化物的性质 ℃

金属	熔点	沸点	燃点	氧化物	熔点	沸点
Li	179	1370	190	Li_2O	1610	2500
Na	98	883	114	Na_2O	920	1277
K	64	760	69	K_2O	527	1477
Mg	651	1107	623	MgO	2800	3600
Ca	851	1484	550	CaO	2585	3527

挥发金属和火源接触时被加热首先发生氧化，在金属表面上形成一层氧化物薄膜，由于金属氧化物的多孔性，金属继续被氧化和加热。经过一段时间后，金属被熔化并开始蒸发，蒸发出的蒸气通过多孔的固体氧化物扩散进入空气中。当空气中的金属蒸气达到一定浓度时就燃烧起来，同时燃烧反应放出的热量又传给金属，使其进一步被加热直至沸腾，进而冲碎了覆盖在金属表面上氧化物薄层，出现了更激烈的燃烧。同时燃烧激烈时，固体氧化物也变成蒸气扩散到燃烧层，离开火焰时变冷凝聚成微粒，形成白色的浓烟。这是挥发金属的燃烧特点。挥发金属的燃烧属于熔融蒸发式燃烧。

金属的蒸发燃烧过程是：金属固体→金属液体→金属蒸气→与空气混合→均相有焰燃烧→金属氧化物白烟。

② 金属的表面燃烧 像铝、铁、钛等高熔点金属通常被称为非挥发金属。非挥发金属在空气中难以燃烧，但在纯氧中能燃烧，在燃烧时金属并不气化而是液化。

非挥发金属的沸点比它的氧化物的熔点要高，如表 2-17 所示。所以在燃烧过程中，金属氧化物总是先于金属固体熔化变成气体，使金属表面裸露与空气接触，发生非均相的无火焰燃烧。由于金属氧化物的熔化消耗了一部分热量，减缓了金属的氧化燃烧速度，固体表面呈炽热发光现象，如氧焊、电焊、切割火花等。非挥发金属的粉尘悬浮在空气中可能发生爆炸，且无烟生成。

表 2-17 非挥发金属及其氧化物的性质 ℃

金属	熔点	沸点	燃点	氧化物	熔点	沸点
Al	660	2500	1000	Al_2O_3	2050	3527
Si	1412	3390	—	SiO_2	1610	2727
Ti	1677	3277	300	TiO_2	1855	4227
Zr	1852	3447	500	ZrO_2	2687	4927

金属的表面燃烧过程是：金属固体→炽热表面与空气接触→非均相无焰燃烧。

（3）金属的燃烧特点

实验表明，85 种金属元素几乎都会在空气中燃烧。金属的燃烧性能不尽相同，有些金属在空气或潮气中能迅速氧化，甚至自燃；有些金属只是缓慢氧化而不能自行着火；某些金属，特别是ⅠA族的锂、钠、钾，ⅡA族的镁、钙，ⅢA族的铝，还有锌、铁、钛、锆、铀、钚在片状、粒状和熔化条件下容易着火，属于可燃金属，但大块状的这类金属点燃比较困难。低熔点固体的燃烧一般以蒸发燃烧形式进行；高熔点固体的燃烧通常则是表面燃烧。

有些金属如铝和铁，通常认为是不可燃物，但在细粉状态时可以点燃和燃烧。金属镁、铝、锌及其合金的粉尘悬浮在空气中还可能发生爆炸。

还有些金属如铀、钚、钍，它们既会燃烧，又具有放射性。在实际运用上，放射性既不影响金属火灾，也不受金属火灾性质的影响，使消防复杂化，而且造成污染问题。在防火中还需要重视某些金属的毒性，如汞。

金属的热值较大，所以燃烧温度比其他材料的要高（如 Mg 的热值为 25080kJ/kg，燃烧温度可高达 3000℃以上）；大多数金属燃烧时遇到水会产生氢气引发爆炸，还有些金属（如钠、镁、钙等）性质极为活泼，甚至在氮气、二氧化碳中仍能继续燃烧，从而增大了金属火灾的扑救难度，需要特殊灭火剂如三氟化硼、7150 等进行施救。

（4）金属火灾扑救时灭火剂的选择

① 7150 灭火剂（三甲氧基硼氧六环）　是扑救镁、铝、镁铝合金、海绵状钛等轻金属火灾的有效灭火剂。灭火时，当它以雾状喷到炽热的燃烧着的轻金属上时，会发生两种反应，即

ⅰ. 分解反应：60℃以上

$$(CH_3O)_3B_3O_3 \longrightarrow (CH_3O)_3B + B_2O_3$$
（三甲氧基硼氧六环）　（硼酸三甲酯）　（硼酐）

ⅱ. 燃烧反应：

$$(CH_3O)_3B_3O_3 + 9O_2 \longrightarrow 3B_2O_3 + 9H_2O + 6CO_2$$
（三甲氧基硼氧六环）　（氧）　　（硼酐）　（水）　（二氧化碳）

以上两种反应产生的硼酐在轻金属燃烧的高温下，熔化为玻璃状液体，流散于金属表面及其缝隙中，在金属表面形成一层硼酐隔膜，使金属与大气隔绝，从而使燃烧窒熄。7150 燃烧反应时，还消耗金属表面附近大量的氧，从而也能够降低轻金属的燃烧强度。

在用 7150 灭火剂灭火时，当燃烧的轻金属表面被硼酐的玻璃状液体覆盖以后，还可以喷射适量雾状水或泡沫，冷却金属，会得到更好的灭火效果。

② 原位膨胀石墨灭火剂　原位膨胀石墨灭火剂是石墨层间化合物。金属钠等碱金属和镁等轻金属着火时，将原位膨胀石墨灭火剂喷洒在这些金属上面，灭火剂中的反应物在火焰高温的作用下，迅速呈气体逸出，使石墨体积膨胀，能在燃烧金属的表面形成海绵状的泡沫，与燃烧金属接触部分则被燃烧金属润湿，生成金属碳化物或部分生成石墨层间化合物，瞬间造成了与空气隔绝的耐火膜，达到迅速灭火的效果。

灭火应用时，可盛于薄塑料袋中投入燃烧金属上灭火；也可以放在热金属可能发生泄漏处，预防碱金属或轻金属着火；同时也可盛于灭火器中在低压下喷射灭火。

2.7　燃烧产物的毒害作用

燃烧产物的成分由可燃物的组成和燃烧条件决定，无机可燃物多数为单质，燃烧产物的组成较为简单，主要是它的氧化物，如氧化钠、氧化钙、二氧化碳和二氧化硫等。有机可燃物的主要组成元素为碳、氧、氟、硫、磷、卤素元素等。有机可燃物的燃烧过程和机理比较复杂，燃烧产物也多种多样，尤其是完全燃烧与不完全燃烧时的燃烧产物有很大差别。

例如，木材完全燃烧时产生二氧化碳、水蒸气和灰分，而在不完全燃烧时，除了产生以上物质外，还会产生一氧化碳、甲醇、丙酮、乙醛、醋酸以及其他干馏产物。

2.7.1　火场中热烟气的一般毒害作用

火灾中燃烧产生的烟气是重要的危险因素。火灾烟气中常包含下列物质：二氧化碳、一氧化碳、二氧化硫、五氧化二磷、氮氧化物、水蒸气和烟灰等。

2.7.1.1　热烟气组成

烟气是由下列三类物质组成的具有较高温度的云状混合物：

ⅰ. 热解或燃烧过程中释放出的气体和蒸气；

ⅱ. 被分解或凝聚形成的固体和液体颗粒；

ⅲ. 被火焰加热而带入上升卷流中的大量空气。

烟气生成速率、生成量、成分和性质由可燃物性质、燃烧状况、房屋结构特点等因素决定。

2.7.1.2 烟气的毒害作用

烟气的毒害作用表现在以下三个方面。

① 缺氧 正常空气中氧占 21%，当 O_2 含量低于 16%～12% 时，人会出现头痛，呼吸急促，脉搏加快；当 O_2 含量低于 14%～9% 时，人判断能力迟钝，出现酩酊状态，产生紫斑；当 O_2 含量低于 10%～6%，人意识不清、痉挛、致死。

② 高温气体的热损伤 根据一般室内火灾升温曲线，着火中心 5min 后，即可升高到 500℃ 以上，只要吸入的气体温度超过 70℃，就会使气管、支气管组织坏死、致死。

③ 热烟尘的毒害作用 火灾中的热烟尘吸入呼吸系统后，堵塞、刺激内黏膜，其毒害作用随烟尘的温度，直径不同而不同。

2.7.2 碳氢化合物燃烧产物的毒性

碳氢化合物燃烧后生成一氧化碳、二氧化碳和水。二氧化碳是无色无嗅气体，当空气中二氧化碳体积分数达到 3%～4% 时对人体健康有害，达到 7%～10% 时，可使人昏迷不醒，甚至死亡。不同体积分数的二氧化碳对人体的影响见表 2-18。

表 2-18 二氧化碳对人体的影响

$\varphi(CO_2)/\%$	对人体的影响	$\varphi(CO_2)/\%$	对人体的影响
0.55	6h 内不会有任何症状	5	喘不过气来，在 30min 内引起中毒
1～2	引起不快感	6	呼吸急促，感到困难
3	呼吸中枢受到刺激,呼吸加快,血压升高	7～10	数分钟内失去知觉，以致死亡
4	有头疼、眼花、耳鸣、心跳等症状		

一氧化碳是可燃物不完全燃烧时的产物。它是无色、无嗅、有毒的可燃气体。如果空气中一氧化碳体积分数在 12%～74% 范围内，遇到点火源后混合物会发生爆炸。一氧化碳是毒性很大的气体。空气中一氧化碳体积分数为 0.5% 时，暴露其中的人 20～30min 内有死亡危险。一氧化碳体积分数达到 1.0% 时，吸气几次后人就会失去知觉，经过 1～2min 就会中毒死亡。因为一氧化碳与血液中血红蛋白的结合能力比氧与血红蛋白的结合能力大得多，使氧难以与血红蛋白结合，从而使人严重缺氧。一氧化碳对人体的影响见表 2-19。

表 2-19 一氧化碳对人体的影响

$\varphi(CO)/\%$	对人体的影响	$\varphi(CO)/\%$	对人体的影响
0.01	几小时内没有什么感觉	0.5	20～30min 内有死亡危险
0.05	1h 内影响不大	1.0	喘气几次后人就会失去知觉，经过 1～2min 中毒死亡
0.1	1h 后头痛、作呕、不舒适		

2.7.3 高聚物燃烧产物的毒害作用

2.7.3.1 含氮高聚物

氮氧化物包括一氧化氮和二氧化氮，是硝酸纤维系及其他含氮可燃物的燃烧产物。含硝酸盐及亚硝酸盐的炸药爆炸时也会生成一氧化氮和二氧化氮。一氧化氮是无色气体，二氧化氮是棕红色气体，具有难闻气味，且有毒。氮氧化物对人体的影响见表 2-20。

表 2-20 氮氧化物对人体的影响

氮氧化物含量		对人体的影响
体积分数/%	质量浓度/(mg/L)	
0.004	0.19	长时间作用无明显反应
0.006	0.29	短时间内气管即感到刺激
0.01	0.48	短时间内刺激气管，使人咳嗽，继续作用对生命有危险
0.025	1.20	短时间内使人死亡

氰化氢（HCN）为气体，其水溶液称氢氰酸。氢氰酸属于剧毒化学品。氢氰酸对人体的慢性影响表现为神经衰弱综合征，如头晕、头痛、乏力、胸部压迫感、肌肉疼痛、腹痛等，并可有眼和上呼吸道刺激症状。皮肤长期接触后，可引起皮疹，表现为斑疹、丘疹，极痒。

2.7.3.2 含氯高聚物

（1）氯气

氯气为黄绿色气体，有强烈的刺激性气味，高压下可呈液态，多由食盐电解而得。人吸入后，可迅速附着于呼吸道黏膜，夺取黏膜水分中的氢，形成氯化氢和游离态氧。氯化氢对黏膜有刺激和腐蚀作用，主要引起支气管痉挛、支气管炎和支气管炎周围发生炎性水肿、充血和坏死；新生氧对组织有强烈的氧化作用，并可在氧化过程中变成臭氧，对组织细胞产生毒性作用。呼吸道黏膜中末梢感受器受刺激，还可造成局部平滑肌痉挛，再加上黏膜血、水肿及灼伤，则可引起严重的通气障碍。

轻度者有流泪、咳嗽、咳少量痰、胸闷，出现气管炎和支气管炎的表现；中度中毒发生支气管肺炎或间质性肺水肿，病人除有上述症状的加重外，出现呼吸困难、轻度紫绀等；重者发生肺水肿、昏迷和休克，可出现气胸、纵隔气肿等并发症。吸入极高浓度的氯气，可引起迷走神经反射性心搏骤停或喉头痉挛而发生"电击样"死亡。皮肤接触液氯或高浓度氯，在暴露部位可有灼伤或急性皮炎。

慢性影响：长期低浓度接触，可引起慢性支气管炎、支气管哮喘等；可引起职业性痤疮及牙齿酸蚀症。

氯气对人体的影响见表 2-21。

表 2-21 氯气对人体的影响

氯气体积分数/%	对人体的影响	氯气体积分数/%	对人体的影响
0.5	允许的暴露浓度（OSHA、ACGIH）	15	马上刺激喉部
3	刺激黏膜、眼睛和呼吸道	30	30min 内最大的暴露浓度
3.5	产生一种易察觉的臭味	100~150	肺部疼痛、压感，暴露稍长一会将引起死亡

（2）光气

光气又称碳酰氯（$COCl_2$），无色、具有发霉柴草气味，很少溶于水，水解后形成盐酸。从吸入光气到出现肺泡性肺水肿有一潜伏期，一般为6~15h，亦有短至2h或更短者。吸光气后产生恶心，头晕，咳嗽，胸骨后不适，喘息和气急，咳血痰。儿童患者症状往往不明显，以客观表现为主，如咳嗽、恶心、呕吐等；而成人则以主观不适为主如胸闷、气短、头昏、乏力。光气毒性比氯气大10倍，光气分子中的羰基同肺组织的蛋白质、酶等结合发生酰化反应，干扰细胞的正常代谢，损伤细胞膜，肺泡上皮细胞和毛细血管受损，通透性增加，从而导致化学性肺炎和肺水肿。

主要损害呼吸道，导致化学性支气管炎、肺炎、肺水肿。

急性中毒：轻度中毒，患者有流泪、畏光、咽部不适、咳嗽、胸闷等；中度中毒，除上述症状加重外，患者出现轻度呼吸困难、轻度紫绀；重度中毒出现肺水肿或成人呼吸窘迫综合征，患者剧烈咳嗽、咯大量泡沫痰、呼吸窘迫、明显紫绀。肺水肿发生前有一段时间的症状缓解期（一般 1～24h）。可并发纵隔及皮下气肿。

2.7.3.3 含硫高聚物

(1) H_2S

硫化氢是有腐蛋臭味的无色气体，能溶于水、乙醇及甘油。化学性质不稳定，在空气中可氧化为二氧化硫，与空气混合燃烧时会发生爆炸。大气中硫化氢污染的主要来源是人造纤维、天然气净化、硫化染料、石油精炼、煤气制造、污水处理、造纸等生产工艺及有机物腐败过程。硫化氢的臭味极易被嗅出，当空气中质量浓度在 $1.5mg/m^3$ 时，即能辨出。硫化氢是强烈神经毒物，对黏膜亦有明显的刺激作用，主要从呼吸道侵入人体而引起中毒。浓度较低时出现眼睛刺痛、流泪、呕吐，有时发生肺炎、肺水肿。吸入高浓度硫化氢时，可使意识突然丧失，昏迷窒息而死。急性中毒后遗症是头痛、智力降低等。

本品是强烈的神经毒物，对黏膜有强烈刺激作用。

急性中毒：短期内吸入高浓度硫化氢后出现流泪、眼痛、眼内异物感、畏光、视物模糊、流涕、咽喉部灼热感、咳嗽、胸闷、头痛、头晕、乏力、意识模糊等。部分患者可有心肌损害。重者可出现脑水肿、肺水肿。极高质量浓度（$1000mg/m^3$ 以上）时可在数秒钟内突然昏迷，呼吸和心搏骤停，发生闪电型死亡。高浓度接触眼结膜发生水肿和角膜溃疡。

长期低浓度接触，引起神经衰弱综合征和植物神经功能紊乱。

(2) SO_2

二氧化硫是煤、石油等含硫可燃物的燃烧产物。它无色但有刺激性臭味，易溶于水，易液化。二氧化硫有毒，是大气污染中危害较大的一种气体。所谓"酸雨"是指雨水中溶解有大量的二氧化硫。酸雨能严重伤害植物，刺激人的眼睛和呼吸道，腐蚀金属和建筑物，损害织物。

易被湿润的黏膜表面吸收生成亚硫酸、硫酸。对眼及呼吸道黏膜有强烈的刺激作用。大量吸入可引起肺水肿、喉水肿、声带痉挛而致窒息。

急性中毒：轻度中毒时，发生流泪、畏光、咳嗽，咽、喉灼痛等；严重中毒可在数小时内发生肺水肿；极高浓度吸入可引起反射性声门痉挛而致窒息。皮肤或眼接触发生炎症或灼伤。

慢性影响：长期低浓度接触，可有头痛、头昏、乏力等全身症状以及慢性鼻炎、咽喉炎、支气管炎、嗅觉及味觉减退等。少数工人有牙齿酸蚀症。

二氧化硫进入呼吸道后，因其易溶于水，故大部分被阻滞在上呼吸道，在湿润的黏膜上生成具有腐蚀性的亚硫酸、硫酸和硫酸盐，使刺激作用增强。上呼吸道的平滑肌因有末梢神经感受器，遇刺激就会产生窄缩反应，使气管和支气管的管腔缩小，气道阻力增加。上呼吸道对二氧化硫的这种阻留作用，在一定程度上可减轻二氧化硫对肺部的刺激。但进入血液的二氧化硫仍可通过血液循环抵达肺部产生刺激作用。

二氧化硫可被吸收进入血液，对全身产生毒副作用，它能破坏酶的活力，从而明显地影响碳水化合物及蛋白质的代谢，对肝脏有一定的损害。动物试验证明，二氧化硫慢性中毒后，机体的免疫受到明显抑制。

二氧化硫体积分数为 $10～15×10^{-6}$ 时，呼吸道纤毛运动和黏膜的分泌功能均能受到抑制。体积分数达 $20×10^{-6}$ 时，引起咳嗽并刺激眼睛。若每天吸入浓度为 $100×10^{-6}$ 8 小时，支气管和肺部出现明显的刺激症状，使肺组织受损。浓度达 $400×10^{-6}$ 时可使人产生呼吸困难。二氧化硫与飘尘一起被吸入，飘尘气溶胶微粒可把二氧化硫带到肺部使毒性增加 3～4 倍。若飘尘表面吸附金属微粒，在其催化作用下，使二氧化硫氧化为硫酸雾，其刺激作用比二氧化硫增强约 1 倍。长期生活在大气污染的环境中，由于二氧化硫和飘尘的联合作用，可促使肺泡纤维增生。如果增生范围波及广泛，形成纤维性病变，发展下去可使纤维断裂形成肺气肿。二氧化硫可以加强致癌物苯并（a）芘的致癌作用。据动物试验，在二氧化硫和苯并（a）芘的联合作用下，动物肺癌的发病率高于单个因子的发病率，在短期内即可诱发肺部扁平细胞癌。

2.7.3.4 含磷高聚物

五氧化二磷是含磷可燃物完全燃烧时的产物。它在常温常压下为白色固体粉末，燃烧时生成的五氧化二磷为气体，随后因降温而凝固。它能溶于水生成偏磷酸或正磷酸。纯五氧化二磷无特殊气味，但磷燃烧时伴生的三氧化二磷有蒜味，因此磷燃烧时能闻到蒜味。五氧化二磷有毒，能刺激呼吸器官，引起咳嗽和呕吐。对皮肤有刺激和灼烧作用（组织脱水）。最高容许质量浓度为 $1mg/m^3$。

2.7.4 其他燃烧产物的毒害作用

（1）烟灰

烟灰是可燃物不完全燃烧时的产物，由悬浮在空气中的未燃尽的细炭粒和分解产物构成。烟灰颜色随不同的可燃物而异。例如，木材燃烧产生的烟灰呈灰黑色，石油类物质燃烧产生的烟灰呈黑色。据此可判断燃烧物的类别。烟灰能刺激呼吸道黏膜，引起咳嗽和流泪。

（2）烟渣

烟渣是有机化合物不完全燃烧时形成的固体和半流体产物，它主要是由极细的炭粒和焦油（煤焦油、木焦油）构成。温度达到 $180\sim300℃$ 时，即可燃烧。

2.8 热值与燃烧温度

2.8.1 热值及其计算

各反应组分在温度 T 条件下的标准态时，1 摩尔指定相态的物质与氧进行完全氧化还原反应对应的焓差，称为温度 T 时该物质的标准燃烧焓（热）。单位为 J/mol；手册数据温度一般 298.15K，这是严格的热力学概念。

单位质量（或体积）的可燃物质在完全燃烧时所放出的热量称为该物质的发热值，简称热值。单位：固体或液体为 J/kg，气体为 J/m^3，这是工程上的习惯概念。燃料完全燃烧，生成的水蒸气冷凝为液体时的热值为高热值；燃料完全燃烧，生成的水蒸气不冷凝为液体时的热值为低热值。

可燃物的热值 Q 可由燃烧热计算。

（1）对气体可燃物

$$Q_{热值}=1000Q_r/22.4 \tag{2-5}$$

式中　Q_r—燃烧热（燃烧焓），J。

（2）液体或固体可燃物

$$Q_{热值}=1000Q_r/M \tag{2-6}$$

式中　M——可燃物的摩尔质量，g/mol。

（3）组成复杂可燃物计算

门捷列夫经验公式：

高热值　　　　$$Q_{热值h}=81w_C+300w_{H_2}-26(w_{O_2}-w_S) \tag{2-7}$$

低热值　　　　$$Q_{热值l}=81w_C+300w_{H_2}-26(w_{O_2}-w_S)-6(9w_{H_2}+w_{H_2O}) \tag{2-8}$$

式中　$Q_{热值h}$、$Q_{热值l}$——可燃物质的高热值和低热值，kcal/kg；

　　　　　w_C——可燃物质中碳的质量分数，%；

　　　　　w_{H_2}——可燃物质中氢的质量分数，%；

　　　　　w_{O_2}——可燃物质中氧的质量分数，%；

　　　　　w_S——可燃物质中硫的质量分数，%；

　　　　　w_{H_2O}——可燃物质中的水的质量分数，%，

2.8.2　燃烧温度及其计算

燃烧温度即火焰温度，可燃物质燃烧放出的热量主要用于加热可燃产物；如不计辐射等损失，可以计算理论最高温度。

（1）摩尔定压热容

1mol 物质在恒压、非体积功为零的条件下，温度升高 1K 所需的显热。用 $C_{p,m}$ 表示，单位 J/(mol·K)。如果质量为 1kg，工程上称为比定压热容，单位为 J/(kg·K)。

（2）摩尔定容热容

1mol 物质在恒容、非体积功为零的条件下，温度升高 1K 所需的显热。用 $C_{V,m}$ 表示，单位 J/(mol·K)。如果质量为 1kg，工程上称为比定容热容，单位为 J/(kg·K)。

热容一般随温度变化而变化，$C=f(T)$。

平均热容

$$\overline{C}=\frac{Q}{n(T_2-T_1)} \tag{2-9}$$

显然

$$Q=n\int_{T_1}^{T_2}C\mathrm{d}T=n\overline{C}(T_2-T_1) \tag{2-10}$$

一般燃烧按等压考虑；爆炸按等容考虑，起始温度一般取 273K。

等熵指数：

$$\kappa=c_p/c_V \tag{2-11}$$

几种气体的等熵指数和临界压力见表 2-22。

表 2-22　几种气体的等熵指数和临界压力

物质	丁烷	丙烷	二氧化硫	甲烷	氨	氯	一氧化碳	氢
κ	1.090	1.131	1.290	1.307	1.310	1.355	1.404	1.410
p_c/atm	1.708	1.729	1.826	1.837	1.839	1.866	1.895	1.899

3 爆炸基本原理

3.1 爆炸及其分类

3.1.1 爆炸概述

爆炸是一种非常急剧的物理或化学变化过程，一种在限制状态下系统潜能突然释放并转化为机械能而对周围介质发生作用的过程，一般可以看做是气体或蒸汽在瞬间剧烈膨胀的现象。爆炸通常可以划分为两个阶段：①气体和能量在极短时间和有限体积内产生、积累，造成高温、高压；ⅱ在无约束或者约束受到破坏的情况下，累积的高温、高压对系统外部形成急剧突跃的压力的冲击，造成机械性破坏作用，周围介质受振动产生声响。

爆炸伴随着巨大的能量释放，其表现的破坏形式也有多种，冲击波是爆炸最直接的、最主要的破坏力量，爆炸的绝大部分能量都以冲击波的形式表现出来；如果是容器发生爆炸，一部分能量会驱动容器破裂产生的碎片对外界目标形成打击作用，工业中的爆炸事故通常伴随有碎片打击伤害；除了冲击波和碎片两种直接的伤害形式外，爆炸还可以导致一些间接的破坏，在冲击波或者碎片的作用下，建（构）筑物常常会发生结构破坏甚至坍塌，对建（构）筑物内的人员、设备造成伤害；一些类型的爆炸有可能引燃附近的易燃物质引起火灾，如果爆炸的容器内含有毒害物质或者爆炸产生的冲击波和碎片导致周围盛装毒害物质的容器发生破裂，亦会导致中毒事故的发生。

3.1.2 爆炸的分类

按照不同的划分方式，爆炸可以划分为多种类别。

（1）按照爆炸能量的来源分

① 物理爆炸　由物理变化而引起的，物质因状态或压力发生突变而形成爆炸的现象称为物理爆炸。例如容器内液体过热气化引起的爆炸、锅炉的爆炸、压缩气体、液化气体超压引起的爆炸等。物理爆炸前后物质的性质及化学成分均不改变。

② 化学爆炸　由于物质发生极迅速的化学反应，产生高温、高压而引起的爆炸称为化学性爆炸。化学爆炸前后物质的性质和成分均发生了根本的变化。化学爆炸按爆炸时所产生的化学变化，可分三类。

ⅰ．简单分解爆炸。引起简单分解爆炸的爆炸物在爆炸时并不一定发生燃烧反应，爆炸所需的热量，是由于爆炸物质本身分解时产生的。属于这一类的有叠氮铅、乙炔银、乙炔酮、碘化氮、氯化氮等。这类物质是非常危险的，受轻微振动即引起爆炸。如：

$$PbN_6 \xrightarrow{振动} Pb + 3N_2$$

$$2NCl_3 \longrightarrow N_2 + 3Cl_2$$

ⅱ．复杂分解爆炸。这类爆炸性物质的危险性较简单分解爆炸物低，所有炸药均属之。爆炸时伴有燃烧现象。燃烧所需的氧由本身分解时供给。各种氮及氯的氧化物、苦味酸等都是属于这一类。

$$C_3H_5(ONO_2)_3 \xrightarrow{引爆} 3CO_2 + 1.5N_2 + 0.25O_2$$

本类爆炸物品，大多具有如下结构：

—NO₃	硝酸盐类物质
—N═N≡N	叠氮化合物
—O—N═C	雷酸盐类化合物
—ClO₃	氯酸盐类
—NX₃	氮卤化类
—C≡C—	乙炔类物质
═N≡N	重氮类化合物

另外，硝酸酯类物质以及芳香族硝基化合物也属于此类爆炸品。

ⅲ．爆炸性混合物爆炸。爆炸性混合物是指至少由两种化学上不相联系的组分所构成的燃爆系统。所有可燃气体、蒸气及粉尘与空气混合所形成的混合物的爆炸均属于此类。这类物质爆炸需要一定条件，如爆炸性物质的含量，氧气含量及激发能量等。因此其危险性虽较前两类为低，但极普遍，造成的危害性也较大。

③ 核爆炸　某些物质的原子核发生裂变或聚变的链式反应，在瞬时释放出巨大能量，形成高温高压并辐射多种射线，这种反应称为核爆炸。在工业领域，不涉及核爆炸问题，所以本教材中不作讨论。

（2）按爆炸物的相态分

① 气相爆炸　爆炸物为气态，包括可燃性气体和助燃性气体混合物的爆炸、气体的分解爆炸、喷雾爆炸、可燃粉尘的爆炸等。根据气体爆炸发生的环境，可以将气体爆炸分为受限爆炸和非受限爆炸，两者表现出差别巨大的爆炸效应，在完全无约束的情况下，预混气体被点燃后，更多表现为闪火，几乎完全没有压力效应，而对于高度约束的混合气体，如弥散在高密集装置区内的油气，则会表现出十分显著的压力效应，极端情况下，甚至会产生剧烈的爆轰现象；粉尘爆炸和喷雾爆炸是工业中常见的另外两种爆炸事故，尽管其爆炸物质分别属于固相和液相，但由于其微小的粒径及与气云爆炸及其相似的爆炸性状，一般也划分为气相爆炸。

② 液相爆炸　包括聚合爆炸、蒸发爆炸以及由不同液体混合所引起的爆炸，如通常所讲的液体炸药爆炸。

③ 固相爆炸　包括爆炸性物质的爆炸、固体物质混合引起的爆炸以及由电流过载所引起的电缆爆炸等。常规的炸药多属于此类。

（3）按爆炸速度分

爆炸从本质上讲是一种快速的化学反应，反应速度越快，短时间内积聚的能量就越高，对周围环境产生的伤害也越大，所以反应速度（爆炸速度）是衡量爆炸的一个重要指标，按照爆炸速度的高低，可以将爆炸划分为轻爆、爆炸和爆轰三个类别。

轻爆　通常系指传播速度为每秒数十厘米至数米的爆炸过程。

爆炸　指传播速度为十米至数百米的爆炸过程。

爆轰　指传播速度为一千米至数千米的过程。

3.2　可燃气体爆炸

可燃气体爆炸是工业中最常见的一种爆炸事故形式，根据爆炸气体的组成情况，可燃气体爆炸一般可以划分为两大类别，一类是单一气体分解爆炸，一类是混合气体爆炸。

3.2.1　单一气体分解爆炸

某些气体在特定条件作用下，会发生剧烈的分解反应，并伴随着剧烈的放热现象，甚至引发爆炸。例如乙炔、乙烯、环氧乙烷、乙烯基乙炔、丙炔、氯乙烯、氮氧化物、臭氧等都可能产生这种现象。

如当温度达到 700℃，压力超过 0.15MPa 时，乙炔分子发生分解，形成爆炸：

$$C_2H_2 \longrightarrow 2C(固)+H_2+226.04kJ/mol$$

以下是其他一些气体的分解反应方程式，特定情况下均有可能形成分解爆炸：

$$C_2H_4 \longrightarrow C(固)+CH_4+52.56kJ/mol$$

$$C_2H_4O \longrightarrow CH_4+CO+134.2kJ/mol$$

$$2C_2H_4O \longrightarrow C_2H_4+2CO+2H_2+33.36kJ/mol$$

单一气体的爆炸受到多方面因素的影响，一般压力越高，越容易发生分解爆炸，每种易分解气体都具有一个临界压力，超过对应的临界压力，才可能发生分解爆炸事故，如乙炔分解的临界压力为 0.137MPa（表压），乙烯分解的临界压力为 3.92MPa（表压）；温度是影响分解爆炸的另一个影响因素，温度越高，物质越容易发生分解，分解爆炸的可能性越高；与固体炸药等相似，除非压力和温度足够高，气体的分解爆炸均需要一个初始的能量来激发，通常称此能量为"最小点火能"或"点火能"，最小点火能越低，说明这种气体发生分解爆炸的危险性越高，其数值往往随温度和压力的升高而降低。如乙炔分解爆炸的最小点火能与压力之间存在着如下关系：

$$E=1.140p^{-0.25} \tag{3-1}$$

式中　E——最小点火能，J；

　　　p——乙炔压力（绝对压力），Pa。

3.2.2　混合气体爆炸

可燃气体（蒸气）由于各种原因与空气（用氧气或其他助燃气体）混合后，在一定的浓度配比范围内，如果遇到点燃能量，就可能形成混合系的爆炸。

根据混合气体形成原因及地点的不同，可将工业中混合气体的爆炸分为如下几种。

（1）可燃气体容器内进入空气、氧气等引发爆炸

工业气体常以高压的方式储存于容器中，在充装的过程中，如果由于各种原因导致空气或者氧气混入，预混的气体可能会在各种形式能量的作用下发生爆炸，如某氢气生产厂家在充装氢气钢瓶时，由于误操作混充入了大量空气，钢瓶用户在使用时，因工艺下游的高温表面作为火源引发了回火爆炸，造成 3 人死亡，多人受伤的严重后果。

（2）可燃气体燃烧中断引发爆炸

工业生产中，常使用可燃气体作为燃料为系统提供能量，可燃气体经由喷嘴进入炉膛形成稳定的火焰加热各种介质，如果发生意外熄火而可燃气体继续喷入的情况，就会在炉膛内形成一个封闭空间的可燃爆混合系，一旦再次点火，则会发生爆炸；高压可燃气体（或液化气）如果发生小口径破裂，往往形成喷射火焰，此时不应贸然灭火，否则也会发生因燃烧中断，可燃气体（蒸气）形成混合气体爆炸的严重事故。

（3）易燃气体或挥发性液体大量泄漏于室外形成气云爆炸（VCE）

易燃气体或挥发性液体容器或管线发生破裂后，与空气混合，形成燃爆预混系，如果恰好有点火源存在，则会形成所谓的气云爆炸事故，其爆炸威力受燃料种类、气云浓度、气云受限程度、点火能量等因素影响，可能会导致灾难性的后果，如 1974 年发生在英国某公司的气云爆炸事故导致了厂内 28 人死亡，36 人受伤，厂外 53 人受伤，损失达 2.544 亿美元。

（4）气体或挥发性液体泄漏在室内或低洼、不通风处积累引起爆炸

泄漏发生在室外时，由于大气湍流扩散等原因，往往需要具有较大的泄漏流量才会形成足够规模的混合气云，继而引发爆炸事故；但如果泄漏发生在室内或低洼、不通风的场所，可燃

气体可能会由于重力作用等原因而得不到及时扩散，即便是很小的泄漏流量也会由于积累作用在局部区域形成高浓度区，遇到火源形成爆炸事故。

3.2.3 爆炸极限

可燃气体或可燃液体蒸气与空气的混合物，并不是在任何混合比例下都会发生燃烧或爆炸，而是有一个浓度范围，即有一个最低浓度——爆炸下限，和一个最高浓度——爆炸上限，只有在这两个浓度之间，才有爆炸危险，这个遇火能够发生燃烧或爆炸的浓度范围，称为爆炸极限，通常用可燃气体在空气中的体积分数表示，如图 3-1 所示。在爆炸的上下限之间，往往存在着一个最佳配比，这种配比的气体具有最大的爆炸威力。由实验可知，当可燃气体含量稍多于其完全燃烧的理论量时，燃烧最快、最激烈。若增加或减少其含量，则火焰蔓延速度都会降低，爆炸威力下降。

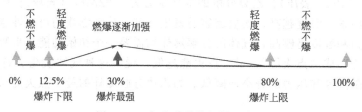

图 3-1　一氧化碳爆炸极限示意图

爆炸极限是在常温、常压等标准条件下测定出来的，这一范围会随着初始温度、压力、氧含量、惰性介质、点火能、容器材质及尺寸等条件的变化而有所变化。

（1）初始温度对爆炸极限的影响

初始温度越高，气体分子的内能越大，分子间的碰撞几率增加，从而使得反应更容易发生，宏观表征为爆炸极限范围扩大，使下限降低、上限提高。

图 3-2　初始温度对甲烷爆炸极限的影响

初始温度对甲烷爆炸极限的影响见图 3-2。表 3-1 及表 3-2 分别列出了不同温度下测得的丙酮及煤气的爆炸上下限。

表 3-1　温度对丙酮爆炸极限的影响

混合物温度/℃	爆炸下限/%	爆炸上限/%
0	4.2	8.0
50	4.0	9.8
100	3.2	10.0

表 3-2　煤气温度与爆炸极限的关系

混合物温度/℃	爆炸下限/%	爆炸上限/%	混合物温度/℃	爆炸下限/%	爆炸上限/%
20	6.00	13.4	400	4.00	14.70
100	5.45	13.5	500	3.65	15.35
200	5.05	13.8	600	3.35	16.40
300	4.40	14.25	700	3.25	18.75

（2）初始压力对爆炸极限的影响

压力增加对爆炸极限的影响比较复杂。通常情况下，压力增加可使爆炸范围增大，尤其对上限的影响比较显著。这是因为随着压力增加，气体的分子密度增加，碰撞几率增大，可使燃烧反应容易开始。但是也有例外情况，如一氧化碳的爆炸范围随压力的增加反而变窄。压力对甲烷爆炸极限的影响如图 3-3 所示。

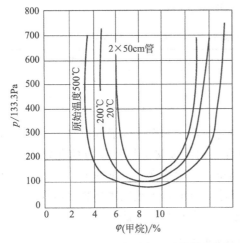

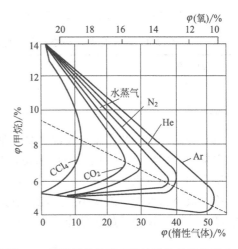

图 3-3 压力对甲烷爆炸极限的影响   图 3-4 惰性气体浓度对甲烷爆炸极限的影响

压力减小，可使爆炸范围变窄，压力小到一定程度，可使爆炸上限与爆炸下限重合，这一压力为爆炸的临界压力。其他条件不变的条件下，压力低于临界压力，混合气便不会燃烧爆炸。对一些危险气体，可利用此性质进行生产、储存及运输。

（3）惰性介质对爆炸极限的影响

混合气体中加入惰性气体，可以使混合气的氧含量降低，所以会导致混合气爆炸极限降低。当惰性气含量增加到一定程度时，可以使爆炸范围为零。惰性气体氮气、氩气、二氧化碳、水蒸气及四氯化碳含量对甲烷-空气混合气爆炸极限的影响见图 3-4。从图中可见，惰性气体的加入对爆炸上限的影响很大，随着惰性气体含量的增加，爆炸上限急剧下降，但爆炸下限的改变却相对缓和，部分种类的气体甚至会使爆炸下限略有下降。这是因为在爆炸性混合物中，随着惰性气体含量的增加，氧的含量相对减少，而在爆炸上限浓度下氧的含量本来已经很小，故惰性气体含量稍微增加一点，即产生很大影响，使爆炸上限剧烈下降。

对于爆炸性气体，水等杂质对其反应影响很大。如果无水，干燥的氯没有氧化功能；干燥的空气不能氧化钠或磷；干燥的氢氧混合物在 1000℃ 下也不会产生爆炸。痕量的水会急剧加速臭氧、氯氧化物等物质的分解。少量的硫化氢会大大降低水煤气及其混合物的燃点，加速其爆炸。

（4）氧含量对爆炸极限的影响

可燃气之所以存在爆炸下限，是由于可燃物浓度太低、氧过量，所以氧含量增加对爆炸下限的影响不大；可燃气存在爆炸上限是由于氧含量不足，所以增加氧含量可使爆炸上限提高。如，甲烷与空气混合物的爆炸极限为 5.3%～14%，在纯氧气中的爆炸极限为 5.1%～61%，由此可见氧含量的增加可使爆炸上限显著增加。某些气体在空气和氧气中爆炸极限的比较见表 3-3。

表 3-3 可燃气在空气和氧气中的爆炸极限

可燃气体	在空气中爆炸范围/%	在氧气中爆炸范围/%	可燃气体	在空气中爆炸范围/%	在氧气中爆炸范围/%
甲烷	5.3～14	5.1～61	丙烯	2.4～10.3	2.1～53
乙烷	3.0～12.5	3.0～66	氯乙烯	4～22	4～70
正丁烷	1.8～8.5	1.8～49	氢	4～75	4～94
异丁烷	1.8～8.4	1.8～48	一氧化碳	12.5～74	15.5～94
1-丁烯	1.6～9.3	1.8～58	氨	15～28	15.5～79
2-丁烯	1.7～9.7	1.7～55			

（5）点火能

增加点火源的强度、热表面的面积、点火源与混合气的接触时间都可以使爆炸范围变宽。表 3-4 列出了标准大气压下，点火能对甲烷-空气混合物爆炸极限的影响。

表 3-4　点火能对甲烷-空气混合物爆炸极限的影响（标准大气压，容器 V＝7L）

点火能/J	爆炸范围/%	点火能/J	爆炸范围/%
1	4.9～13.8	100	4.25～15.1
10	4.6～14.2	10000	3.6～17.5

对于一定体积分数的爆炸性混合物，都有一个引起该混合物爆炸的最低能量。体积分数不同，引爆的最低能量也不同，一般来说，当可燃混合气的组成接近燃烧反应的化学计量比例时，所需的最小点火能量最小。对于给定的爆炸性物质，各种浓度下引爆的最低能量中的最小值，称为最小引爆能，或最小点火能。点火能大于最小点火能，可燃气才会燃烧爆炸。最小点火能越小，说明该物质越易爆炸。表 3-5 列出了部分气体的最小点火能量。

表 3-5　部分气体的最小点火能量

气体	体积分数/%	能量/×10^6J·mol^{-1}	气体	体积分数/%	能量/×10^6J·mol^{-1}
甲烷	8.50	0.280	氧化丙烯	4.97	0.190
乙烷	4.02	0.031	甲醇	12.24	0.215
丁烷	3.42	0.380	乙醛	7.72	0.376
乙烯	6.52	0.016	丙酮	4.87	1.15
丙烯	4.44	0.282	苯	2.71	0.550
丁炔	7.73	0.020	甲苯	2.27	2.50
甲基乙炔	4.97	0.152	氨	21.8	0.77
丁二烯	3.67	0.170	氢	29.2	0.019
环氧乙烷	7.72	0.105	二硫化碳	6.52	0.015

（6）容器

容器的尺寸及形状对爆炸极限也有影响，人们由试验得知，容器的直径越小，爆炸范围越窄。这种现象可以用传热及器壁效应来解释，随着容器或管道直径的减小，单位体积的气体就有更多的热量被器壁吸收。据文献报道，当散失的热量达到放出热量的 23％时，火焰就会熄灭。

从链反应理论来看，通道越窄、比表面积越小，自由基与器壁碰撞的概率越大，活性自由基数量减少，从而使得反应链的传递受到阻碍，这种现象称为器壁效应，当器壁间间距小到某一数值时（称为临界直径），这种器壁效应就会使得火焰无法继续传播，阻火器就是根据上述原理设计的。可由下式计算阻火器的临界直径，当阻火器的直径小于此临界值时，可燃混合气不能传递燃烧。

$$d_0 = \sqrt[2.48]{\frac{E}{2.35 \times 10^{-2}}} \tag{3-2}$$

式中　d_0——临界直径，cm；

　　　E——最小点火能，J。

（7）火焰传播方向（点火位置）

火焰的传播方向对混合气的爆炸极限也有影响，在爆炸极限测试管中进行爆炸极限测定时，可以发现火焰自下向上传播时，爆炸下限最小，上限最大；当火焰从上部向下传播时，爆炸下限最大，上限最小；在水平管中测试时，爆炸上下限介于前两者之间。表 3-6 列出了部分混合气体不同点火位置的爆炸极限。

表 3-6 火焰传播方向对爆炸极限的影响

气体名称	爆炸下限/%			爆炸上限/%		
	（↑）	（↓）	（→）	（↑）	（↓）	（→）
氢	4.15	8.8	6.5	75.0	74.5	—
甲烷	5.35	5.59	5.4	14.9	13.5	14.0
乙烷	3.12	3.26	3.15	15.0	10.2	12.9
戊烷	1.42	1.48	—	74.5	4.64	—
乙烯	3.02	3.38	3.20	34.0	15.5	23.7
丙烯	2.18	2.26	2.22	9.7	7.4	9.3
丁烯	1.7	1.8	1.75	9.6	6.3	9.0
乙炔	2.6	2.78	2.68	80.5	71.0	78.5
一氧化碳	12.8	15.3	13.6	75.0	70.5	—
硫化氢	4.3	5.85	5.3	45.5	21.3	33.5

另外，光对爆炸极限也有影响。在黑暗中，氢与氯的反应十分缓慢，在光照下则会发生链式反应引起爆炸。甲烷与氯的混合物，在黑暗中长时间内没有反应，但在日光照射下会发生激烈反应，两种气体比例适当则会引起爆炸。表面活性物质对某些介质也有影响。如在球形器皿中 530℃时，氢与氧无反应，但在器皿中插入石英、玻璃、铜或铁棒，则会发生爆炸。

3.2.4 爆炸极限的计算

可燃气体与空气混合物的爆炸极限一般需要通过实验才测得，但在缺乏试验器材及精度要求不高的情况下，可以采用如下一些方法进行估算。

（1）根据完全燃烧可燃气体的浓度

根据链烷烃类物质完全燃烧时可燃气体的浓度可以估算其在空气中的爆炸下限，计算公式如下：

$$\varphi_{\text{下}} = 0.55 C_0 \tag{3-3}$$

式中 C_0——爆炸性气体完全燃烧时的化学计量分数。

如果空气中氧的含量按照 20.9% 计算，C_0 的计算式则为

$$C_0 = \frac{1}{1 + \dfrac{n_0}{0.209}} \times 100 = \frac{20.9}{0.209 + n_0} \tag{3-4}$$

式中 n_0——1 分子可燃气体完全燃烧时候所需的氧分子数。

完全燃烧是指燃烧生成了最彻底的氧化产物，如碳氧化为二氧化碳、氢氧化成水。

常压下 25℃的链烷烃在空气中的爆炸，可以采用如下关系式由爆炸下限推算爆炸上限。

$$\varphi_{\text{上}} = 6.5 \sqrt{\varphi_{\text{下}}} \tag{3-5}$$

把式（3-5）代入式（3-3），可得

$$\varphi_{\text{上}} = 4.8 \sqrt{C_0} \tag{3-6}$$

例 求丁烷在空气中的爆炸上限及下限。

解 丁烷完全燃烧的分子式为：

$$2C_4H_{10} + 13O_2 \longrightarrow 8CO_2 + 10H_2O$$

根据分子式可以得到：

$$n_0 = \frac{13}{2} = 6.5$$

$$C_0 = \frac{20.9}{0.209 + n_0} = 3.1152$$

$$\varphi_{\text{下}} = 0.55 C_0 = 1.71$$

$$\varphi_{\text{上}} = 4.8 \sqrt{C_0} = 8.47$$

上述计算结果与文献所得丁烷的爆炸上限1.9%，下限8.5%比较接近。

（2）闪点法

可燃液体在闪点时的饱和蒸气分压，等于处于燃烧爆炸下限的混合气体中可燃气体的体积分数，可得：

$$\varphi_{下} = \frac{100 \times p_{下闪}}{p_{总}}\%$$ (3-7)

式中　$\varphi_{下}$——可燃液体的爆炸下限，体积分数；

　　　$p_{下闪}$——爆炸下限的（闪点时）液体的蒸气分压，Pa；

　　　$p_{总}$——混合气的总压力，Pa。常压时为1.013×10^5Pa。

同样也可用式(3-7)计算可燃液体的爆炸上限，只要将式中$p_{下闪}$改为爆炸上限对应的蒸气分压即可。

由可燃液体爆炸上限及爆炸下限的蒸气压，可由其蒸气压图或表查得对应的爆炸上限温度和下限温度。

例　已知乙醇的爆炸上限为$\varphi=19\%$，求爆炸上限温度（上部闪点）。

解　根据$\varphi_{上} = \frac{100 \times p_{上闪}}{p_{总}}\%$

$$p_{上闪} = \varphi_{上} \times p_{总} = 0.19 \times 1.013 \times 10^5 = 19247 \text{ Pa}$$

由乙醇的蒸气压图查得19247Pa对应的温度为42℃，即常压下乙醇的爆炸上限温度为42℃。

（3）北川法

日本学者北川彻三经过研究发现，各有机同系物中，可燃气分子中碳原子数α与可燃气爆炸上限所必需的氧原子数$2n_0$之间存在着线性关系，即满足式(3-7)关系：

$$2n_0 = a\alpha + b$$ (3-8)

对与某特定类别有机可燃气体，a，b为常数。表3-7给出了具体的计算公式。

表3-7　不同类别物质爆炸上限所需氧原子数$2n_0$计算公式表

类别	$2n_0 = a\alpha+b$	有机可燃性气体	类别	$2n_0 = a\alpha+b$	有机可燃性气体
空气中	$2n_0 = 0.5\alpha+2.5$	链烷烃($\alpha\geq3$)	空气中	$2n_0 = 0.5\alpha+1.5$	胺类、卤代烃
				$2n_0 = \alpha$	有机酸
		链烷烃($\alpha=1\sim2$)		$2n_0 = \alpha-0.5$	酯类、醇类
	$2n_0 = 0.5\alpha+2.0$	（链）烯（烃） 脂肪族环状烃 芳香族烃 酮 一氯代烃($\alpha\geq3$)	氧气中	$2n_0 = 0.5\alpha$	链烷烃 （链）烯（烃）
				$2n_0 = 0.5\alpha-0.5$	脂肪族环状烃

根据计算得到的所需氧原子（氧气分子）数量，即可以推算得到对应的爆炸上限值。

例　使用北川法求正丁烷在空气中的爆炸上限值。

解　正丁烷属于链烷烃，碳原子数$\alpha=4$，查表3-7得到氧原子数的计算公式为$2n_0=0.5\alpha+2.5$，带入α计算得到$2n_0=4.5$，即1分子正丁烷爆炸上限时所需氧分子数$n_0=2.25$，则正丁烷爆炸上限体积分数：

$$\varphi = \frac{1}{1+n_0\frac{1}{0.209}} = \frac{20.9}{0.209+n_0}\% = \frac{20.9}{0.209+2.25}\% = 8.5\%$$

实验实测值亦为8.5%，与北川法计算结果相同。

（4）多种可燃气体混合物的爆炸极限计算

当混合气中含有两种以上的可燃气体时，可根据 Le Chatelier 公式计算混合气

$$\varphi_L = \frac{1}{\sum\limits_{i=1}^{n} \dfrac{y_i}{\varphi_{L_i}}} \times 100\% \tag{3-9}$$

$$\varphi_H = \frac{1}{\sum\limits_{i=1}^{n} \dfrac{y_{yi}}{\varphi_{H_i}}} \times 100\% \tag{3-10}$$

式中　φ_L，φ_H——混合气的爆炸上限和下限，%；

　　　φ_{L_i}，φ_{H_i}——混合气中组分 i 的爆炸上限及下限，%；

　　　y_i——混合气中组分 i 的摩尔分数。

理·查特里法适用于反应活性和活化能相近的各种碳氢化合物混合气爆炸极限的计算，对其他可燃气体混合物计算结果偏差较大，仅供参考。

例　已知某混合气的组成及爆炸极限数据，求混合气的爆炸极限。如果此可燃气混合物与空气混合，混合后空气摩尔分数为 96%，问有无爆炸危险？

组　分	甲烷	乙烷	丙烷	丁烷	戊烷
摩尔分数 y_i	0.04	0.10	0.75	0.08	0.03
爆炸下限 φ_L/%	5.3	3.0	2.2	1.9	1.5
爆炸上限 φ_H/%	14.0	12.5	9.5	8.5	7.8

解　$\varphi_L = \dfrac{1}{\sum\limits_{i=1}^{n}\frac{y_i}{\varphi_{L_i}}} \times 100\% = \dfrac{1}{\frac{0.04}{0.053}+\frac{0.10}{0.030}+\frac{0.75}{0.022}+\frac{0.08}{0.019}+\frac{0.03}{0.015}} \times 100\% = 2.1\%$

$\varphi_H = \dfrac{1}{\sum\limits_{i=1}^{n}\frac{y_i}{\varphi_{H_i}}} \times 100\% = \dfrac{1}{\frac{0.04}{0.14}+\frac{0.10}{0.125}+\frac{0.75}{0.095}+\frac{0.08}{0.085}+\frac{0.03}{0.078}} \times 100\% = 9.7\%$

由计算结果可知，可燃气体混合气的爆炸范围是 2.1%～9.7%，对于其与空气形成的混合气，可燃气摩尔分数为 4%，在爆炸范围之内，因此有爆炸危险。

（5）可燃气体与惰性气体混合物的爆炸极限

① 经验公式法　当可燃气体中含有惰性气体时，一般需要实验测定，或通过现有的试验数据曲线查找计算，在缺乏实验条件及数据曲线时，可以采用经验式（3-11）和式（3-12）进行估算，但精度较差。

$$\varphi'_L = \varphi_L \frac{1+\dfrac{x}{1-x}}{100+\varphi_L \dfrac{x}{1-x}} \times 100\% \tag{3-11}$$

$$\varphi'_H = \frac{\varphi_H}{100+(100-\varphi_H)\dfrac{x}{1-x}} \times 100\% \tag{3-12}$$

式中　φ'_L，φ'_H——含惰性气体的可燃混合气的爆炸下限及上限，%；

　　　x——惰性气体的摩尔分数，%。

② 图表法　前人对一些特定混合气的爆炸极限进行了充分的实验研究，并绘制了图表，当计算这类混合气的爆炸极限时，可以采用查图的方法。图 3-5 为氢、一氧化碳、甲烷、二氧

化碳混合气的爆炸极限实验图表。

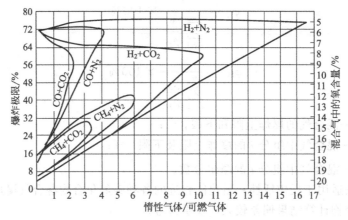

图 3-5 氢、一氧化碳、甲烷、二氧化碳混合气的爆炸极限实验图表

例 已知某混合气的组成及各组分的爆炸极限，求此混合气在空气中的爆炸极限。

组　　分	H_2	CO	CO_2	N_2
摩尔分数	0.12	0.37	0.11	0.40
爆炸上限 $x/\%$	4.0	12.5	—	—
爆炸下限 $x/\%$	75.6	74.0	—	—

解法一：分组查图

将混合气分为 H_2/N_2 组和 CO/CO_2 组两组。

ⅰ. H_2/N_2 组

总量：$12\%+40\%=52\%$

比值：$x_{N_2}/x_{H_2}=40/12=3.33$

查图 3-5，得 $\varphi_H=75\%$，$\varphi_L=18\%$

ⅱ. CO/CO_2 组

总量：$11\%+37\%=48\%$

比值：$x_{CO_2}/x_{CO}=11/37=0.297$

查图 3-5，得 $\varphi_H=70\%$，$\varphi_L=16\%$

根据 Le Chatelier 公式

$$\varphi_H=\frac{100}{\frac{52}{75}+\frac{48}{70}}\%=72.5\%$$

$$\varphi_L=\frac{100}{\frac{52}{18}+\frac{48}{16}}\%=16.98\%$$

解法二：首先计算可燃部分的爆炸极限；可燃部分在混合气中的摩尔分数为 0.49。

$$y_{H_2}=\frac{0.12}{0.49}=0.245 \qquad y_{CO}=\frac{0.37}{0.49}=0.755$$

根据公式：

$$\varphi_L=\frac{1}{\frac{0.245}{0.04}+\frac{0.755}{0.125}}\times100\%=8.22\%$$

$$\varphi_H = \frac{1}{\dfrac{0.245}{0.756} + \dfrac{0.755}{0.74}} \times 100\% = 74.4\%$$

根据公式，含惰性气的混合气的爆炸极限为：

$$\varphi'_L = \varphi_L \frac{1 + \dfrac{x}{1-x}}{100 + \varphi_L \dfrac{x}{1-x}} \times 100\% = 8.22 \frac{1 + \dfrac{0.51}{1-0.51}}{100 + 8.22 \dfrac{0.51}{1-0.51}} \times 100\% = 15.5\%$$

$$\varphi'_H = \frac{\varphi_H}{100 + (100 - \varphi_H)\dfrac{x}{1-x}} \times 100\% = \frac{74.4}{100 + (100 - 74.4)\dfrac{0.51}{1-0.51}} \times 100\% = 85.6\%$$

两种算法比较看来，第一种查图的方法建立在实验数据的基础之上，得到的爆炸下限高于可燃混合气（H_2/CO），爆炸上限则低于可燃混合气（H_2/CO），符合加入了惰性气体（N_2/CO_2）的实际情况；而第二种基于经验计算公式的方式，得到的爆炸上限也上升了，偏离实际情况较大。

（6）爆炸范围图图解

爆炸性混合气体组成可以是两种成分，也可以是三种或三种以上成分。两种成分爆炸性混合气体包括一种可燃气和一种助燃气。三种或三种以上成分的混合气则比较复杂，可能是多种可燃气体、助燃气体和惰性气体的任意组合，通常情况下，无论是几元组成的混合气都可以简化成最简单的"三元爆炸性混合气"。

三元爆炸性混合气根据组成的不同，可以大致分为如下三类：

ⅰ．由可燃气 F、助燃气 S 和惰性气 I 各一种组成；

ⅱ．由两种可燃气 F_1、F_2 和助燃气 S 组成；

ⅲ．由可燃气 F、助燃气 S_1、S_2 组成。

三元爆炸性混合气的爆炸范围一般用三角坐标图表示，在过去的研究中，人们用三角坐标图的方法积累了大量的三元爆炸混合气爆炸极限数据，从这些三角坐标图中，可以查询某组成气体混合物的可燃爆情况。图 3-6 及图 3-7 分别是常温、常压下氨-氧-氮混合气的爆炸极限范围三角坐标图和氢-氨-空气混合气的爆炸极限。

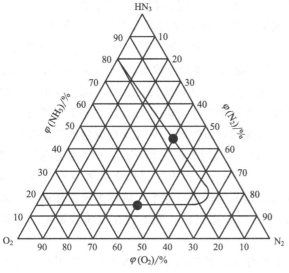

图 3-6　常温、常压下氨-氧-氮混合气的爆炸极限

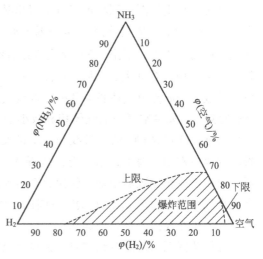

图 3-7　常温、常压下氢-氨-空气混合气的爆炸极限

三角坐标图内任意一点组成的读法是，由该点出发引三条各边的平行线与各组分对应的体积分数轴线相交，交点即为对应的体积分数数值，如要读取图 3-8 中 M 点 A 组分的体积分数，则由 M 作一条 BC 轴线的平行线，与 A 体积分数轴线相交于 P 点，所以该混合气中 A 组分体积分数为 46%，同理可以得到 B、C 组分的体积分数分别为 37% 和 17%。

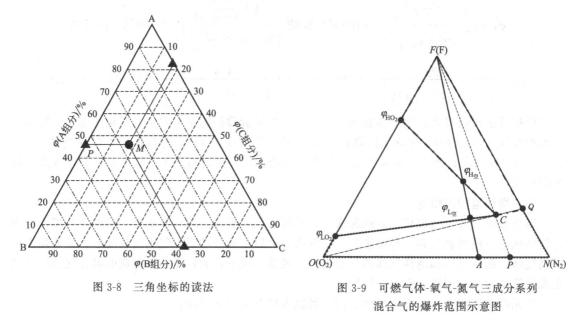

图 3-8　三角坐标的读法　　　　　图 3-9　可燃气体-氧气-氮气三成分系列
混合气的爆炸范围示意图

通过三角坐标图还可以读出惰性气体作用下的爆炸上、下限，如从图 3-6 得知，在氨-氧-氮混合系中，当氮气体积分数为 40% 时，NH_3 爆炸的上限体积分数为 44%，下限为 15%。

在工业中，特定组成的气体通常存放在固定的容器中，容器中的气体在正常情况下，大多处于燃爆范围之外，但这是否就说明了该容器内的气体是安全的呢？答案是否定的，容器通常会由于各种原因发生破裂，不管是容器内的气体泄漏到大气环境中还是环境中的空气由于负压作用进入容器内，都会形成新的混合系，新混合系的可燃爆与否也是安全工作所关注的，如果新的混合系不可能发生爆炸，那么说容器内的气体是不燃不爆的，安全程度较高；新混合系可能发生爆炸，那么说容器内的气体是泄漏可燃爆的，需要在设计过程中加以考虑。

通过三角坐标图，同样可以分析得出某组成混合气是属于泄漏可燃爆的还是不可燃爆的。图 3-9 是可燃气体-氧气-氮气三成分系列混合气的爆炸范围示意图。其中 φ_{HO_2}、φ_{LO_2} 是燃料 F 在氧气中的爆炸上、下限，FA 是空气组分线（A 点处氧气体积分数为 21%），$\varphi_{H空}$、$\varphi_{L空}$ 是燃料 F 在空气中的爆炸上、下限。C 点是 $\varphi_{HO_2}\varphi_{H空}$ 与 $\varphi_{LO_2}\varphi_{L空}$ 延长线的交点，当混合气中氮气的体积分数等于此点氮气体积分数时，混合气的爆炸上限和爆炸下限重合；P 点是 FC 延长线与 ON 的交点，如果空气中氧气体积分数小于 P 点组成时，可燃气与空气任意混合也不能形成爆炸性气体；Q 点是 OC 的延长线与 FN 的交点，当混合气处于四边形 $F\varphi_{HO_2}CQ$ 范围内时，如果其存放在密闭容器中，则不会形成爆炸，但当混合气从容器中泄漏出来或者有空气进入容器，由于氧体积分数的增加，新混合系可能进入燃爆范围，所以这个区域称为泄漏燃爆区，如果混合气处于多边形 $\varphi_{LO_2}ONQC$ 范围内，则其为不燃不爆气体，即不管在密闭容器中，还是与空气发生交换后，都不能爆炸。

爆炸范围图的测定及绘制对工艺设计具有重要作用，是控制工艺参数不处于燃爆范围内的一个重要工具。

3.3 爆燃及爆轰

对于一般情况下的燃烧，如可燃混合气体在两端开口的管道中燃烧，火焰锋面由点火面开始依靠热辐射、热传导等方式以燃烧波（通常称为火焰）的形式以一定的速度向未反应区扩展，这个速度通常从数米到数十米不等，从表观上不存在压力效应；但对于受限的预混气燃烧则不同，如点火源端封闭的管道预混气火焰，已燃部分的气体的压力在热量及气体产物的作用下会上升5~15倍，上升的压力将像一个活塞一样以压缩波的形式压缩未燃区域气体，从而使得气体在燃烧前受到了预先压缩进而导致火焰速度加快，也增加了新产生压缩波的传播速度（介质中的声速）。依此类推，后续压缩波总能追上前面的压缩波，从而在最前沿形成一道激波，通常称之为"冲击波"，其正是爆炸对周围环境造成伤害的主要破坏形式，这种情况下，燃烧波（火焰锋面）与冲击波分离传播，尽管在前驱冲击波的压缩作用下，燃烧波在未燃气体中的传播速度增加，但相对冲击波传播仍然较慢，在未燃气体中以低于当地声速的速度传播，这种类型的爆炸被称为爆燃，其火焰传播的速度可以从数十米到数百米不等，具体的传播速度受到气体组成、受限情况及阻塞情况等多种因素影响，工业中常见的气云爆炸大多属于爆燃。

在一定的情况下，爆炸系还可能发生另外一种更为猛烈的爆炸形式，如果充装预混气体的管道足够长，冲击波会由于后续压缩波的作用持续增强，当冲击波的强度增加到某一程度，在此情况下，混合气可以被冲击波的直接绝热压缩作用直接点燃，那么在紧随激波后方的区域，就会形成一个反应区薄层，一方面，激波为反应区提供了点燃能，反过来，反应区又为与其紧密相连的激波不断地补充能量，使得激波在传播的过程中能够不衰减。反应区与

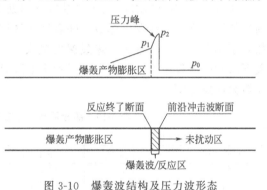

图 3-10 爆轰波结构及压力波形态

激波相辅相成，以同样的速度向前传播，通常将激波与后续反应区看作一体称为"爆轰波"，如图 3-10 所示。

爆轰波的最大特点是传播速度快，爆轰波的传播速度为波后反应区内已反应介质的声速加上气体的宏观速度，一般仅仅取决于气体的体积分数组成，不受管道尺寸、方向、开口状况等影响。总的说来，爆轰波属于一种超声速波，波速稳定，而爆燃波则是一种亚声速波，波速受外界环境影响巨大。表 3-8 给出了部分可燃气体的爆轰速度。

表 3-8　部分可燃气体的爆轰速度

混合气体		可燃气体积分数/%	爆轰速度/(m/s)
可燃气体	空气或氧气		
乙醇	空气	6.2	1690
乙烯	空气	9.1	1734
一氧化碳	氧气	66.7	1264
二硫化碳	氧气	25.0	1800
甲烷	氧气	33.3	2148
苯	氧气	11.8	2206
乙醇	氧气	25.0	2356
丙烷	氧气	25.0	2600
乙炔	氧气	40.0	2716
氢气	氧气	66.7	2821

从前面的表述过程可以看出，爆轰发生的主要机理在于具有足够强的冲击波，这就要求混合系具有相当的活性及放热能力，以确保在各种削弱因素的作用下，冲击波仍能持续增强以达到混合气的点火能量。所以说并不是所有的爆炸系都能够发生爆轰，可燃气体浓度是影响混合系能否发生爆轰的主要因素之一，表3-9给出了部分可燃气在空气中或氧气中的爆轰与爆炸的上、下限。

表3-9　部分可燃气在空气中或氧气中的爆轰与爆炸的上、下限

混合气体		爆炸下限/%	爆轰范围		爆炸上限/%
可燃气体	空气或氧气		下限/%	上限/%	
氢气	空气	4.0	18.3	59.0	73.6
氢气	氧气	4.7	15.0	90.0	93.9
一氧化碳	氧气	15.5	38.0	90.0	94.0
氮	氧气	13.5	25.4	75.0	79.0
乙炔	空气	1.5	4.2	50.0	82.0
乙炔	氧气	1.5	3.5	92.0	—
丙烷	氧气	2.3	3.2	37.0	55.0
乙醚	空气	1.7	2.8	4.5	35.0
乙醚	氧气	2.1	2.6	24.0	32.0

从表3-10中可以看出气体的爆轰范围处于爆炸上下限之间，只有处于这个体积分数区段的气体混合物才可能发生爆轰。随着气体体积分数的变化，爆轰速度亦会随之变化，当体积分数处于化学当量比附近时，爆轰速度最大。表3-10给出了部分可燃气体分别在爆轰上限和爆轰下限时的爆轰速度，从表中可以看出上限时的爆轰速度通常大于下限时的爆轰速度，但其并非最大爆轰速度。

表3-10　部分可燃气在空气中或氧气中的爆轰上、下限

混合气体		爆轰范围		下限爆轰速度	上限爆轰速度
可燃气体	空气或氧气	下限/%	上限/%	/(m/s)	/(m/s)
氢气	氧气	15.5~20	90~92.9	1457	3550
氢气	空气	18.3	59.0	1500	2100
乙烯	氧气	3.5	93.0	1607	2423
乙烯	空气	5.6	11.5	1675	1801
丙烷	氧气	2.5~3.2	37~42.5	1687	2210
丁烷	氧气	2.05~2.9	27.9~31.3	1595	2188
乙醚	氧气	2.7	40.0	1593	4323

除了气体体积分数之外，爆轰速度还受到其他一些因素影响，如混合系的压力、温度等，从目前的研究成果来看，初始压力越高，混合系的爆轰速度越快，相对而言，混合系的温度对爆轰速度的影响则不太明显，没有明确的变化对应关系。尽管在前述内容中均以气体混合物为对象阐述爆轰形成的机理及相关的影响因素，其实大部分的固相炸药及液相炸药均是以爆轰波传播爆炸过程的，一些分解性气体的分解性爆炸亦可能以爆轰波传播，如臭氧、一氧化二氮、肼、偶氮甲烷、乙炔等。表3-11给出了几种固体炸药的爆轰速度。

表3-11　几种炸药的爆轰速度

炸药名称	分子式	密度/(g/cm³)	爆轰速度/(m/s)
黑索金	$C_3H_6N_6O_6$	1.0	5981
黑索金	$C_3H_6N_6O_6$	1.7	8400
硝化甘油	$C_3H_6N_3O_9$	1.59	7580
特屈儿	$C_7H_5N_5O_8$	1.7	7560
梯恩梯(TNT)	$C_7H_5N_3O_6$	1.64	6950
硝基甲苯	CH_3NO_2	1.128	6290
泰安	$C_5H_8N_4O_{12}$	1.87	7980

爆轰波具有明显的方向性，会对特定方向的障碍物形成直接的冲击，最大爆炸压力可达同样初始情况下正常爆炸的 20 余倍，由于其极快的传播速度及方向性，远远大于绝大多数的泄压设备的反应速度，泄压设备对阻止爆轰破坏容器几乎没有作用，所以说，爆轰是工业中最为严重的破坏形式毫不为过。

3.4 粉尘爆炸

3.4.1 粉尘爆炸概述

当可燃固体（甚至一些常规下不燃烧的固体，如金属）以细小的粉尘形式弥散在助燃环境中时，在明火或其他形式的点火源作用下，可能会发生爆炸现象，称这种爆炸现象为粉尘爆炸。

粉尘爆炸是工业中最多见的爆炸形式之一，煤尘、金属粉尘、纤维粉尘、有机物粉尘甚至农副产品谷物、面粉等都有可能造成粉尘爆炸。粉尘爆炸在过去的生产中给人们带来了巨大的损失，人们由此对其十分关注，对大量的粉尘爆炸事故进行统计分析，以研究粉尘爆炸发生的条件及影响因素。图 3-11～图 3-13 是对 1966～1988 年发生在美国的 357 起粉尘爆炸事故的统计情况。

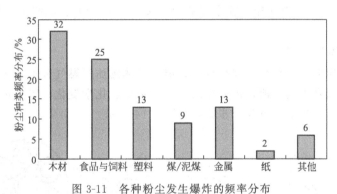

图 3-11 各种粉尘发生爆炸的频率分布

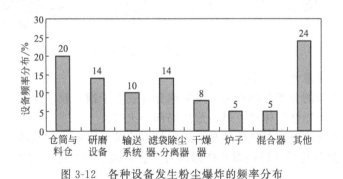

图 3-12 各种设备发生粉尘爆炸的频率分布

3.4.2 粉尘爆炸的条件、过程及特点

3.4.2.1 粉尘爆炸的条件

与气体爆炸类似，粉尘爆炸也需要在一定的条件下才能发生，一般说来包括如下几个方面。

① 燃料　这里所说的燃料即指粉尘，要发生粉尘爆炸，粉尘首先必须是可燃的；其次粉尘必须要足够的细小，粉尘直径越小，比表面积越大，反应越容易进行，如果粉尘粒度太大，

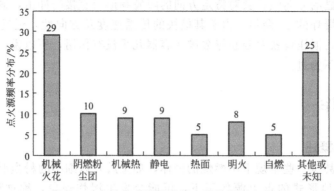

图 3-13　各种点火源导致粉尘爆炸的频率分布

粉尘爆炸将不能发生；

② 助燃物　粉尘爆炸必须要有一定的助燃环境，如空气，空气中的氧气必须具有足够的体积分数才能维持反应的进行；

③ 混合　粉尘不会如同气体一样在环境中均匀分布，常常形成局部高浓度区及低浓度区，甚至出现粉尘的沉积现象，从而可能无法达到爆炸的浓度要求，进而不会形成粉尘爆炸；

④ 点火源　与气体爆炸一样，粉尘爆炸也需要一个初始的、足够强的触发能量来引发反应的进行。

3.4.2.2　粉尘爆炸的过程

粉尘爆炸在表现形态上与气体爆炸相似，但与气体爆炸时燃气分子直接参与反应不同，粉尘爆炸则不然，粉尘发生反应前，需要经历一定的物理、化学变化，爆炸过程相对复杂，一般说来，典型的粉尘爆炸包括如下几个步骤，如图 3-14 所示。

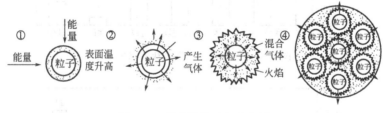

图 3-14　粉尘爆炸过程示意图

ⅰ. 悬浮粉尘在热源作用下温度迅速升高。

ⅱ. 粉尘粒子表面的分子在热作用下发生热分解或者干馏，粒子周围产生可燃性气体。

ⅲ. 粒子周围的可燃性气体被点燃，形成局部小火焰。

ⅳ. 粉尘燃烧放出热量，以热传导和火焰辐射方式传给附近原来悬浮着的或被吹扬起来的粉尘，这些粉尘受热气化后使燃烧循环持续进行下去，随着每个循环的逐项进行，其反应速度也逐渐增大，通过激烈的燃烧，最后形成爆炸。

从粉尘爆炸的过程来看，粉尘爆炸从本质上讲也是一种气体爆炸。金属粉尘爆炸是一个例外，由于不能像其他粉尘一样能够发生分解或气化，金属粉尘爆炸主要是由于大量燃烧热迅速加热了周围环境的气体而形成的。

3.4.2.3　粉尘爆炸的特点

由于爆炸物形态以及爆炸过程的特殊性，粉尘爆炸相对气体爆炸具有一些明显的特点。

① 多次爆炸是粉尘爆炸的最大特点　堆积的粉尘由于缺乏足够的燃料-空气接触面，只能产生燃烧而不能发生爆炸，但如果堆积粉尘上方的弥散粉尘发生了首次爆炸，那么爆炸产生的

爆炸波会扰动堆积的粉尘，使其飞扬，形成新的粉尘-空气混合物，继而连续产生二次、三次爆炸。

② 需要较高的点火能　从粉尘爆炸的过程可以得知，粉尘爆炸需要经历表面受热、释放气体再到气体爆炸的过程，所以需要足够的触发能量来引发粉尘初始必须的物理化学变化。一般说来气体爆炸所需的点火能很小，从零点几毫焦到几毫焦不等，但粉尘爆炸的点火能一般在几十毫焦以上。

③ 破坏力强　粉尘爆炸燃烧时间长、产生的能量大，高压持续时间较长，且常常导致二次爆炸，所以对周围目标的破坏作用很强；

④ 能够产生有毒气体　粉尘爆炸往往是不完全燃烧，爆炸过程会产生大量一氧化碳等毒害气体。

3.4.3 影响粉尘爆炸的因素

粉尘爆炸过程复杂，受到很多因素的影响，总的说来，包括如下三个大方面。

3.4.3.1 粉尘性质

物质的燃烧热越大，则其粉尘的爆炸危险性也越大，例如煤、碳、硫的粉尘等；越易氧化的物质，其粉尘越易爆炸，例如镁、氧化亚铁、染料等；越易带电的粉尘越易引起爆炸。粉尘在生产过程中，由于互相碰撞、摩擦等作用，几乎总是带有一定的电荷。粉尘带电之后，其某些物理性质将发生变化，如附着性，因而也影响粉尘的爆炸性质。

粉尘爆炸还与其所含挥发物有关。挥发分含量越高，粉尘越容易发生爆炸，最高爆炸压力越大、压力上升速度越快，图 3-15 显示了粉尘中挥发分含量与粉尘爆炸参数的关系。一些粉尘如果不含有挥发分或者挥发分含量低于一定数值，便不会发生爆炸。如煤粉中所含挥发物低于 10% 时，就不再发生爆炸，因而焦炭粉尘没有爆炸危险性。

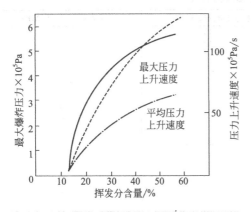

图 3-15　挥发分含量对粉尘爆炸参数的影响

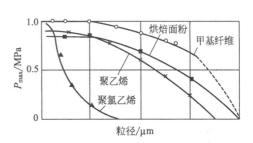

图 3-16　粉尘粒径对 $P_{\max}$ 的影响

粉尘表面吸附空气中的氧，颗粒越细，粉尘表面吸附的氧越多，因而越易发生爆炸，爆炸下限也越低，最高爆炸压力及压力上升速度也越大，图 3-16 及图 3-17 给出了几种粉尘爆炸参数随粒径变化的情况。

一般当可燃粉尘的直径大于 400mm 时，即使用强火源也不能使其爆炸。但当粗粒子中加入一定量的细粉则可爆炸。如甲基纤维素粉尘，当粗粉中加入 5%～10% 的细粉时，则会爆炸。随着粉尘颗粒的减小，不仅化学活性增加，而且还容易带上静电，一方面使得粉尘更容易分散，另一方面也为粉尘爆炸提供了潜在点火能量。

粉尘的形状同样也会对粉尘爆炸产生一定的影响，球状的粉尘由于具有最小的比表面积，反应相对其他形状的粉尘困难，产生的爆炸压力也较低。铝粉形状与爆炸压力关系见图 3-18。

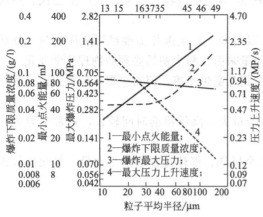

图 3-17 粒子直径对最小点火能、爆炸下限质量浓度、爆炸最大压力及最大压力上升速度的影响

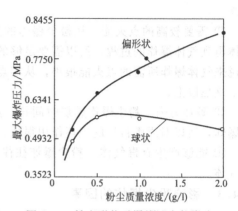

图 3-18 粉尘形状对爆炸压力的影响

3.4.3.2 粉尘云特性

(1) 粉尘的质量分数

与可燃气体相似，粉尘爆炸也只能发生在一定质量分数范围内的混合系中，存在着爆炸上限及爆炸下限，爆炸相关的特性参数亦随质量分数的变化而显著变化。由于粉尘爆炸不容易像气体那样达到均匀的质量分数分布，总是存在着偏聚的现象，所以测量结果的重复性并不理想，现有的数值往往都是统计处理后的结果。表 3-12 给出了一些粉尘的爆炸特性。图 3-19 给出了爆炸压力上升速度和最大爆炸压力随粉尘粒径变化的情况。

表 3-12 一些粉尘爆炸的特性

粉尘(200目以下)	最小点火能/(10^{-3}J)	爆炸下限/(g·m^{-3})	最大爆炸压力/MPa
钛	10	45	0.56
铝	15	40	0.63
镁	40	20	0.66
锌	650	480	0.35
醋酸纤维素	10	25	0.77
酚醛树脂	10	25	0.56
聚苯乙烯	15	15	0.63
尿素树脂	80	70	0.60
砂糖	30	35	0.63
可可	100	45	0.43
咖啡	160	85	0.35
无水苯二甲酸	15	15	0.49
硫黄	15	35	0.56
硬脂酸铝	15	15	0.67
己二酸	70	35	0.53

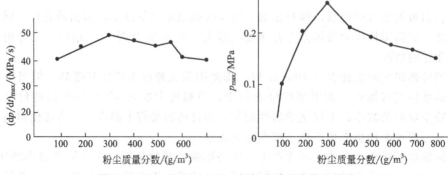

图 3-19 P_{max} 和 $(\mathrm{d}p/\mathrm{d}t)_{max}$ 与粉尘质量分数的关系

（2）空气中氧含量

空气中氧含量对粉尘爆炸的特征参数影响显著，氧含量越高，氧化反应越容易进行，进而导致爆炸范围加宽、最高爆炸压力及压力上升速度增加，如图 3-20 所示。

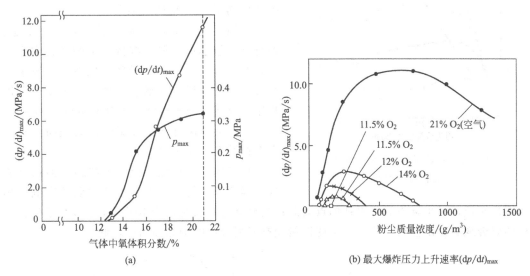

图 3-20　氧含量对爆炸参数的影响

（3）粉尘分散度

前已述及，粉尘不像气体一样容易均匀分布，往往存在一定的偏聚，所以同样质量分数的粉尘-空气混合系往往测出差距相差很大的爆炸特性参数，粉尘云的分散度越好，说明聚集的粉尘越少，参与有效反应的粉尘越多，爆炸极限也会越宽，最大爆炸压力和爆炸压力上升速度也越大。

（4）粉尘湿度

粉尘中往往含有一定的水分，水分的存在导致初始反应难以顺利进行，所以粉尘湿度越大，粉尘爆炸所需要的最小点火能也越高，但从目前的研究看来，粉尘湿度对爆炸极限的影响似乎不大。

3.4.3.3　外界条件

粉尘爆炸还受到一些外界条件的影响。外界初始压力越高，分子运动越剧烈，反应越容易进行，爆炸极限加宽，爆炸最高压力及最高压力上升速度也会增加。图 3-21(a)、(b) 分别是最高压力上升速率和最高爆炸压力随初始压力变化的情况。

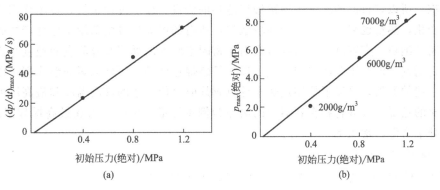

图 3-21　初始压力的影响

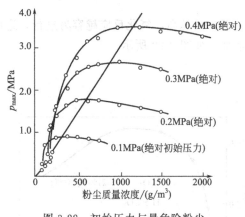

图 3-22 初始压力与最危险粉尘
质量浓度的关系

初始压力增加，氧的有效反应增加，更多的粉尘能够与氧气反应释放出能量，所以随着初始压力的增加，最危险粉尘质量分数也在逐渐增加，图 3-22 给出了相应的关系图。

初始温度越高，气体分子的运动速度越快，燃烧反应越迅速，但为维持一定的压力水平，温度高的混合系中气体分子数必然较少，发生反应释放能量的物质也比低温度的混合系少，所以最高压力反而会随着温度的上升而下降。图 3-23 给出了压力上升速度和最高爆炸压力随粉尘空气混合系初始温度变化的情况。

与气体爆炸相似，粉尘爆炸还受到点火源强度、容器形状与尺寸以及惰性物质的影响，相对气体爆炸来说，粉尘爆炸需要更强的点火源；当容器足够长时，粉尘爆炸也会发生于气体爆炸一样的爆轰现象；惰性物质的加入会使得粉尘空气混合系的爆炸倾向性降低。

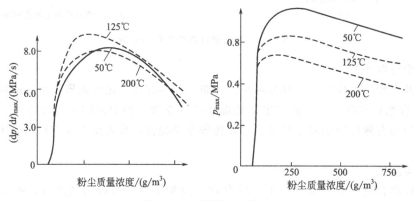

图 3-23 初始温度的影响

3.4.4 爆炸温度及压力的计算

爆炸系发生爆炸时会放出大量的热，热量使得整个系统的温度和压力迅速升高，从而对周围环境产生破坏作用，对爆炸温度及爆炸压力进行准确计算有助于量化评估爆炸产生的危害。

爆炸发生的过程中，一部分爆炸产生的热量会传递给周围环境，同时爆炸产物也会发生膨胀，对周围环境做一定的体积功，这两个能量损失途径的存在使得精确求解爆炸温度和压力变得极其困难，所以在目前的求解中通常做出这样的假设：爆炸过程很快，在爆炸完成前体积几乎来不及变化，热量也来不及向周围环境散失，所有的爆炸热量全部用于爆炸产物的温升，即认为爆炸属于绝热、定容过程。这种假设对于密闭空间内的爆炸及开放空间速度很快的爆炸具有较好的适用性，但对于开放空间的气云爆炸等燃烧速度相对缓慢的爆炸形式则适用性较差。

根据上述的假设，可以根据燃烧热来计算爆炸时可能产生的最高温度和最高压力，下面以化学当量比的乙烯空气混合物在容器中的爆炸为例说明最高爆炸压力和最高爆炸温度的求法，假定乙烯处于常温、常压下。

3.4.4.1 爆炸温度计算

反应式：$C_2H_4 + 3O_2 + 11.3N_2 = 2CO_2 + 2H_2O + 11.3N_2$

爆炸产生的热量完全用于加热爆炸产物，可以用式(3-13) 表示：

$$Q_{燃烧热} = \sum \left(n_i \int_{T_1}^{T_2} C_{V,mi}\, dT\right) = \sum \left[n_i \overline{C}_{V,mi}(T_2 - T_1)\right] \tag{3-13}$$

式中　$Q_{燃烧热}$——燃烧热，kJ；

　　　$C_{V,mi}$——各组分的摩尔定容热容，kJ/(K·mol)；

　　　$\overline{C}_{V,mi}$——各组分的平均摩尔定容热容，kJ/(K·mol)；

　　　n_i——各组分物质的量，mol；

　　　T_1——起始温度，K；

　　　T_2——爆炸温度，K。

反应的燃烧热可以通过查阅资料获取，也可通过能量守恒定律求解，对于等容过程：

$$Q = \Delta H = \sum_{i=1}^{k} m_i H_{Ri} - \sum_{i=1}^{l} n_i H_{Pi} \tag{3-14}$$

式中　Q——燃烧热，kJ；

　　　ΔH——反应物与生成物之间焓差，kJ；

　　　m_i——各反应物组分物质的量，mol；

　　　n_i——各生成物组分物质的量，mol；

　　　H_{Ri}——各反应物组分的标准生成焓，kJ；

　　　H_{Pi}——各生成物组分的标准生成焓，kJ；

　　　k，l——反应物及生成物的种类。

从文献查得乙烯燃烧热 $Q=1410$kJ，各生成物组分的摩尔定容热容如下：

$$C_{V,mCO_2} = (9.0 + 0.0058t) \times 4.184 \text{J/(K·mol)}$$

$$C_{V,mH_2O} = (4.0 + 0.00215t) \times 4.184 \text{J/(K·mol)}$$

$$C_{V,mN_2} = (4.8 + 0.00045t) \times 4.184 \text{J/(K·mol)}$$

建立关系式：$Q = (2C_{V,mCO_2} + 2C_{V,mH_2O} + 11.3C_{V,mN_2})(t - 298)$

求解方程得到 $t=2768$K。

3.4.4.2　爆炸压力计算

可燃气体、可燃液体蒸气或可燃粉尘与空气的混合物、爆炸物品在密闭容器中着火爆炸时所产生的压力称爆炸压力。爆炸压力的最大值称最大爆炸压力。

爆炸压力通常是测量出来的，但也可以根据燃烧反应方程式或气体的内能进行计算物质不同，爆炸压力也不同，即使是同一种物质因周围环境、原始压力、温度等不同，其爆炸压力也不同。

最大爆炸压力愈高，最大爆炸压力时间愈短，最大爆炸压力上升速度愈高，说明爆炸威力愈大，该混合物或化学品愈危险。

爆炸压力可由理想气体状态方程估算。

爆炸前：$p_0 V = n_0 R T_0$　　　　爆炸后：$pV = nRT$

将以上两式相除，并整理得到：$p = p_0 \dfrac{n}{n_0} \cdot \dfrac{T}{T_0}$

对上例，$p = 1 \times \dfrac{15.3}{15.3} \times \dfrac{2768}{298} = 9.29$（atm）

以上计算时假定完全燃烧，并且无热损失，所以计算的是最高温度和最大压力。

4   可燃物质的危险特性

能够发生火灾、爆炸危险的物质种类繁多，它们的物理状态有气态、液态和固态，各种物质的化学性质和物理性质的差别也很大。为了评价它们的危险程度，首先应分析和确定它们的各种危险特性以及影响这些危险特性的因素。

可燃物质的危险特性，就是其自身能够直接引气火灾、爆炸危险的性质，这些参数包括：危险物质的闪点、燃点、点燃温度、爆炸极限、最小点燃电流比、最小点火能、最大试验安全间隙等。

爆炸极限在第 3 章已作了详细的阐述，本章不再赘述。

4.1   闪点、燃点和自燃点

4.1.1   闪点及其测定方法

液体表面都有一定量的蒸气存在，由于蒸气压的大小取决于液体所处的温度，因此，蒸气的浓度也由液体的温度所决定。可燃液体表面的蒸气与空气形成的混合气体与火源接近时会发生瞬间燃烧，出现瞬间火苗或闪光。这种现象称为闪燃。闪燃的最低温度称为闪点。可燃液体的温度高于其闪点时，随时都有被火点燃的危险。

闪点这个概念主要适用于可燃液体。某些可燃固体，如樟脑和萘等，也能蒸发或升华为蒸气，因此也有闪点。闪点是用来描述液体火灾爆炸危险性的主要参数之一。

闪点可使用如图 4-1 所示的开杯闪点测定仪来确定。需要测定的液体置于开杯中。使用温度计测量液体温度，使用本生灯（煤气灯）加热液体。在可移动的短棒的末端点燃形成微弱的火焰。加热期间，短棒在敞开的液池上方来回缓慢地移动。最终达到某一温度，在该温度液体挥发出足够多的可燃性蒸气，并产生瞬间的闪燃火焰。首先发生这一现象的温度称为闪点。需要注意的是，在闪点处，仅仅产生瞬间火焰；较高一点的温度称为燃点，在该点产生连续的火焰。

开杯闪点测定过程存在的问题是开杯上方的空气流动可能会改变蒸气体积分数而使实验测定的闪点值偏高。为了防止出现这些情况，更多新式的闪点测定方法都采用闭杯法。对于这种仪器，在杯的顶部有一个需要手工打开的小门。液体放在预先加热的杯中，并停留一段时间。随后打开这个小门，液体暴露于火焰中。闭杯闪点测试法通常使实验测定的闪点值偏低。

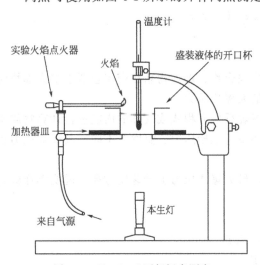

图 4-1   Cleveland 开杯闪点测定

值得引起注意的是，不同资料来源的闪点数据常有一些出入，这是因为在测定闪点时存在如下一些影响因素。

① 点火源的大小与离液面的距离   点火焰过大，由于点火能量大，测得试样的闪点值偏低。可燃液体蒸气在液面上有一个浓度梯度（开杯式更为显著），火源距离液面越近，测得试样的闪点值就越偏低，因此测试时点火火焰大小及离液面距离应恒定。

② 加热速率　加热过快，液相温度梯度较大，导致液面上试样蒸气分布不均，测得的闪点值偏高。

③ 试样的均匀程度　在测试过程中，要进行搅拌，否则试样浓度不均（温度也不均），影响测定数值。

④ 试样的纯度　能溶于水的试样，随水分含量的增高，闪点升高。

⑤ 测试容器　用闭杯式时，试样蒸气不散失，故测得的闪点值要比开杯式测得的数值低。因此在用开杯式闪点测定仪时，环境的气流变化要小，尽可能用屏风遮挡，即便使用闭杯式测试时，也应避免盖子不必要的开启。

⑥ 大气压力的影响　在1个大气压以下，测得的闪点值偏低；在大于1个大气压时，测得的闪点值偏高。因此，在测试时要按实际气压进行温度修正。

4.1.2　燃点

可燃物质在空气充足的条件下，达到一定温度与火源接触即行着火，移去火源后仍能持续燃烧达5s以上，这种现象称为点燃。点燃的最低温度称为着火点，也叫燃点。对于闪点不超过45℃的易燃液体，燃点仅比闪点高1～5℃，一般只考虑闪点，不考虑燃点。对于闪点比较高的可燃液体和可燃固体，闪点与燃点相差较大，应用时有必要加以考虑。

4.1.3　自燃点

自燃点是指物质在没有火焰、电火花等着火源作用下，在空气或氧气中被加热而引起燃烧、爆炸的最低温度。根据促使可燃物质升温的热量来源不同，自燃可分为受热自燃和自热自燃。

4.1.3.1　自燃点的测定及影响因素

用自燃点（点燃温度）测试仪可测定可燃液体或气体的自燃点（点燃温度）。

由引燃机理知，自燃点（点燃温度）不是一个恒定的物理常数，是随一系列条件的变化而变化的。其影响因素如下。

① 可燃物浓度的影响　可燃气（蒸气）-空气混合气有各种配比，在可燃极限范围内，其组分为化学计算量时，自燃点最低。

② 压力的影响　压力愈高，自燃点愈低；压力愈低，自燃点愈高。表4-1给出了汽油在不同压力下测得的自燃点。

表4-1　汽油自燃点与压力的关系

压力/MPa	自燃点/℃	压力/MPa	自燃点/℃
0.1	480	1.5	290
0.5	350	2.0	280
1.0	310	2.5	250

③ 容器影响　试样容器的直径、材质以及表面的物理状态对自燃点的测定值有影响。容器的直径越小，越易散热，自燃点便越高。不同的容器材质对自燃点也有影响。如汽油在铁管中测得的自燃点是680℃，在石英管中测得的是585℃，而在铂坩埚中测得的是390℃。

④ 添加剂或杂质的影响　含有过氧基化合物的烃类试样，自燃点会降低；而含卤素或卤代烷，则对烃类燃烧起抑制作用。

⑤ 固体物质的粉碎粒度对自燃点的影响　粉碎粒度越细，粒径越小，其自燃点越低，如表4-2所示。

表4-2　不同粒度硫铁矿的自燃点

筛子网眼尺寸/mm	自燃点/℃
0.20～0.15	406
0.15～0.10	401
0.10～0.086	400

对于受热分解后，析出气体的固体物质，析出物越多，自燃点越低。

4.2 氧指数及其测定

4.2.1 氧指数

物质燃烧时，需要消耗大量的氧气，不同的可燃物，燃烧时需要消耗的氧气量不同，通过对物质燃烧过程中消耗最低氧气量的测定，计算出物质的氧指数，就可以评价物质的燃烧性能。所谓氧指数（OI），是指在规定的试验条件下，试样在氧、氮混合气流中，维持平稳燃烧（即进行有焰燃烧）所需的最低氧气体积分数，以氧所占的体积分数的数值表示（即在该物质点燃后，能保持燃烧 50mm 长或燃烧时间 3min 时所需要的氧、氮混合气体中最低氧的体积分数）。氧指数又叫临界氧体积分数或极限氧体积分数，作为判断材料在空气中与火焰接触时燃烧的难易程度非常有效。一般认为，$OI<27$ 的属易燃材料，$27≤OI<32$ 的属可燃材料，$OI≥32$ 的属难燃材料。表 4-3 列出了一些材料的氧指数。

表 4-3 一些材料的氧指数

材料名称	氧指数	材料名称	氧指数
石蜡	16.0	环氧树脂	19.8
炭（多孔）	55.9	不饱和聚酯	19.5
聚乙烯	17.4	阻燃不饱和聚酯	26.0
聚丙烯	17.4	玻璃钢	18.3
聚乙烯醇	22.5	阻燃玻璃钢	27.5
苯乙烯	18.1	聚氧乙烯	48.5
聚酰胺	29.6	聚四氟乙烯	95.0

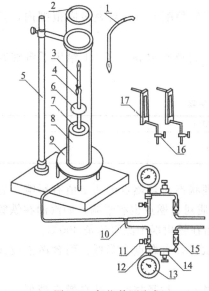

图 4-2 氧指数测定仪
1—点火器；2—燃烧筒；3—燃烧着的试样；4—试样夹；5—燃烧筒支架；6—金属网；7—测温装置；8—装有玻璃珠的支座；9—基座架；10—气体预混合结点；11—截止阀；12—接头；13—压力表；14—精密压力控制器；15—过滤器；16—针阀；17—气体流量计

4.2.2 氧指数的测定方法

氧指数测定仪由燃烧筒、试样夹、流量控制系统及点火器组成（见图 4-2）。燃烧筒为一耐热玻璃管，高 450mm，内径 75~80mm，筒的下端插在基座上，基座内填充直径为 3~5mm 的玻璃珠，填充高度 100mm，玻璃珠上放置一金属网，用于遮挡燃烧滴落物。试样夹为金属弹簧片，对于薄膜材料，应使用 140mm×38mm 的 U 形试样夹。流量控制系统由压力表、稳压阀、调节阀、转子流量计及管路组成。流量计最小刻度为 0.11/min。点火器是内径为 1~3mm 的喷嘴，火焰长度可调，试验时火焰长度为 10mm。

氧指数的测试方法，就是把一定尺寸的试样用试样夹垂直夹持于透明燃烧筒内，筒内有按一定比例混合的向上流动的氧氮气流。点着试样的上端，观察随后的燃烧现象，记录持续燃烧时间或燃烧过的距离，试样的燃烧时间超过 3min 或火焰前沿超过 50mm 标线时，就降低氧体积分数，试样的燃烧时间不足 3min 或火焰前沿不到标线时，就增加氧体积分数，如此反复操作，从上下两侧逐渐接近规定值，至两者的浓度差小于 0.5%。

4.3 最小点火能和最小点燃电流

4.3.1 最小点火能

最小点火能（MIE）是指在规定的试验条件下，能使爆炸性混合物燃爆所需最小电火花的能量。如果点火源的能量低于这个临界值，一般不会着火。

最小点火能受混合物性质、点火源特征、压力、浓度、温度等因素的影响。

（1）可燃物结构的影响

单质可燃物质的化学结构与最小点火能之间通常有如下规律。

ⅰ. 在脂肪族有机化合物中，烷烃类的最小点火能最大，烯烃类次之，炔烃类较小；

ⅱ. 碳链长、支链多的物质，最小点火能较大；

ⅲ. 分子中具有共轭结构物质，最小点火能较小；

ⅳ. 带有负取代基的有机物，其最小点火能按下述顺序递增：SH<OH<Cl<NH<ON；

ⅴ. 一级胺比二、三级脑胺最小点火能大；

ⅵ. 醚与硫醚比具有同样数目碳原子的直链烷烃的最小点火能高；

ⅶ. 过氧化物的最小点火能较小；

ⅷ. 芳香族的最小点火能与具有相同碳原子数的脂肪族有机化合物，具有同一数量级的最小点火能。

（2）可燃气体浓度的影响

可燃气体与空气（或氧气）的混合比例对最小点火能有较大的影响。一般情况下，当这种可燃气体浓度稍高于它的化学计算浓度时，其最小点火能最小。乙炔和空气混合气体中，乙炔体积分数对最小点火能的影响见图 4-3。从图中可以看出，乙炔在下限附近，需要很大的最小点火能，乙炔的化学计算体积分数为 7.8%，当其体积分数稍大于化学计算浓度，约为 9% 时，这时它所需要的最小点火能最低，约为 0.02mJ；随着乙炔体积分数的增加，所需的点火能量也随之增加，甚至对体积分数为 100% 的乙炔，只要给以足够的点火能，约为 100J，也能引爆。由此可见，乙炔的爆炸上限决定于最小点火能的大小。其他一些可燃气体也有和乙炔相类似的情况。

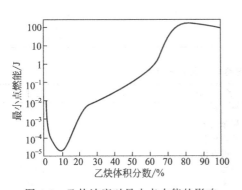

图 4-3 乙炔浓度对最小点火能的影响

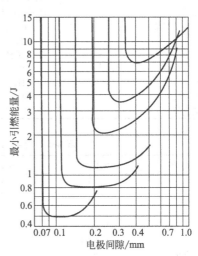

图 4-4 电极间隙对最小点火能的影响

（3）电极间隙的影响

电极间隙对最小点火能的影响见图 4-4。当电极间隙较大时，最小点火能量也比较大；电极间隙逐渐减小,最小点火能也随之减少,直到维持一个稳定的最低值;电极间隙进一步减小,小到某一数值后,最小点火能急剧增加,甚至施加大能量也难于发火。其原因是由于电极间距离变小,使点火后反应放出的热量通过电极扩散出去,当散失的热量多于反应放出的热量时,反应就不能自行进行下去,导致迅速熄灭。这现象在宏观上看来,就是点不着火。

（4）可燃混合气体初温和压力的影响

混合气体的初温对点燃能有较大的影响,通常情况下,初温增加,最小点火能减少。压力对可燃气体的影响也非常明显,它的最小点火能随压力的升高而减少,随压力的降低而增加。当压力降到某临界压力时,可燃气体就很难着火。所以,从安全角度考虑采用减压操作对防火是有利的。

许多碳氢化合物的最小点火能大约为0.25mJ。这与点火源相比是很低的。例如,在地毯上行走所引发的静电放电为22mJ,通常的火花塞所释放的能量为25mJ。流体流动所引起的静电放电也具有超出可燃物质最小点火能的能量等级,也能够提供点火源,导致工厂爆炸。

一些可燃气体、蒸气与空气的爆炸性混合物的最小点火能见表4-4。一些粉尘与空气的爆炸性混合物的最小点火能见表4-5。

表4-4 可燃气体、蒸气与空气的爆炸性混合物的最小点火能

名　称	化　学　式	体积分数/%	最小点火能/mJ
乙炔	$HC\equiv CH$	7.73	0.02
乙烯	$CH_2\!=\!CH_2$	6.52	0.096
丙烯	$CH_3CH\!=\!CH_2$	4.44	0.282
二异丁烯	$(CH_3)_3CCH_2C(CH_3)\!=\!CH_2$	1.71	0.96
甲烷	CH_4	9.50	0.33
丙烷	$CH_3CH_2CH_3$	4.02	0.31
戊烷	$CH_3(CH_2)_3CH_3$	2.55	0.49
乙腈	CH_3CH	7.02	6.00
己胺	$C_2H_5NH_2$	5.28	2.40
乙醚	$C_2H_5OC_2H_5$	3.37	0.49
乙醛	CH_3CHO	7.72	0.376
丙烯醛	$CH_2\!=\!CHCHO$	5.64	0.13
甲醇	CH_3OH	12.24	0.215
丙酮	CH_3COCH_3	4.97	1.15
乙酸乙酯	$CH_3CO_2C_2H_5$	4.02	1.42
乙烯基醋酸	$CH_2\!=\!CHCH_2COOH$	4.44	0.70
苯	C_6H_6	2.71	0.55
甲苯	$C_6H_5CH_3$	2.27	2.50
二硫化碳	CS_2	6.52	0.015
氨	NH_3	21.8	680
氢	H_2	29.6	0.02
硫化氢	H_2S	12.2	0.077

表4-5 粉尘与空气爆炸性混合物的最小点火能　　　　　　　　　　J

名　称	层积状	悬浮状	名　称	层积状	悬浮状
铝	1.6	10	聚乙烯	—	30
铁	7	20	聚苯乙烯	—	15
镁	0.24	20	苯酚树脂	40	10
铁	0.008	10	醋酸纤维	—	11
钠	0.0004	45	沥青	4~6	20~25
锰铁合金	8	80	大米	—	40
硅	2.4	80	小麦	—	50
硫	1.6	15	大豆	40	50
硬脂酸铝	40	10	砂糖	—	30
阿斯匹林	160	25	硬木	—	20

4.3.2 最小点燃电流

在实际的测定最小点火能的电气装置中，基本的电气参数是电压和电流。因此又规定了电阻性线路、电容性线路和电感性线路三种标准实验电路来测定该爆炸性混合物在指定电压下的最小点燃电流。这个最小点燃电流是爆炸危险环境下使用的本质安全型电气设备的分类、分级依据。可燃气体或蒸气和空气的爆炸性混合气按最小点燃电流分为三级，见表 4-6。

表 4-6 爆炸性混合物按最小点燃电流分级举例

级别	最小点燃电流* /mA	可燃气、蒸气名称
Ⅰ	$i>120$	甲烷、乙烷、丙烷、汽油、环己烷、异己烷、甲醇、乙醇、乙醛、丙酮、醋酸、醋酸甲酯、丙烯酸甲酯、苯、一氧化碳、氨
Ⅱ	$70<i\leqslant120$	乙烯、丁二烯、丙烯腈、二甲醚、二丁基醚、环丙烷、环氧丙烷
Ⅲ	$i\leqslant70$	氢、乙炔、二硫化碳、城市煤气、水煤气、焦炉煤气、环氧乙烷

注：i 为试验最小点燃电流（mA），是在直流电压 24V，电感 100mH 的电感应回路上的试验值。

4.4 消焰距离和安全间隙

4.4.1 消焰距离

实验证明，当燃烧在一通道中进行时，通道尺寸越小，通道内混合气体的爆炸浓度范围越小，燃烧时火焰蔓延速度越慢。这是因为燃烧在一通道中进行时，通道的表面要散失热量，通道越窄，比表面积越大（通道表面积和通道容积的比值），中断链反应的机会就越多，相应的热损失也越大。当通道窄到一定程度时，通道内燃烧反应的放热速率就会小于通道表面的散热速率，这时燃烧过程就会在通道内停止进行，火焰也就停止蔓延。消焰距离就是指火焰蔓延不下去的最大通道尺寸。所以，消焰距离是可燃物火焰蔓延能力的一个度量参数，也是度量可燃物危险程度的一个重要参数。

各种可燃气有不同的消焰距离，消焰距离还与可燃气的浓度有关，也受气体流速、压力的影响。当气体的流速增加，压力减小，就会使消焰距离增大，从而提高了使用的安全性。

在设计可燃物的加工、贮存、运输、生产等各种装置时，消焰距离和消焰直径是一个重要的设计参数。例如，在生产过程中向高温反应设备输送可燃物料时，就要采取隔爆措施，使火焰不致通过输料管线传播出来。在生产装置上往往采用曲路、细管、金属网、玻璃绒、波纹金属片、金属或陶瓷小球的堆积体等措施，控制传输直径小于消焰直径，以保证火焰不能传播出来。

4.4.2 最大安全间隙

在设计、选用防爆电机、设备时，通常都要使用最大安全间隙数据。最大试验安全间隙（MESG），是衡量爆炸性物品传爆能力的性能参数，是指在规定试验条件下，两个间隙长为25mm连通的容器，一个容器内燃爆时不致引起另一个容器内燃爆的最大连通间隙。因此，最大安全间隙是另一种条件下的消焰距离。

最大安全间隙除了和可燃气体本性有关外，还和可燃气体积分数、点火位置、传播通道长度等因素有关，一般来说，当可燃气体积分数略高于化学计算浓度时，安全间隙值最小。表4-7中列出了一些可燃物质的最大安全间隙。

由于电气设备内部总是有可能产生火花，火花会点燃由间隙进入设备内部的可燃混合气体。为了防止火焰由间隙传出，点燃设备外部的可燃混合气，导致发生事故，必须按可燃物的最大安全间隙选用防爆电器设备。气体、蒸气、薄雾爆炸性混合物按最大试验安全间隙的分级见表4-8。根据可燃气体、蒸气、薄雾等可燃物的级别、组别，即可作为选用防爆电气设备的主要依据。

表 4-7　可燃物质的最大安全间隙

可燃物质名称	体积分数/%	最大安全间隙/mm	可燃物质名称	体积分数/%	最大安全间隙/mm
氢	27	0.29	二硫化碳	8.5	0.34
氢氰酸	18.4	0.80	乙炔	8.5	0.37
一氧化碳	10.8	0.94	甲醚	7.0	0.84
甲烷	8.2	1.14	乙醚	3.17	0.87
乙烷	5.9	0.91	丙醚	2.6	0.94
丙烷	4.2	0.92	甲醇	11.0	0.92
丁烷	3.2	0.98	乙醇	6.5	0.89
戊烷	2.55	0.93	丙醇	5.1	0.99
异戊烷	2.45	0.98	己醇	3.0	0.94
己烷	2.5	0.93	甲基异丁基酮	3.0	0.98
庚烷	2.3	0.91	丁酮	4.8	0.92
辛烷	1.94	0.94	环己酮	3.0	0.95
异辛烷	2.0	1.04	乙腈	7.2	1.50
环己烷	90(mg/L)	0.94	丙烯腈	7.1	0.87
环氧乙烷	8.0	0.59	醋酸乙酯	4.7	0.99
环氧丙烷	4.55	0.70	醋酸丙酯	135(mg/L)	1.04
而氧杂环己烷	4.75	0.70	醋酸丁酯	130(mg/L)	1.02
乙烯	6.5	0.66	醋酸戊酯	110	0.99
丙烯	4.8	0.91	丙烯酸甲酯	4.3	0.86
丁二烯	3.9	0.79	丙烯酸乙酯	5.6	0.85
氯乙烯	7.3	0.99	乙醇酸丁酯	4.2	0.88
二氯乙烯	10.5	3.91	氯丁烷	3.9	1.06
1,2-二氯乙烯	9.5	1.80	三氯甲苯	19.3	1.40

表 4-8　爆炸性气体的分类、分级和分组

类和级	最大试验安全间隙	引燃温度(℃)及组别					
		T1	T2	T3	T4	T5	T6
		T>450	300<T≤450	200<T≤300	135<T≤200	100<T≤135	85<T≤100
Ⅰ	1.14	甲烷					
ⅡA	0.9~1.14	乙烷、丙烷、丙酮、氯苯、苯乙烯、氯乙烯、甲苯、苯胺、甲醇、一氧化碳、乙酸乙酯、乙酸、丙烯腈	丁烷、乙醇、丙烯丁酯、乙酸丁酯、乙酸戊酯、乙酸酐	戊烷、己烷、庚烷、葵烷、辛烷、汽油、硫化氢、环己烷	乙醚、乙醛		亚硝酸乙酯
ⅡB	0.5~0.9	二甲醚、民用煤气、环丙烷	环氧乙烷、环氧丙烷、丁二烯、乙烯	异戊二烯			
ⅡC	≤0.5	水煤气氢、焦炉煤气	乙炔		—	二硫化碳	硝酸乙酯

5 点火源与引爆能

当易燃液体或爆炸性混合物等危险物质从点火源得到超过某一阈值的能量时，就开始发生点燃作用，甚至发生爆炸。当这些危险物质贮存在密闭的容器中时，只要不从外部给予点燃能量，则是完全安全的，只有在点火源点燃着火时，才有发生爆炸的危险。这些危险性物质之所以能安全存在，是因为点火反应开始进行时，必须有一定的活化能。只有把从点火源给予的能量作为活化能，着火反应才能开始进行，进而发展成火灾或爆炸。因此，如果起初就不给予活化能，即使是危险性物质，也是不会表现出本来的危险性的。

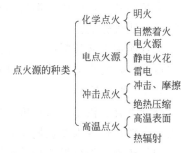

图 5-1 点火源的分类

按点火源能量的大小，点火源分为强点火源和弱点火源；按点火源点燃形式，点火源分类如图 5-1 所示

本章重点介绍明火、自燃着火、电火源、冲击与摩擦、高温表面等点火源。

5.1 明火

明火容易成为点火源，不仅是由于高温，而且，燃烧反应生成的许多原子或自由基，诱发着火的链式反应，可以成为最有效的能量供给源。

在工业生产过程中，明火有多种。除金属切割的氧炔焰和焊接火焰外，还有锅炉、加热炉、分解炉、反应炉、烧结炉、焙烧炉、熔矿炉等火炉中燃料燃烧的火焰。另外，火柴、打火机、炉灶、暖房用小火炉等的火焰都可成为点火源。

5.1.1 生产过程中的明火

生产过程中的明火主要是指加热用火、维修用火及其他用火。

5.1.1.1 加热用火

加热易燃物料时，应尽量避免采用明火，而采用蒸汽、热水或其他热载体（如甘油、联苯醚等）。如果必须采用明火，设备应严格密闭，燃烧室应与设备分开建筑或隔离。砖砌的炉体、烟道宜外包铁皮，并涂上白色，以便于辨别是否有漏烟处。为了防止易燃物漏入燃烧室，设备应定期做强度和水压试验，检验设备的强度和密闭性。

装置中明火加热设备须与有爆炸危险的生产装置具有足够的安全距离，并应布置在挥发易燃物料设备或贮罐的侧风或上风向。有一个以上明火设备时，应集中布置在装置或罐区的边缘，并考虑一定的安全距离。

5.1.1.2 维修用火

维修用火主要是指焊割、喷灯等明火作业。

在有爆炸危险的厂房或罐区内，应尽量避免焊割作业，通常应将需要检修的设备或管段卸至安全地点修理。进行切割、焊接作业的地点要与有爆炸危险的厂房、生产设备、管道、贮罐保持一定的安全距离。操作时应严格遵守安全动火规定。

当需要修理的系统与其他设备连通时，应将相连接的管道拆下断开或加堵金属盲板隔绝，防止易燃的物料进入检修系统。

若在不停产的条件下动火检修，一般要求环境通风良好，备有灭火设施，装置内部保持正压，装置内可燃气体或蒸气中含氧量极低，其体积分数保持在爆炸上限以上时，才能动火。

输送、盛装可燃物料的设备、管道需要动火时，应首先将系统进行彻底的清洗，并用惰性气体进行吹扫置换，然后分析可燃物料的体积分数，当可燃物料体积分数符合下述标准时，才准动火：爆炸下限大于 4% 的可燃气体或蒸气，吹扫置换后的体积分数应小于 0.5%；爆炸下限小于 4% 的可燃气体或蒸气，吹扫置换后的体积分数应小于 0.2%。

在积存有可燃气体或蒸气的管沟、深坑、下水道内及其附近区域，在没有消除危险之前，不能进行明火作业。

电焊所用电线破损应及时更换，不能利用与有爆炸危险的生产设备相连接的金属物件连接电焊地线，以防在电路接触不良的地方，产生高温或电火花，引起危险。

5.1.1.3 其他用火

烟囱飞火、汽车、拖拉机、柴油机的排气管喷火，都能引起可燃物料的爆炸。为防止烟囱飞火，燃料在炉膛内要燃烧充分，烟囱要有足够的高度，必要时应安装火星熄灭器。在烟囱周围一定距离内，不得堆放易燃易爆物品，不准搭建易燃建筑，以防着火。为了防止汽车、拖拉机排气管喷火引起事故，可以在排气管上安装火星熄灭器。

在有爆炸危险的场所和装运可燃物料的贮槽和管道内部，不得用明火和普通电灯照明，必须采用防爆灯具。

5.1.2 其他明火

5.1.2.1 吸烟

吸烟（包括打火机、火柴）所引起的火灾约占全部火灾数的 17%。香烟的燃烧温度在吸烟时为 650～800℃，点燃放着时为 450～600℃。为避免吸烟引起爆炸事故，可采取下列措施：

ⅰ. 建立严格的吸烟制度，指定允许吸烟的场所，并在吸烟处需配备足够的烟灰缸，在灰缸内装些砂子或水；

ⅱ. 在使用易燃液体或大量易燃物、挥发性危险物品的场所，设立明显的禁烟标志，严禁带入香烟、火柴。

5.1.2.2 取暖设备

取暖用火炉引起的危险有 3 个方面：ⅰ辐射加热的危险（辐射热使周围墙壁和其他可燃物着火）；ⅱ火焰接触的危险；ⅲ热源本身的危险。

（1）辐射加热、火焰接触

对辐射加热、火焰接触的预防措施有以下几点。

ⅰ. 离开可燃物的距离，四周为 0.5m 以上（有方向性者，在其前方距 1m 以上），上方为 1m 以上；

ⅱ. 在可燃性地板上使用时，应放在不燃、隔热的台子上；

ⅲ. 不能挪作他用（如干燥等）。

（2）热源

对热源的预防应根据火源的来源采取相应的措施，现主要介绍燃油炉和燃气炉的防护措施。

① 燃气炉　燃气炉防火措施除上述辐射加热、火焰接触的防护措施外，还有以下几点。

ⅰ. 橡皮管的长度在 2m 以上，定期检查是否老化或龟裂；

ⅱ. 使用液化石油气时须使用专用胶管；

ⅲ. 胶管不要接触过热金属或被门等夹住；

ⅳ. 气源插入炉口处用夹具夹紧，防止胶管脱落；

ⅴ. 使用液化石油气（石油）时要定期检查气罐、阀门、压力调节器、安全阀、管子等是否漏气；

ⅵ. 气瓶罐要放在室外通风良好无阳光直射的地方。

② 燃油炉　燃油炉的防护措施有以下几点：

ⅰ. 避免在人员来往频繁处使用，用围栏圈定；

ⅱ. 应在了解其危险性的基础上，按说明书正确使用；

ⅲ. 应平放在不燃性垫上使用；

ⅳ. 燃料应存放在安全的地方；

ⅴ. 移动燃油火炉或加油时，应在完全熄火后进行；

ⅵ. 有沸腾、溢流可能的物品不要放在炉子上；

ⅶ. 对器具要仔细检查，及时清扫；

ⅷ. 差落式火炉要避免在有风和日光直射的地方使用，移动时应卸下贮油罐，并尽可能避免振动；

ⅸ. 加压式火炉的喷嘴不得堵塞，并应保持一定的压力。

焦炭、煤炉等起火原因除热辐射对周围可燃物加热或火焰接触外，还可能由未处理好的灰烬等原因引起着火。

5.2　自燃着火

凡是无需明火作用，由于本身氧化反应或受外界温度、湿度影响受热升温达到自燃点而自行燃烧的物质，均称为自燃性物质。

容易引起自燃的物质具有以下三个特征。

ⅰ. 具有多孔性结构，且具有良好的绝热性和保温效果。发生自燃着火的物质多是那些纤维状、粉末状或重叠堆积起来的片状物质。

ⅱ. 比较容易进行放热反应而产生反应热。例如，那些化学上不稳定，容易分解而产生反应热的物质；吸收空气中的氧而产生氧化热的物质；吸收湿气而产生水化热的；由于混合接触而产生反应热的物质；由于发酵而产生发酵热的物质等。

ⅲ. 反应热的产生速度比散热速度大。

5.2.1　自燃性物质的分级

自燃性物质都是比较容易氧化的。在着火之前所进行的是缓慢的氧化作用，而着火时进行的是剧烈的氧化反应。根据自燃的难易程度及危险性大小，自燃性物质可分两类。

① 一级自燃物质　此类物质与空气接触极易氧化、反应速度快，同时，它们的自燃点低，易于自燃。它们燃烧时火焰温度高，火焰猛烈，不易扑救。例如黄磷、硝化纤维素胶片、铝铁熔剂等。

② 二级自燃物质　此类物质与空气接触的氧化速度缓慢，自燃点较低，如果通风不良，积热不散也能引起自燃，如含油脂的物品、油布、油纸、籽棉、稻草等。它们开始是阴燃，由内往外燃烧，阴燃时间很长（如棉花可阴燃一周到一月），而且在阴燃时不见火苗，难以察觉。在起火后，扑灭了表面火焰，其内部仍有可能在燃烧，所以要防止二次着火。

5.2.2　自燃的控制

自燃性物质的化学组成不同，以及影响自燃的条件（如温度、湿度、助燃物、含油量、杂质、通风条件等）不同，因此有各自不同的特征。

5.2.2.1 氧化热蓄积引起的自燃

（1）含有不饱和键的有机物

不饱和的化合物容易被氧化，同时放出热量，在潮湿和高温的环境下，更能促进它们的自燃。如含有不饱和键油脂的破布，纸屑、沾有蚕蛹油的蚕茧、沾有棉籽油的原棉、硬质胶粉、橡胶粉、油烟、活性炭等。工业企业中比较常见的是油布、油棉纱、油纸的自燃着火。

油脂可分为动物油、植物油和矿物油 3 种。植物油的分子含有不饱和的双键，具有较大的自燃能力。动物油中只有常温下呈液态的才能自燃。矿物油若非废油或无植物油掺入是不能自燃的。

① 油脂自燃条件　油脂必须具备下列条件才能发生自燃。

ⅰ．油脂中要含有大量能在低温下氧化的物质，含油酸、亚油酸、次亚油酸等不饱和脂肪酸的甘油酯量越多，则油的自燃能力就越大，各种油脂的组成见表 5-1。不饱和油含量的指标通常用碘值来表示，碘值是 100g 试油与碘化合所用掉的碘的克数。碘值小于 80 的油脂，如猪油、羊油等通常不会自燃。

表 5-1　各种油脂的组成

分类	名称	皂化值	碘值	脂肪酸的组成/%				
				饱和酸甘油酯	油酸	亚油酸	次亚油酸	其他酸
干性油	桐油	189～195	155～167	3～10	5～13	1～2	—	88～90
	青油	—	169～190	8～9	10～20	26～50	25～45	5
	亚麻仁油	189～196	170～204	7～11	15～22	18～26	49～50	—
	大麻油	—	140～170	4.5	14	65	17	—
	大豆油	189～194	124～137	12～14	23～30	53～55	5～8	—
	核桃油	—	140	5～11	9～35	48～76	3～16	—
半干性油	棉籽油	191～196	103～115	25～28	27～29	43～48	—	—
	鲸脂油	188～194	110～150	—	33～38	—	—	13～22
不干性油	蓖麻油	176～187	81～90	2～3	7～9	3～5	—	80～88
	花生油	185～195	83～98	—	50～70	13～26	—	—
脂肪	猪油	193～200	46～66	46	50	4	—	—
	羊油	—	—		60	38	2	—
	牛油	190～200	31～47		60	40	—	—

ⅱ．要有良好的蓄热条件　在氧化表面积大，散热表面积小的条件下，油脂本身发生氧化或聚合作用放出的热量才能积聚，促使温度升高而发生自燃。如盛装在桶内的桐油，因氧化表面积小，不会发生自燃。若把桐油浸到纤维上，并堆积在一起，就会发生自燃。

ⅲ．油和油浸物质要有一定的此例。经实验研究发现，比例在 1∶3 左右易发生自燃。若油浸物中含油太多，油会阻塞其大部分小孔，减少氧化的表面积和产生的热量，使温度达不到自燃点。油布、油棉纱自燃条件的试验数据列于表 5-2。

表 5-2　油布、油棉纱自燃的试验条件

油脂	名称质量/kg		亚麻仁油 1	葵花籽油 1	桐油 1
纤维/kg		破布	2.5	2.5	3.5
		棉纱	0.5	0.5	0.5
油脂和纤维的比例			1∶3	1∶3	1∶4
环境温度/℃			30	25～30	26～33
自燃时间/h			39	52	22.5
自燃点/℃			270	210	264

② 油浸物发热的预防措施 主要有以下几点。

ⅰ.油布、油纸要充分干燥后再捆包或贮藏。

ⅱ.为防止热蓄,不要大量贮藏和堆积过高;不要贮藏在通风不良的仓库或室内。

ⅲ.避免贮藏在高温、高湿场所,尤其夏季应选择凉快的场所贮藏。脱脂的渣子等要冷却后再堆积或包装。

ⅳ.不要贮藏在日光直射的地方。

ⅴ.要防止混入促进油氧化的杂物(金属粉等)。碎屑物要投入车间设置的油浸物专用带盖金属容器内,每天工作结束后烧掉或妥善处理。

ⅵ.尽量缩短贮藏期,大量、长时间贮藏油浸物要定期测量温度,监视发热情况。

ⅶ.贮藏、使用易自燃的油类要避免泄漏,附近不要放置纤维状和粉末之类物质。

(2) 表面积大的物质

表面积大的物质,如煤粉、纤维等,与空气的接触面积大,容易吸附空气中的氧并发生氧化反应,放出氧化热。若这类物质堆积在一起,它们的传热能力小,还能起保温作用,使热量蓄积,温度升高,引起自燃。以煤粉为例说明。

① 煤自燃机理 烟煤、褐煤、泥煤能够自燃,无烟煤难以自燃,它们的自燃能力和煤的粉碎程度有关,煤粉或者含有煤粉的块煤比纯块煤容易自燃。此外,还和煤中含有的挥发性物质,不饱和化合物和硫化物的量有关。各种煤的自燃危险温度和自燃点见表 5-3。

表 5-3 各种煤的自燃危险温度和自燃点

名 称	质量分数/%			自燃危险温度/℃	自燃点/℃
	挥发物	不饱和化合物	硫化物		
褐煤	41～60	20～25	8～10	60～65	250～450
烟煤	12～44	5～15	0.5～6.3	65	400～500
泥煤	—	50		70～80	205～230
无烟煤	3.5	—			＞500

挥发物和不饱和化合物容易被氧化,煤中含挥发物、不饱和化合物量越多,越容易自燃。从表 5-3 中可见,褐煤含挥发物较多,自燃点较低;泥煤含不饱和化合物较多,自燃点也较低。

煤中含有硫化铁,它能在低温下氧化,若遇水分则加速其氧化。氧化后的产物硫酸亚铁比硫化铁所占的体积大,结果使煤块胀裂成小块和煤粉,使表面积增大。硫化铁在氧化的同时还放出热量,从而加速了自燃过程,其反应式如下:

$$FeS_2 + O_2 \longrightarrow FeS + SO_2 + 22.2kJ$$
$$2FeS_2 + 7O_2 + 2H_2O \longrightarrow 2FeSO_4 + 2H_2SO_4$$

由于水参加了自燃反应,因此,在潮湿的季节里,煤堆容易发生自燃。

煤在低温时,氧化速度不大,但由于它能吸附蒸气和气体,并使蒸气在煤的表面浓缩而变成液体,此过程放出的热量使煤的温度升高。当温度升到煤的自燃温度 60℃ 以后,煤的氧化速度加快。若煤氧化放出的热量多于它向环境散失的热量,煤的温度继续升高,就能发生自燃。

煤在单位体积中散失的热量越少,发生自燃的进程就越快。煤堆散热的能力主要取决于煤的堆垛情况。如果煤的堆垛很高大,由煤堆内部向外散出的热量就很少,这样氧化放出的热量就会很快地超过散出的热量,从而促使煤的自燃。

② 煤自燃的控制 主要有以下几点。

ⅰ.防止与水接触。贮煤场应选择排水好、干燥的地方。最好是混凝土地面。否则要用滚子压实，不要用木材铺在下面。

ⅱ．隔绝热。蒸汽管道、温水、烟道等高温物体不要通过贮煤场周围，包括下面。

ⅲ．煤堆积高度控制在 3～4m，每堆质量控制在 200t 左右。贮藏量大的场所，用混凝土墙分割贮煤场，将煤堆压实，是防止煤堆发生自燃的主要措施。一般来说，符合表 5-4 规定的煤堆是比较安全的。

表 5-4　煤堆的一般规定

煤堆名称	高度/m		宽度/m	长度/m	控制温度/℃
	存 2 个月以内	存 2 个月以上			
褐煤	2～2.5	1.5～2	20	—	≤60
烟煤	2.5～3.5	2～2.5	20	—	≤60

ⅳ．新开采出的煤在前半年贮藏期内，要重点检查温度。

（3）低燃点物质的自燃

黄磷和烷基铝等金属有机化合物燃点非常低，和空气接触会发生放热的化学反应，容易导致燃烧。

黄磷的化学性质极其活泼，有强还原性，燃点为 40℃，自燃点为 60℃，和空气接触发生缓慢的氧化作用并放出能量。它们部分以光能形式放出（在黑暗处能见到蓝色的光），部分能量蓄积在表面，使温度升高，当温度高于自燃点时，黄磷即能自燃。

烷基铝类化合物，如三己基铝与空气中的水分作用产生大量热和乙烷气体，使得温度升高，导致乙烷燃烧或爆炸：

$$(C_2H_5)_3Al + 3H_2O \longrightarrow Al(OH)_3 + 3C_2H_6$$
$$C_2H_6 + 7O_2 \longrightarrow 4CO_2 + 6H_2O \uparrow$$

为防止黄磷自燃，可将其贮于水中，盖严防止水蒸发；容器放在平稳安全之处，防止掉下、歪倒造成破损。

烷基铅应存放在苯中，以隔绝空气。

5.2.2.2　分解热蓄积引起的自燃

硝化纤维、赛璐珞、有机过氧化物及其制品等，在不适当的使用、贮存条件下，容易发生快速的放热分解反应，导致温度急剧升高，发生自燃事故。以硝化纤维为例进行说明。

硝化纤维是由纤维素与硝酸作用制得的纤维素的硝酸酯，化学稳定性差，室温下即能分解放热，若在热、光、水分的作用下分解更快。分解析出的一氧化氮在空气中氧化成二氧化氮，后者和水分化合生成亚硝酸和硝酸。这些酸性物吸附在硝化纤维表面，可加速它的分解并放出热量，热量的积累又可加速分解，这样的恶性循环直至发生燃烧或爆炸。硝化纤维一旦引燃，不仅燃烧速度快，而且火焰温度高，火势凶猛，无法扑救。

硝化纤维受光、受热、受潮、接触火花以及与酸、碱相遇均易发生自燃。所以在使用和贮存时，要防止上述因素的作用。通常硝化纤维的贮存温度不得超过 28℃。硝化纤维和 25% 酒精的混合物称为酒精棉或湿棉，把它们在 20℃ 左右贮于密闭箱子中，能够防止自燃。

5.2.2.3　发酵热蓄积引起的自燃

植物及农副产品能够因发酵而放热，通过热量蓄积使温度上升，引起自燃。能自燃的农副产品有：稻草、麦芽、木屑、甘蔗渣、籽棉、玉米芯、树叶等。它们的自燃要经过生物、物理和化学 3 个阶段。

① 生物阶段　在此阶段由于水分和微生物的作用，使植物腐败发酵而放热。若热量散不出去，温度上升到 70℃，此时微生物死亡，生物阶段结束。

② 物理阶段　温度达到 70℃ 时，植物内所含的不稳定化合物开始分解成黄色多孔炭，多孔炭吸附蒸气和气体并同时析出热量，使温度上升到 100℃，此时又引起另一些化合物分解炭化，使温度继续上升。

③ 化学阶段　当温度达到 150～200℃ 时，植物中的纤维素开始分解，并进入氧化过程，氧化过程放热使温度上升到 200～300℃，此时若积热不散就会引起着火。

所以，要防止植物和农副产品自燃，首先应使它们处于干燥状态，堆积时不宜堆得过高过宽。若发现堆中温度升高，应采取措施及时晾晒降温。据各地实验，稻草、籽棉的自燃能力与温度、湿度、堆高的关系列于表 5-5。

表 5-5　稻草、籽棉的自燃能力与温湿度和堆高的关系

名称	危险湿度/%	危险温度/℃	炭化点/℃	自燃点/℃	堆高限度/m
稻草	20	70	204	333	10
籽棉	12	38	205	407	5

5.2.3　忌水性物质

与水或潮湿空气中的水分能发生剧烈的分解反应，产生可燃气体，放出热量，引起燃烧或爆炸的物质称为忌水性物质。

忌水性物质按其遇水或受潮后发生化学反应的激烈程度、产生可燃气体和放出热量的多少分成 2 级。

① 一级忌水性物质　遇水后，发生的化学反应激烈，产生的易燃气体多，放出的热量也多，容易引起燃烧或爆炸。如活泼的碱金属及其合金、碱金属的氢化物、硼氢化合物、碳化钾、碳化钙、磷化钙、镁铝粉等。

② 二级忌水性物质　遇水后发生的化学反应比较缓慢，释放出的热量也比较少，产生的可燃气体一般需有水源引燃才能发生燃烧或爆炸。如铝粉、锌粉、氢化铝、氢化钙、硼氢化钠、碳化铝、磷化锌等。

忌水性物质的火灾危险程度决定于物质的化学组成和性质。组成不同，与水反应的剧烈程度不同，产生的可燃气体也不同。

金属与水的反应能力取决于金属的金属性强弱。物质的金属性越强，在反应中越易失去电子，越易与水反应。金属性最强的碱金属与水反应激烈，而金属性差一些的碱土金属和重金属在高温下才与水反应，活泼性更差的贵金属则不能与水反应，各种金属与水的反应能力见表 5-6。

表 5-6　金属与水的反应能力

金 属 名 称	与水反应能力
锂、钠、钾、钙等	常温下与水反应剧烈
镁、铝、锌、铁等	高温下或粉末状与水反应
铜、银、金、铂等	不与水反应

各种忌水性物质分述如下。

① 活泼金属及其合金　如钾、钠、锂、铷、钠汞齐、钾钠合金等。它们遇水即发生剧烈反应，生成氢气，并放出大量的热，其热量能使氢气自燃或爆炸。

② 金属氢化物　活泼金属的氢化物遇水反应剧烈并放出氢气。氢化钙、氢化铝的反应剧烈程度稍差。

③ 硼氢化合物如二硼氢、十硼氢、硼氢化钠等。其中二硼氢、十硼氢遇水反应激烈，放出氢气和大量热，能发生燃烧和爆炸。

④ 金属碳化物　如碳化钾、碳化钠、碳化钙、碳化铝等。其中碱金属的碳化物遇水能发

生分解爆炸。碳化钙（电石）、碳化铝遇水反应，放出可燃的乙炔、甲烷气体，它们接触火源能导致燃烧。

⑤ 金属磷化物　如磷化钙、磷化锌等。它们与水作用生成磷化氢，磷化氢在空气中容易自燃。

⑥ 金属粉末　如铝粉、镁粉、铝镁粉等纯铝粉或镁粉与水反应除放出氢气外，还生成氢氧化铝或氢氧化镁，它们在金属粉末表面形成一个保护膜，阻止反应继续进行，不利于发生燃烧。铝镁粉与水反应则同时生成氢氧化铝和氢氧化镁，这两者又能起反应生成偏铝酸镁，偏铝酸镁能溶于水，从而破坏了氢氧化镁和氢氧化铝的保护膜作用，使铝镁粉不断地与水发生剧烈反应，放出氢气和大量的热，引起燃烧和爆炸。

⑦ 保险粉　学名为连二亚硫酸钠（$Na_2S_2O_4$）。分子中的硫原子易于失去电子，是强还原剂，性质活泼，遇到水呈赤热状态，并分解出氢气和硫化氢气体，有燃烧爆炸危险，属于危险品。它在潮湿的空气中会自行分解放热，使接触的可燃物质着火。

忌水性物质，除了遇水剧烈反应外，也能与酸类或氧化剂发生剧烈的反应，而且比与水的反应更剧烈，所以发生燃烧爆炸的危险性就更大。

由上述可见，含有金属元素的同类忌水性物质，它们的火灾危险性的大小取决于其中金属的活泼性，越是活泼的金属及其化合物，还原能力越强，越易与水中的氧结合而放出可燃气体，同时放出的热量也较多，因此火灾爆炸的危险性就越大。

此外，在忌水性物质中，还应包括生石灰、无水氯化铝、过氧化钠、苛性钠、发烟硫酸、氯磺酸、三氯化磷等物质。这些物质与水接触时，虽不产生可燃气体，但放出大量热量，能将邻近的其他可燃物质引燃。

存放忌水性物质时，必须严密包装，置于通风干燥处，切忌和其他可燃物混合堆放。当它们着火时，严禁用水、酸碱灭火机、泡沫灭火机灭火，必须针对着火物质的性质有针对性地选用灭火剂和采取灭火措施。

5.2.4　混合危险性物质

把两种或两种以上的物质，由于混合或接触而发生燃烧危险的物质称作混合危险性物质。它们有两种典型情况：一种是物质混合后，形成与混合炸药相类似的爆炸性混合物。这种混合物可能在混合的同时即发生燃烧或爆炸，也可能在运输、贮存、使用时遇到火源发生燃烧或爆炸，另一种是物质混合时，即发生化学反应，形成不稳定的物质或敏感的爆炸性物质。

5.2.4.1　氧化剂和还原剂的混合

当强氧化与还原剂混合时，容易发生混合危险或形成爆炸危险性混合物。常见的无机氧化剂有硝酸盐、亚硝酸盐、氯酸盐、高氯酸盐、亚氯酸盐、高锰酸盐、过氧化物、发烟硫酸、浓硫酸、浓硝酸、发烟硝酸、液氧、氧、液氯、溴、氯、氟、氧化氮等。

还原剂也就是通常所说的可燃物，常见的有苯胺类、醇类、醛类、醚类、有机酸、石油产品、术炭、金属粉等以及其他有机高分子化合物。混合成的爆炸性混合物有：黑火药（硝酸钾、硫磺和木炭）、高氯酸铵混合炸药（高氯酸铵、硅铁粉、术粉、重油）、铵油炸药（硝酸铵、矿物油）、液氧炸药（液氧、炭粉），照明用闪光剂（硝酸钾、镁粉）。硝酸和苯胺也是混合危险物质，这二者一经混合，就极易着火，而且激烈地燃烧，故被用作火箭液体燃料。

氧化剂的氧化性越强，所形成混合物的危险性往往也越大。无机氧化剂氧化性的强弱是具一定规律，现叙述如下。

① 非金属元素　非金属性越强，得到电子的能力也越强，其氧化能力也就越强。例如，

卤族元素

$$\xrightarrow[\text{非金属性增强，氧化能力增强}]{I_2 \quad Br_2 \quad Cl_2 \quad F_2}$$

由此推知：氟、氯及其含氧酸盐的氧化能力较强。而溴、碘及其含氧酸盐的氧化能力较弱。

② 金属元素　含氧酸盐类氧化剂，如氯酸钾、硝酸钠等，它们的氧化能力除了和分子中的非金属元素有关外，还和其中的金属元素有关。在同一类氧化剂中，分子中所含的金属元素的金属性越强，也就是金属越活泼，则它的氧化性也就越强。因此活泼金属锂、钠、钾等的硝酸盐和氯酸盐都为强氧化剂，而活泼性差一些金属的盐类（如氯酸镁、硝酸铁、硝酸铅等）的氧化能力则较弱。

③ 化合价　同一种元素在不同的化合物中可以有多种化合价，具有高化合价元素的化合物往往氧化能力较强。如：

$$\xrightarrow[\text{氮的化合价升高，氧化性增强}]{\overset{-3}{NH_3} \quad \overset{+3}{NaNO_2} \quad \overset{+5}{NaNO_3}}$$

一般来说，硝酸盐的氧化能力较强，亚硝酸盐的氧化能力较弱，而氨可作还原剂。

除了上述无机氧化剂外，还有一类有机氧化剂，如过氧化二苯甲酰 $[(C_6H_5CO)_2O_2]$ 和过蚁酸（HCOOH）等，它们大都含有过氧基（—O—O—），可作强氧化剂，同时在分子中含有可作还原剂的其他原子，因此它们极不安定，遇热、撞击、摩擦就能爆炸。若它们和有机物接触，经摩擦、撞击也能立即发生燃烧爆炸。

5.2.4.2　生成不安定物质的混合

大多数氧化剂会遇酸分解，反应常常是很猛烈的，往往能引起燃烧或爆炸。如强酸（硫酸）和氯酸盐，过氯酸盐等混合时，能够生成 $HClO_3$，$HClO_4$ 等游离酸或无水的 Cl_2O_5，Cl_2O_7 等。它们显出极强的氧化性，若与有机物接触，则会发生爆炸。反应式如下：

$$3KClO_3 + 3H_2SO_4 = 3KHSO_4 + HClO_4 + 2ClO_2\uparrow + H_2O$$

$$2ClO_2 = Cl_2\uparrow + 2O_2\uparrow$$

又如氯酸钾与氨、铵盐、银盐、铅盐接触，也会生成具有爆炸性的氯酸铵、氯酸铅等。

有些物质尽管本身不是强氧化剂或强还原剂，但相互接触会生成敏感性化合物。如乙炔与铜、银、汞盐反应能生成敏感而易爆炸的乙炔铜（银或汞），所以在乙炔发生器上禁用铜的器件。

总之，混合物质的危险性是在制造、贮存、输送、使用等处理过程中发生的。若对此认识不足，那就会出乎意料的发生爆炸事故。混合危险性物质的种类繁多，不少在混合前是完全没有危险的，而在混合后发生了危险。在处理它们的各个环节上需要慎重考虑，单独处理。

5.3　电火源

在爆炸事故中，因电热和电火花引起的事故占据相当大的比例，电热和电火花统称电火源。

5.3.1　电热

电流通过电气设备或线路要消耗电能，并转化为热能放出来，放出的热量为：

$$Q_{放热} = I^2Rt \tag{5-1}$$

式中　$Q_{放热}$——在导体上放出的热量，J；

　　　I——通过导体的电流，A；

　　　R——导体的电阻，Ω；

t——通电的时间，s。

这部分放出的热量在电路中总是存在的，称为电路电热。它能使导体温度升高，并加热在其周围的其他物料。当可燃物被加热的温度超过其自燃点时，即会发生燃烧或爆炸。

电路电热又可分成工作电热和事故电热，此外，还有因磁滞损耗和涡流损耗产生的磁路电热。

5.3.1.1 工作电热

ⅰ.电炉、电锅、电熨斗、电褥子等电热电器的热元件是由镍铬合金等材料制成。工作时电阻丝表面温度可高达800℃，同时放出大量热量使周围环境升温。因此，在爆炸危险环境应禁止使用电热电器的热元件。

ⅱ.照明灯具的外壳或表面都有很高温度，如果安装或使用不当，均可成为点火源。白炽灯泡表面温度与灯泡的大小和功率有关，在一般的散热条件下，其表面温度可参考表5-7，200W的灯泡紧贴纸张时，十几分钟即可将纸张点燃。100W的灯泡，半小时后能烤着10cm外的聚氨酯泡沫塑料。装有60W灯泡的壁灯，外有玻璃罩，能烤燃覆盖其上的丝质窗帘。高压汞灯的表面温度和白炽灯差不多，为150~200℃。1000W卤钨灯灯管表面温度可达500~800℃。由于灯泡表面的高温，它们可点燃附近的可燃物品。在有爆炸危险的厂房和设备内，严禁采用这类灯具，而应采用安全的防爆灯具。

表 5-7 白炽灯泡表面温度

灯泡功率/W	灯泡表面温度/℃	灯泡功率/W	灯泡表面温度/℃
40	50~60	100	170~220
60	130~180	150	150~230
75	140~200	200	160~300

ⅲ.电气设备运行时总是要发热的。但在正常稳定运行时，它们的放热和散热互相不平衡，其最高温度和最高温升（即最高温度与周围环境温度之差）都不会超过一定的范围。例如，橡皮绝缘线的最高温度一般不得超过65℃；变压器的上层油温不得超过85℃；电力电容器外壳温度不得超过65℃；对电动机定于绕组和定于铁芯的最高温度都有规定。各种电气设备在设计和安装时都考虑有一定的散热或通风措施，如果这些措施受到破坏，如油管堵塞、通风道堵塞、安装位置不好等，就会使散热不良，破坏发热和散热之间的平衡，造成设备过热、温度上升，成为引发爆炸的点火源。

为了控制电气设备的过热现象，应根据可燃物质的爆炸危险性及电气设备所在的爆炸危险区域，采用相应等级的防爆型电气设备，并按规定安装。

5.3.1.2 事故电热

引起电气设备过度发热产生事故电热的原因有短路、过载、接触不良3种。

① 短路　当电气设备的绝缘老化变质或因机械、化学作用使绝缘破坏，就有可能引起短路事故，设备安装、检修不当和接线、操作错误，也会引起短路事故。电路短路时，线路中的电流增加为正常运行时的几倍到几十倍，使温度急剧上升，大大超过允许范围。如果周围有可燃物质，温度达到自燃点时，即可导致事故。

② 过载　过载也会引起电气设备过热。造成过载有如下3种情况。

ⅰ.设计选用线路或设备不合理，或没有考虑适当的裕量，以至在正常负载下出现过热。

ⅱ.使用不合理，即线路或设备的负载超过额定值，或连续使用时间过长，超过线路或设备的设计能力，由此造成过热。

ⅲ.带故障运行造成设备和线路过载，如三相电动机缺相运行，或三相变压器不对称运行均可能造成过载，出现设备过热。

　　③ 接触不良　接触部位是电路中的薄弱环节，是发生过热的一个重点部位。

　　ⅰ．不可拆卸的接头连接不牢，焊接不良或接头处混有杂质，都会增加接触电阻而导致接头过热。

　　ⅱ．可拆卸的接头连接不紧密或由于震动而松动也会导致接头发热。

　　ⅲ．活动触头，如刀开关的触头、接触器的触头、插销的触头、灯泡与灯座的接触处等活动触头，电刷的活动接触、如果没有足够的接触压力或接蚀表面粗糙不平，会导致触头过热。

5.3.2　电火花

　　电火花是电极间的击穿放电，电弧是大量的电火花汇集成的，一般电火花的温度很高，特别是电弧，温度可高达 3000～6000℃。因此，电火花和电弧不但能引起可燃物燃烧，还能使金属熔化、飞溅，构成危险的点火源。

　　常见的电火花有：

　　ⅰ．启动器、开关、继电器等接头闭合、断开时产生的火花；

　　ⅱ．各种电机、电器上的接线端子与电缆、电线的线芯相连接处，由于接触不良发热以至产生的火花；

　　ⅲ．电气设备、电缆、电线绝缘损坏，接地或短路时产生的火花；

　　ⅳ．对电气设备、电缆进行耐压试验，因绝缘击穿面产生的放电火花。

　　电火花可分为工作火花和事故火花两类。

5.3.2.1　工作火花

　　工作火花指电气设备正常工作或正常操作过程中产生的电火花。在生产和生活中使用了大量的低压电器设备，其放电情况有两种。

　　ⅰ．短时间的弧光放电，是指在开闭回路、断开配线、接触不良等情况下发生的极短时间内的弧光放电。

　　ⅱ．接点上的微弱火花，是指在自动控制用的继电器接点上，或在电动机整流子或滑环等器件上，即使在低电压的情况下，随着接点的开闭，仍然产生肉眼看得见的微小火花。

　　上述这两种情况产生的电火花，其放电能量是很小的，因此它只对需要点火能量极小的可燃气体、易燃液体蒸气、可燃粉尘等构成危险，在存有这些危险物质的场所中，一般都设有动力、照明及其他电气设备，由这些电气设备产生的电火花引起的爆炸事故的发生率是很高的。所以，在有爆炸危险性场所，电气设备及其配线应选择防爆型，并按要求安装。

5.3.2.2　事故火花

　　事故火花包括短时间的弧光放电和高电压的火花放电两种情况。

　　低压电器由于维修不佳造成的绝缘下降、断线、接点松动等电路故障，会产生接触不良、短路、漏电，保险丝熔断等情况。这些情况会产生短时间的弧光放电。

　　当电极带高电压时，在电极周围，部分空气绝缘被破坏，产生电晕放电。当电压继续升高时，会出现火花放电。通常要使空气中产生火花放电，至少需要 400V 以上的电压。例如变压器内，由于绝缘质量降低，可能发生闪燃，并使绝缘油分解，引起燃烧或爆炸；又如多路断路器油面过低或操作机构失灵，不能有效地熄灭电弧，可引起火灾或爆炸；又如静电喷漆、X 射线发生装置等高压电器设备也会产生高电压的火花放电。

　　电气设备在正常运行时会产生火花，在事故运行时也会产生火花。因此，要采取严格的设计、安装、使用、维护、检修制度和其他防爆措施，把电火花的危害降到最低的程度。

5.4　冲击和摩擦

5.4.1　分类

　　机器上转动部分的摩擦，铁器的互相撞击或铁器工具打击混凝土地面等都可能产生高温或火花，成为火灾爆炸事故的起因。当管道或铁容器裂开，高速喷出的物料也可能因摩擦而起火。由此可见，不适当的摩擦和撞击在易燃易爆场所有可能引起危险。

　　冲击和摩擦点火源可以分为：

　　① 由于设备机械损伤而成为点火源　如飞散物的冲击，物体掉落时的撞击，倒塌物的冲击，管道、设备破裂时产生的撞击火花，搅拌机翼板与罐体周壁的撞击，气锤的冲击，其他飞来物的冲击等。

　　② 由于设备之间的摩擦或冲击而成为点火源　因塔、管、槽的振动而产生的摩擦，因容器内残存物的摇晃等。

　　③ 由工具产生的撞击　手锤、扳手、凿刀等引起的冲击。

5.4.2　控制与消除

　　ⅰ. 机器上的轴承缺油，润滑不均，旋转时会因摩擦而发热，引起附近的可燃物着火。因此对轴承要及时添油，保持良好的润滑，并应经常清除附着的可燃坏垢。

　　ⅱ. 为了防止钢铁零件随物料带入设备内发生撞击起火，可在这些设备上安装磁力离析器，吸出钢铁零件。在破碎危险物质（如碳化钙）等加工过程中，不能安装磁力离析器，则应在采用惰性气体保护的条件下进行操作。

　　ⅲ. 铁器的撞击、摩擦，一般容易产生火花，成为点火源，因此在易燃易爆危险场所应采用镀青铜材料制成的各种工具，如锤、扳手、钳子和铲等，铍青铜工具被称为无火花工具。在设备运转、操作中应尽量避免不必要的摩擦和撞击。凡是可能发生撞击的两部分应采用不同的金属制成，例如钢与铜，钢与铝等。在不能使用有色金属制造的某些设备里，应采用惰性气体保护或真空操作。

　　ⅳ. 在搬运盛有可燃气体或易燃液体的金属容器时，不要抛掷，防止互相撞击，以免因产生火花或容器爆裂而造成事故。

　　ⅴ. 输送可燃气体或易燃液体的管道应做耐压试验和气密性检查，以防止管道破裂或接口松脱而跑漏物料，引起着火。

　　ⅵ. 紧固设备，防止零部件松动。

　　ⅶ. 在允许条件下，降低机械运转速度，以减少摩擦。

　　ⅷ. 不准穿带钉子的鞋进入有燃烧、爆炸危险的生产区域，特别危险的防爆厂房内，地面应采用不发火的材质（如橡胶板）铺成。

5.5　高温表面

　　高温表面的点火危险性载热设备管道的表面温度达到或超过点燃温度（即按标准试验方法，点燃爆炸性混合物的最低温度），就会燃烧或爆炸。

　　从容器内泄漏的易燃性气体与空气混合形成爆炸性气体混合物，当它与高温蒸气管道等裸露的高温表面接触时，就会成为可爆性混合物的点火源。

　　在管道中已经被加热到点火温度以上的高温可燃性液体，泄漏到空气中时，不必有其他点火源，就能自燃着火燃烧。

由于气焰切割钢板时飞散的火星，是处于赤热状态的氧化铁细小球状颗粒，当可燃性物质和它接触时，足以发生着火。

在修理装过有机溶剂的空圆桶或大罐时，由于外部切割机火焰的烘烤，会使内部爆炸性混合气体发生爆炸。这是由于容器内壁达到高温，成为点火源。

当氧气管道内壁的管垢被剥离而形成细颗粒，与气流一起流动时，由于和管壁摩擦，温度升高，管垢中的铁在氧气中燃烧，形成灼热颗粒燃烧时，也足以成为点火源。

载热设备的热表面，还可以归纳出以下几点：

ⅰ．高温蒸汽管道保温层的表面温度；

ⅱ．高温工艺管道、热交换器保温层的表面温度；

ⅲ．高温管道的托梁、滑板及轨道等表面温度；

ⅳ．加热炉炉壁保温层的表面温度；

ⅴ．分解炉、加热釜、余热炉等的炉壁保温层的表面温度。

工业生产中的加热装置、高温物料输送管线、高压蒸汽管道及反应设备等的表面温度比较高，要防止易燃物料与高温的设备、管道表面相接触，以免着火。对一些自燃点比较低的物料，尤其需要注意。可燃物的排放口应远离高温表面，高温表面要有隔热保温措施。不能在高温管道和设备上烘烤衣服及其他可燃物件。应经常清除高温表面上的污垢和物料，防止因高温表面引起物料的自燃分解。

6 燃烧、爆炸危险物质

6.1 燃烧、爆炸危险物质相关的国家标准

6.1.1 化学品分类和危险性公示通则（GB 13690—2009）

第1类 爆炸物

（1）爆炸物质（或混合物）是这样一种固态或液态物质（或物质的混合物），其本身能够通过化学反应产生气体，而产生气体的温度、压力和速度能对周围环境造成破坏。其中也包括发火物质，即使它们不放出气体。发火物质（或发火混合物）是这样一种物质或物质的混合物，它旨在通过非爆炸自持放热化学反应产生的热、光、声、气体、烟或所有这些的组合来产生效应。爆炸性物品是含有一种或多种爆炸性物质或混合物的物品。烟火物品是包含一种或多种发火物质或混合物的物品。

（2）爆炸物种类包括：①爆炸性物质和混合物；②爆炸性物品，但不包括下述装置，其中所含爆炸性物质或混合物由于其数量或特性，在意外或偶然点燃或引爆后，不会由于迸射、发火、冒烟、发热或巨响而在装置之外产生任何效应；③在 i. 和 ii. 中未提及的为产生实际爆炸或烟火效应而制造的物质、混合物和物品。

第2类 易燃气体

易燃气体是在 20℃ 和 101.3kPa 标准压力下，与空气有易燃范围的气体。

第3类 易燃气溶胶

气溶胶是指气溶胶喷雾罐，系任何不可重新罐装的容器，该容器由金属、玻璃或塑料制成，内装强制压缩、液化或溶解的气体，包含或不包含液体、膏剂或粉末，配有释放装置，可使所装物质喷射出来，形成在气体中悬浮的固态或液态微粒或形成泡沫、膏剂或粉末或处于液态或气态。

第4类 氧化性气体

氧化性气体是一般通过提供氧气，比空气更能导致或促使其他物质燃烧的任何气体。

第5类 压力下气体

压力下气体是指高压气体在压力等于或大于 200kPa（表压）下装入贮器的气体，或是液化气体或冷冻液化气体。压力下气体包括压缩气体、液化气体、溶解液体、冷冻液化气体。

第6类 易燃液体

易燃液体是指闪点不高于 93℃ 的液体。

第7类 易燃固体

易燃固体是容易燃烧或通过摩擦可能引燃或助燃的固体。易于燃烧的固体为粉状、颗粒状或糊状物质，它们在与燃烧着的火柴等火源短暂接触即可点燃和火焰迅速蔓延的情况下，都非常危险。

第8类 自反应物质或混合物

自反应物质或混合物是即使没有氧（空气）也容易发生激烈放热分解的热不稳定液态或固态物质或者混合物。本定义不包括根据统一分类制度分类为爆炸物、有机过氧化物或氧化物质的物质和混合物。自反应物质或混合物如果在实验室试验中其组分容易起爆、迅速爆燃或在封闭条件下加热时显示剧烈效应，应视为具有爆炸性质。

第9类 自燃液体

自燃液体是即使数量小也能在与空气接触后 5min 之内引燃的液体。

第 10 类 自燃固体

自燃固体是即使数量小也能在与空气接触后 5min 之内引燃的固体。

第 11 类 自热物质和混合物

自热物质是发火液体或固体以外，与空气反应不需要能源供应就能够自己发热的固体或液体物质或混合物；这类物质或混合物与发火液体或固体不同，因为这类物质只有数量很大（公斤级）并经过长时间（几小时或几天）才会燃烧。

注：物质或混合物的自热导致自发燃烧是由于物质或混合物与氧气（空气中的氧气）发生反应并且所产生的热没有足够迅速地传导到外界而引起的。当热产生的速度超过热损耗的速度而达到自燃温度时，自燃便会发生。

第 12 类 遇水放出易燃气体的物质或混合物

遇水放出易燃气体的物质或混合物是通过与水作用，容易具有自燃性或放出危险数量的易燃气体的固态或液态物质或混合物。

第 13 类 氧化性液体

氧化性液体是本身未必燃烧，但通常因放出氧气可能引起或促使其他物质燃烧的液体。

第 14 类 氧化性固体

氧化性固体是本身未必燃烧，但通常因放出氧气可能引起或促使其他物质燃烧的固体。

第 15 类 有机过氧化物

（1）有机过氧化物是含有二价—O—O—结构的液态或固态有机物质，可以看作是一个或两个氢原子被有机基替代的过氧化氢衍生物。该术语也包括有机过氧化物配方（混合物）。有机过氧化物是热不稳定物质或混合物，容易放热自加速分解。另外，它们可能具有下列一种或几种性质：Ⅰ易于爆炸分解；Ⅱ迅速燃烧；Ⅲ对撞击或摩擦敏感；Ⅳ与其他物质发生危险反应。

（2）如果有机过氧化物在实验室试验中，在封闭条件下加热时组分容易爆炸、迅速爆燃或表现出剧烈效应，则可认为它具有爆炸性质。

第 16 类 金属腐蚀剂

腐蚀金属的物质或混合物是通过化学作用显著损坏或毁坏金属的物质或混合物。

6.1.2 危险货物分类（GB 6944—2005）

按危险货物具有的危险性或最主要的危险性分为 9 个类别：第 1 类 爆炸品；第 2 类 气体；第 3 类 易燃液体；第 4 类 易燃固体、易于自燃的物质、遇水放出易燃气体的物质；第 5 类 氧化性物质和有机过氧化物；第 6 类 毒性物质和感染性物质；第 7 类 放射性物质；第 8 类 腐蚀性物质；第 9 类 杂项危险物质和物品。

第 1 类 爆炸品

包括：爆炸性物质；爆炸性物品；为产生爆炸或烟火实际效果而制造的上述 2 项中未提及的物质或物品。

第 1.1 项 有整体爆炸危险的物质和物品

第 1.2 项 有迸射危险，但无整体爆炸危险的物质和物品

第 1.3 项 有燃烧危险并有局部爆炸危险或局部迸射危险或这两种危险都有，但无整体爆炸危险的物质和物品

本项包括：

ⅰ．可产生大量辐射热的物质和物品；

ⅱ．相继燃烧产生局部爆炸或迸射效应或两种效应兼而有之的物质和物品。

第 1.4 项 不呈现重大危险的物质和物品

本项包括运输中万一点燃或引发时仅出现小危险的物质和物品；其影响主要限于包件本

身，并预计射出的碎片不大、射程也不远，外部火烧不会引起包件内全部内装物的瞬间爆炸。

第1.5项　有整体爆炸危险的非常不敏感物质

本项包括有整体爆炸危险性、但非常不敏感以致在正常运输条件下引发或由燃烧转为爆炸的可能性很小的物质。

第1.6项　无整体爆炸危险的极端不敏感物品

本项包括仅含有极端不敏感起爆物质、并且其意外引发爆炸或传播的概率可忽略不计的物品。

注：该项物品的危险仅限于单个物品的爆炸。

第2类　气体

本类气体指：

ⅰ．在50℃时，蒸气压力大于300kPa的物质；

ⅱ．20℃时在101.3kPa标准压力下完全是气态的物质。

本类包括压缩气体、液化气体、溶解气体和冷冻液化气体、一种或多种气体与一种或多种其他类别物质的蒸气的混合物、充有气体的物品和烟雾剂。

第2类根据气体在运输中的主要危险性分为3项。

第2.1项　易燃气体

本项包括在20℃和101.3kPa条件下：

ⅰ．与空气的混合物按体积分数占13％或更少时可点燃的气体；

ⅱ．不论易燃下限如何，与空气混合，燃烧范围的体积分数至少为12％的气体。

第2.2项　非易燃无毒气体

在20℃压力不低于280kPa条件下运输或以冷冻液体状态运输的气体，并且是：

ⅰ．窒息性气体——会稀释或取代通常在空气中的氧气的气体；

ⅱ．氧化性气体——通过提供氧气比空气更能引起或促进其他材料燃烧的气体；

ⅲ．不属于其他项别的气体；

第2.3项　毒性气体

本项包括：

ⅰ．已知对人类具有的毒性或腐蚀性强到对健康造成危害的气体；

ⅱ．半数致死浓度LC_{50}值不大于5000mL/m³，因而推定对人类具有毒性或腐蚀性的气体。

注：具有两个项别以上危险性的气体和气体混合物，其危险性先后顺序为第2.3项优先于其他项，第2.1项优先于第2.2项。

第3类　易燃液体

本类包括：

ⅰ．易燃液体

在其闪点温度（其闭杯试验闪点不高于60.5℃，或其开杯试验闪点不高于65.6℃）时放出易燃蒸气的液体或液体混合物，或是在溶液或悬浮液中含有固体的液体；

本项还包括：

在温度等于或高于其闪点的条件下提交运输的液体；或以液态在高温条件下运输或提交运输、并在温度等于或低于最高运输温度下放出易燃蒸气的物质。

ⅱ．液态退敏爆炸品

第4类　易燃固体、易于自燃的物质、遇水放出易燃气体的物质

第4.1项　易燃固体

本项包括：

ⅰ．容易燃烧或摩擦可能引燃或助燃的固体；

ⅱ．可能发生强烈放热反应的自反应物质；

ⅲ．不充分稀释可能发生爆炸的固态退敏爆炸品。

第4.2项　易于自燃的物质

本项包括：

ⅰ．发火物质；

ⅱ．自热物质。

第4.3项　遇水放出易燃气体的物质

与水相互作用易变成自燃物质或能放出危险数量的易燃气体的物质。

第5类　氧化性物质和有机过氧化物

第5.1项　氧化性物质

本身不一定可燃，但通常因放出氧或起氧化反应可能引起或促使其他物质燃烧的物质。

第5.2项　有机过氧化物

分子组成中含有过氧基的有机物质，该物质为热不稳定物质，可能发生放热的自加速分解。该类物质还可能具有以下一种或数种性质：

ⅰ．可能发生爆炸性分解；

ⅱ．迅速燃烧；

ⅲ．对碰撞或摩擦敏感；

ⅳ．与其他物质起危险反应；

ⅴ．损害眼睛。

第6类　毒性物质和感染性物质

第6.1项　毒性物质

经吞食、吸入或皮肤接触后可能造成死亡或严重受伤或健康损害的物质。

毒性物质的毒性分为急性口服毒性、皮肤接触毒性和吸入毒性。分别用口服毒性半数致死量 LD_{50}、皮肤接触毒性半数致死量 LD_{50}，吸入毒性半数致死浓度 LC_{50} 衡量。

经口摄取半数致死量：固体 $LD_{50} \leqslant 200\text{mg/kg}$，液体 $LD_{50} \leqslant 500\text{mg/kg}$；经皮肤接触24h，半数致死量 $LD_{50} \leqslant 1000\text{mg/kg}$；粉尘、烟雾吸入半数致死浓度 $LC_{50} \leqslant 10\text{mg/L}$ 的固体或液体。

第6.2项　感染性物质

含有病原体的物质，包括生物制品、诊断样品、基因突变的微生物、生物体和其他媒介，如病毒蛋白等。

第7类　放射性物质

含有放射性核素且其放射性活度浓度和总活度都分别超过 GB 11806 规定的限值的物质。

第8类　腐蚀性物质

通过化学作用使生物组织接触时会造成严重损伤、或在渗漏时会严重损害甚至毁坏其他货物或运载工具的物质。

腐蚀性物质包含与完好皮肤组织接触不超过4h，在14d的观察期中发现引起皮肤全厚度损毁，或在温度55℃时，对S235JR+CR型或类似型号钢或无覆盖层铝的表面均匀年腐蚀率超过6.25mm/a的物质。

第9类　杂项危险物质和物品

具有其他类别未包括的危险的物质和物品，如：

ⅰ．危害环境物质；

ⅱ．高温物质；

ⅲ．经过基因修改的微生物或组织。

6.1.3 危险货物包装标志（GB 190—1990）

危险货物包装标志是一种在危险货物包装上粘贴安全标签，进行安全管理的方法。当一种货物具有一种以上的危险性时，应用主标志表示主要危险性类别，并用副标志来表示重要的其他的危险性类别。凡具有爆炸、易燃、毒害、腐蚀、放射性等性质，在运输、装卸和贮存保管过程中，容易造成人身伤亡和财产损毁而需要特别防护的货物，均属危险货物。

危险货物包装标志（GB190—1990）规定了危险货物包装图示标志的种类、名称、尺寸及颜色等。适用于危险货物的运输包装标志的图形共 21 种，19 个名称，见表 6-1，其图形分别标示了 9 类危险货物的主要特性。

综上所述，以上危险化学品以及危险货物中，具有燃烧、爆炸危险性的物质可以分为 9 类：①可燃性气体和蒸气；②易燃和可燃液体；③可燃固体；④可燃粉尘；⑤自燃性物质；⑥忌水性物质（遇水燃烧物质）；⑦氧化剂；⑧爆炸品；⑨混合危险性物质。

本章对以上 9 类物质分别加以阐述。

表 6-1　危险货物包装标志

标志号	标志名称	标志图形	对应的危险货物类项号
标志 1	爆炸品	符号:黑色 底色:橙红色	1.1 1.2 1.3
标志 2	爆炸品	符号:黑色 底色:橙红色	1.4
标志 3	爆炸品	符号:黑色 底色:橙红色	1.5
标志 4	易燃气体	符号:黑色或白色 底色:正红色	2.1
标志 5	不燃气体	符号:黑色或白色 底色:绿色	2.2
标志 6	有毒气体	符号:黑色 底色:白色	2.3
标志 7	易燃液体	符号:黑色或白色 底色:正红色	3

续表

标志号	标志名称	标 志 图 形		对应的危险货物类项号
标志 8	易燃固体	易燃固体 4	符号:黑色 底色:白色红条	4.1
标志 9	自燃物品	自燃物品 4	符号:黑色 底色:上白下红	4.2
标志 10	遇湿易燃物品	遇湿易燃物品 4	符号:黑色或白色 底色:蓝色	4.3
标志 11	氧化剂	氧化剂 5.1	符号:黑色 底色:柠檬黄色	5.1
标志 12	有机过氧化物	有机过氧化物 5.2	符号:黑色 底色:柠檬黄色	5.2
标志 13	剧毒品	剧毒品 6	符号:黑色 底色:白色	6.1
标志 14	有毒品	有毒品 6	符号:黑色 底色:白色	6.1
标志 15	有害品 (远离食品)	有毒品 远离食品 6	符号:黑色 底色:白色	6.1
标志 16	感染性物品	感染性物品 6	符号:黑色 底色:白色	6.2
标志 17	一级 放射性物品	一级放射性物品 7	符号:黑色 底色:上黄下白 附一条红竖条	7

续表

标志号	标志名称	标志图形		对应的危险货物类项号
标志 18	二级放射性物品	二级放射性物品 II 7	符号:黑色 底色:上黄下白 附二条红竖条	7
标志 19	三级放射性物品	三级放射性物品 III 7	符号:黑色 底色:上黄下白 附三条红竖条	7
标志 20	腐蚀品	腐蚀品 8	符号:上黑下白 底色:上白黑下	8
标志 21	杂类	杂类 9	符号:黑色 底色:白色	9

注：表中对应的危险货物类项号及各标志角号是按 GB 6944 的规定编写的。

6.2 可燃性气体和蒸气

6.2.1 可燃性气体和蒸气概述

可燃性气体和蒸气：凡是在常温常压下以气态存在，遇到点火源作用能发生燃烧爆炸的气态物质称为可燃性气体和蒸气。可燃性气体和蒸气泄漏后，与空气混合可以形成爆炸性混合系，这种爆炸性混合系在点燃能的作用下就会发生爆炸。可燃性气体的主要危险性是易燃易爆性，所有处于燃烧浓度范围之内的可燃气体，遇火源都可能发生着火或爆炸。

常见的可燃性气体和蒸气有：

① 可燃气体　如氢气、煤气、四个碳以下的有机气体（如甲烷、乙烯、丙烷、丁二烯等）；

② 可燃液化气　如液化石油气、液氨、液化丙烷等；

③ 可燃液体的蒸气　如甲醇、乙醇、乙醚、苯、汽油等的蒸气；

④ 分解爆炸性气体　如乙炔、乙烯、环氧乙烷、丙二烯、联氨、乙烯基乙炔等。

一些可燃气体在空气中的最小点火能如表 6-2 所示。

表 6-2　一些可燃性气体在空气中的最小点火能　　　　　mJ

可燃性气体	最小点火能	可燃气体	最小点火能
甲烷	0.28	丙炔	0.152
乙烷	0.25	1,3-丁二烯	0.013
丙烷	0.26	丙烯	0.28
戊烷	0.51	环氧丙烷	0.19
乙炔	0.019	环丙烷	0.17
乙烯基乙炔	0.082	氢	0.019
乙烯	0.096	硫化氢	0.068
正丁烷	0.25	环氧乙烷	0.087
异戊烷	0.70	氨	1000(不着火)

6.2.2 典型可燃性气体

（1）氢气

危险货物编号：21001（压缩的氢气）；21002（液化的氢气），第 2.1 类易燃气体。

氢气的分子式 H_2，相对分子质量（以下简称分子量）2.0159，相对密度❶ 0.07（-252℃），临界温度-239.9℃，临界压力 1.32MPa。

氢是宇宙中最丰富的元素。氢气可通过电解法、烃裂解法、烃蒸气转换法、炼厂气提取法制得。氢气是一种无色无臭气体，不溶于水，不溶于乙醇、乙醚。高温下变得高度活泼，能与许多金属和非金属直接化合。氢气能够燃烧，是一种非常易燃的气体，爆炸极限 4%～75%。遇氟气、氯气能够发生猛烈的燃烧。氢在钢制设备中被吸附会引起"氢脆"，导致工艺设备的损坏；液氢可使低碳钢以及大多数铁合金变脆。

灭火剂：雾状水、泡沫、二氧化碳、干粉。

（2）乙炔

危险货物编号：21024，第 2.1 类易燃气体。

乙炔的别名为电石气，分子式 $HC\equiv CH$，分子量 26.04，相对密度 0.907，熔点-81.8℃（-84.0℃升华），闪点-17.78℃（闭杯），自燃点 305℃，爆炸极限 2.1%～80%，气化热 828.986kJ/kg，燃烧热值 1300.420kJ/mol（25℃），最小引燃能量 0.019mJ，临界温度 35.5℃，临界压力 6249.726kPa。

乙炔以甲烷为原料，用部分氧化法生产，或以电石水解生产。是有机合成的重要原料之一，亦是合成橡胶、合成纤维和塑料的单体，也用于氧炔焊割等。乙炔是无色无臭气体，含有硫化物、磷化物时有不愉快的蒜样气味。极易燃烧爆炸。微溶于水及乙醇，溶于丙酮、氯仿和苯。遇高热、明火有燃烧爆炸危险。与铜、汞和银能形成爆炸性的混合物。遇氟和氯发生爆炸反应。

灭火剂：干粉、雾状水、二氧化碳等。

（3）一甲胺（无水）

危险货物编号：21043，第 2.1 类易燃气体。

一甲胺的别名叫氨基甲烷、甲胺，分子式 CH_3NH_2，分子量 31.06，相对密度 0.662（20℃），熔点-93.5℃，沸点-6.79℃，分解温度 250℃，闪点 0℃（闭杯），爆炸极限 4.95%～20.75%，燃烧热 1059.6kJ/mol，蒸气压 202.65kPa，临界温度 156.9℃，临界压力 4073.265kPa。

一甲胺由氨与甲醇在高温高压和催化剂作用下制得。用于橡胶硫化促进剂、染料、医药、杀虫剂、表面活性剂的合成等。是无色气体或液体、有氨的气味，易溶于水，溶于乙醇和乙醚。

一甲胺易燃烧，其蒸气能与空气形成爆炸性混合物。有毒，空气中最大允许质量浓度为 5mg/m³。遇明火、受高热有引起燃烧爆炸的危险，钢瓶和附件损坏会引起爆炸。

灭火剂：雾状水、抗溶性泡沫、干粉、二氧化碳。

（4）乙硼烷

危险货物编号：21049，第 2.1 类易燃气体。

别名二硼烷。分子式 B_2H_6，分子量 27.69，相对密度：0.45（-112℃），熔点-165.5℃，蒸气压 29864.128Pa（-112℃），自燃点 38～52℃，爆炸极限 0.9%～88%，闪点-90℃，分解温度-18℃以上，临界温度 16.7℃，临界压力 4002.338kPa。

乙硼烷由氟化硼与氢化铝锂作用制得，用作火箭和导弹的高能燃料，也用于有机合成。无色气体，有特臭气味。易水解，能溶于二硫化碳。毒性相当于光气。遇火种易燃烧，受热和遇碱均分解产生硼和氢。

---

❶ 本章中相对密度均指以水（4℃）作为参考密度的比值。

灭火剂：二氧化碳，禁止用水和泡沫灭火。

(5) 压缩空气

危险货物编号：22003，第2.2类不燃气体。

压缩空气别名高压空气，平均分子量28，相对密度1，熔点−213℃，沸点−195℃，临界温度−149.7℃，临界压力3769.29kPa，气化潜热205.15kJ/kg。

压缩空气由空气经压缩制得，在部分场合代替氧气使用。由于压缩空气具有很强的氧化性，所以当与可燃气体、油脂接触有引起燃烧、爆炸的危险。

(6) 一氧化二氮

危险货物编号：压缩的22017，液化的22018，第2.2类不燃气体。

一氧化二氮别名氧化亚氮、笑气，分子式N_2O，分子量44.02，相对密度1.226（−89℃液体），熔点−90.8℃，沸点−88.49℃，蒸气压101.325kPa（−88.5℃）、2026.5kPa（−18℃）、6079.50kPa（27℃），临界温度36.5℃，临界压力7872.95kPa。

一氧化二氮由在200℃的条件下加热干燥硝酸铵或无水硝酸钠和无水硫酸钠的混合物而制得。常温下为无色气体，有甜味，能溶于水、乙醇、乙醚及浓硫酸，是一种氧化剂。在室温时稳定，在300℃以上分解。吸入能使人狂笑。与可燃气体、油脂接触有引起燃烧爆炸的危险。在工业上用作医药麻醉剂、防腐剂，以及用于气密性检查。

(7) 二氟二氯甲烷

危险货物编号：22045，第2.2类不燃气体。

二氟二氯甲烷别名氟里昂−12、F12，分子式CCl_2F_2，分子量120.92，相对密度1.456（−30℃），熔点−158℃，沸点−29℃，蒸气压101.325kPa（−29.8℃）、506.625kPa（16.1℃）、1013.25kPa（42.4℃）、2026.5kPa（74℃），临界温度111.5℃，临界压力4.01MPa。

二氟二氯甲烷由四氯化碳与氟化氢在五氯化锑催化剂存在下反应制得。用作致冷剂，能得到−60℃的低温。也用作灭火剂、杀虫剂和烟雾剂。也是氟树脂的原料。广泛用于香料、医药、涂装等工业。为无色无刺激味气体，无毒不燃。遇热不易分解，化学性质稳定，对金属材料无腐蚀性。在室温下与强酸、强碱、润滑油无作用。溶于醇、醚，几乎不溶于水。危险性主要是受热后瓶内压力增大时，有爆裂的可能。

(8) 氟

危险货物编号：23001，第2.3类有毒气体。

氟气分子式F_2，分子量37.98，相对密度1.14（−200℃），熔点−218℃，沸点−187℃，蒸气压101.325kPa（−187℃），临界温度−129℃，临界压力5572.88kPa。

氟气从含氟矿石中制得，用作火箭燃料中的氧化剂，以及用于氟化合物、含氟塑料、氟橡胶等的制造。淡黄色气体或液体，有刺激性气味。氟是最活泼的非金属元素，能和水反应生成臭氧和氟化氢；在黑暗中能与氢直接化合，并能直接与多数非金属元素和金属元素化合。腐蚀性强，剧毒。人接触氟47mg/m³，5～30min无损害；当达到78mg/m³时，使人不能忍受。

氟气能与多数还原性物质发生强烈反应，常常引起燃烧。与水反应发热，产生有毒及腐蚀性的烟雾。

氟气本身不燃，当其他物质着火威胁氟气瓶安全时，最好移至库房外的安全处；当气瓶有可能受到火焰威胁时，应向钢瓶浇水冷却。灭火人员应戴防毒面具等防护用品。

(9) 液氯

危险货物编号：23002，第2.3类有毒气体。

液氯学名氯、氯气，分子式Cl_2，分子量70.906，相对密度1.4686（0℃），熔点−103℃，沸点−34.6℃。

液氯是黄绿色有毒液化气体，有强烈刺激性臭味，毒性猛烈，具有腐蚀性和极强的氧化性。在日光或灯光下与其他易燃气体混合时，即发生燃烧和爆炸。金属钾（钠）在氯气中能燃烧，氯气与氢气混合后在阳光下即可发生猛烈爆炸；松节油在氯气中能自燃；氯与氮化合时，则形成易爆炸的氯化氮。空气中的含量达到0.1%时吸入人体即能严重中毒。

液氯充装系数为1.25kg/L，严禁超装。钢瓶漆草绿色，以白颜色标明"氯"字样。钢瓶外应有明显的"有毒压缩气体"标志。

用于漂白，制造氯化合物、盐酸、聚氯乙烯等。

液氯本身不燃，当其他物质着火威胁气瓶安全时，最好移至库房外的安全处；当气瓶有可能受到火焰威胁时，应向钢瓶浇水冷却，发现漏气可用石灰水吸收或置于水中。灭火救援人员应戴防毒面具。

（10）三氟化氮

危险货物编号：23016，第2.3类有毒气体。

三氟化氮别名氟化氮，分子式 NF_3，分子量71.01，相对密度1.89（$-129℃$，液体），熔点$-208.5℃$，沸点$-129℃$。

三氟化氮由电解 NH_4HF_2 熔体而制得。用作高能燃料的氧化剂，以及用于化学合成。无色、带霉味的气体，不溶于水，具有强氧化性、腐蚀性和毒性。由于其具有强氧化性，所以可与还原剂发生强烈反应，与氢气及油脂能够强烈反应而发生燃烧。在分解时可放出有毒的氯化物气体。

6.2.3 可燃性气体分类

① 按爆炸极限分类　可分为两级。

一级可燃气体：爆炸下限≤10%，绝大多数可燃气体属此类；

二级可燃气体：爆炸下限>10%，如氨、一氧化碳、二氯甲烷等。

② 按最大试验安全间隙或最小点燃电流比分分为三级，见表6-3。

表6-3 最大试验安全间隙（MESG）或最小点燃电流比（MIC）分级

级别	最大试验安全间隙 MESG/mm	最小点燃电流比 MICR
ⅡA	≥0.9	>0.8
ⅡB	0.5<MESG<0.9	0.45≤MICR≤0.8
ⅡC	≤0.5	<0.45

注：1. 分级的级别应符合现行国家标准《爆炸性环境用防爆电气设备通用要求》；
2. 最小点燃电流比为各种易燃物质按照它们最小点燃电流值与实验室的甲烷的最小电流值之比。

③ 按点燃温度分类　可分为6组。

点燃温度是根据电器仪表装置的最高表面温度进行划分的。IEC对各种爆炸性混合物，按其点燃温度分成6个组别（见表6-4）。

表6-4 爆炸性混合物点燃温度分组

温度组别	点燃温度/℃	设备允许的最高表面温度/℃	代表性可燃性气体
T1	450<t	450	苯、甲烷、氢气
T2	300<t≤450	300	乙炔、乙醇
T3	200<t≤300	200	
T4	135<t≤200	135	乙醚
T5	100<t≤135	100	二硫化碳
T6	85<t≤100	85	

6.3 易燃和可燃液体

6.3.1 易燃和可燃液体分类

（1）按照国家标准 GB 6944—2005《危险货物分类和品名编号》分类

将可燃液体分为三类：

① 低闪点液体　闪点<-18℃，如乙醚（闪点-45℃）、乙醛（闪点-38℃）等；

② 中闪点液体　-18℃≤闪点<23℃，如苯（闪点-11℃）、乙醇（闪点12℃）等；

③ 高闪点液体　23℃≤闪点<61℃。如丁醇（闪点35℃）、氯苯（闪点28℃）等。

本书中闪点均指闭杯试验闪点。

（2）根据国家标准 GB 50016—2006《建筑设计防火规范》分类

将可燃液体的火灾危险性分为三类（包括生产性物质和贮存物质）：

① 甲类　闪点<28℃；

② 乙类　28℃≤闪点<60℃；

③ 丙类　闪点≥60℃。

（3）按化学组成分类

① 烃类　包括链烃和环烃，碳数约5~10个。如辛烷、壬烷等。

② 芳香烃　苯及其衍生物，如乙苯、丙苯等。

③ 卤代烃　烃类及芳香烃类分子中氢原子被卤素原子置换的产物。如1,2-二氯乙烷、氯苯等。

④ 烃的含氧化合物　可分为醛类（如戊醛、己醛等）；醇类（如甲醇、乙醇等）；酚类（如苯酚等）；酮类（如丙酮、丁酮等）；醚类（如乙醚、乙丙醚等）；酯类（如乙酸乙酯、乙酸丁酯）。

⑤ 腈类　如丙烯腈。

⑥ 胺类　此类物品分子中含有胺基，如苯胺等。

⑦ 烃的含硫化合物　如二硫化碳等。

⑧ 杂环化学物　如杂茂、杂苯等。

⑨ 肼类与某些重氮类　肼。

⑩ 有机硅类　主要是低级有机硅化合物，硅烷等。

⑪ 含易燃液体的制品　如油漆、黏接剂等。

6.3.2 易燃和可燃液体燃烧、爆炸危险性判据

（1）闪点

闪点是判断液体危险性的主要依据，闪点越低，物质的燃爆危险性越大。

（2）爆炸极限

爆炸极限分为爆炸浓度极限和爆炸温度极限。

爆炸浓度极限是指可燃气体和液体在蒸发与空气的混合物，必须在一定的浓度范围内，遇到火源才能发生爆炸。在这个浓度范围，最大的数据叫上限，最小的数据叫下限，大于上限或小于下限不会发生爆炸。

因为液体的蒸汽浓度是在一定的温度下形成的，所以在液体的温度和它的蒸气浓度之间存在着互相对应的关系。爆炸温度极限和浓度极限相对应，也有上限和下限。爆炸温度下限，即液体蒸发出等于爆炸下限的蒸气浓度时的温度；爆炸温度上限，即液体蒸发出等于爆炸上限的蒸气浓度时的温度。显然，燃烧液体也有一个与爆炸浓度极限相对应的爆炸温度范围。

例如，酒精的爆炸温度下限是 12℃，上限是 42℃，12～42℃就是酒精的爆炸温度范围。在这个温度范围内，酒精蒸气与空气的混合物随时都有燃烧爆炸的危险。所以，在室温下使用，储存酒精必须采取必要的安全措施。

（3）其他理化特性

① 沸点　可燃性液体的沸点越低，其闪点也越低，燃爆危险性越大。

② 密度　可燃液体的密度越小，其蒸发速度越快，闪点也越低，燃爆危险性越大。可燃液体的蒸气密度一般都比空气大，不易扩散，容易发生燃烧爆炸。

③ 分子量　有机同系物中，一般是分子量越小的物质燃烧危险性越大。

④ 分子结构　脂肪族碳氢化合物中，若分子中含碳原子数相等，则含不饱和键越多的化合物燃烧危险性越大。含氧化合物中，同碳数的醚类烃火灾危险性最大，醛、酮、酯类次之，酸类的火灾危险性最小。芳香族碳氢化合物中，以卤素原子、羟基、胺基等集团取代苯环上的氢原子而生成的衍生物，燃爆危险性一般较小，取代的氢原子越多，危险性越小。含硝基的化合物易燃爆，硝基越多，危险性越大。重质油料的自燃点低，而轻质油料自燃点较高，前者比后者自燃的可能性要高。大部分可燃液体，如汽油、煤油、苯、醚、酯等是高电阻率的电解质，能摩擦产生静电放电。醇、醛和羧酸电阻率低，其静电燃爆危险性小。不饱和羧酸在室温下易被空气中的氯所氯化，放热，具有自燃性。其不饱和程度越大，自燃性越强，贮存时的火灾危险性越大。

6.3.3　典型易燃液体

（1）环己烷

危险货物编号：31004，第 3.1 类低闪点易燃液体。

环己烷别名六氢化苯，分子式 C_6H_{12}，分子量 84.16，相对密度 0.779（20℃/4℃），熔点 6.5℃，沸点 81℃，闪点 18℃。

环己烷为无色液体，有刺激性气味，易燃、易挥发，有麻醉作用。不溶于水，溶于乙醇、乙醚、苯、丙酮等多数有机溶剂。蒸气与空气形成爆炸性混合物，爆炸极限 1.2%～8.4%，与氧化剂接触容易引起燃烧。

环己烷主要用作一般溶剂、色谱分析标准物质及用于有机合成。

灭火剂：泡沫、二氧化碳、干粉、砂土。用水灭火无效。

（2）苯

危险货物编号：32050，第 3.2 类中闪点易燃液体。

苯，分子式 C_6H_6，分子量 78.11，相对密度 0.879（20℃/4℃），熔点 5.5℃，沸点 80.1℃。

苯为无色透明易挥发的液体，极易燃烧，闪点-11℃，属于中闪点易燃液体。燃烧时产生光亮而带烟的火焰。易挥发，有芳香气味。苯蒸气与空气混合能形成爆炸性混合物，爆炸极限为 1.4%～8.0%。有麻醉性及毒性，不溶于水，溶于乙醇、乙醚等许多有机溶剂。中毒质量分数为 25×10^{-6}。长期吸入会引起苯中毒。

用作溶剂及合成苯的衍生物、香料、染料、塑料、医药、炸药、橡胶等。

灭火剂：泡沫、干粉、二氧化碳、砂土。用水灭火无效。

（3）乙醇

危险货物编号：32061，第 3.2 类中闪点易燃液体。

乙醇，分子式 CH_3CH_2OH，分子量 46.07，相对密度 0.7893（20℃/4℃），熔点-114.1℃，沸点 78.4℃，闪点 12℃，燃烧热 1365.5kJ/mol。

无色透明液体，有酒的醇香气味，也有刺激性的辛辣味。溶于苯、甲苯。与水、甲醇、乙醚、醋酸、氯仿任意比例混溶。能溶解许多有机化合物和若干无机化合物。与铬酸、次氯酸钙、过氧化氢、硝酸、硝酸铂、过氮酸盐及氧化剂反应剧烈，有发生爆炸的危险。易挥发，极易燃烧，火焰淡蓝色。蒸气与空气能形成爆炸混合物，爆炸极限（体积分数）4.3%～19.0%。具有吸湿性，与水形成共沸混合物。微毒，有麻醉性，饮入乙醇中毒剂量 75～80g。致死剂量为 250～500g。空气中最高容许质量浓度 1880mg/m³。

灭火剂：抗溶性泡沫、干粉、二氧化碳、砂土。

（4）丙酮

危险货物编号：31025，第 3.1 类低闪点易燃液体。

丙酮别名阿四通、醋酮、木酮、二甲酮，分子式 CH_3COCH_3，分子量 58.08，相对密度 0.79（20℃/4℃），沸点 56.5℃，熔点 −94.6℃。

丙酮为无色透明液体，易挥发，具有芳香气味，化学性质比较活泼；易燃，闪点 −20～18℃，属于低闪点液体，蒸气与空气形成爆炸性混合物，爆炸极限为 2.55%～12.8%；具有毒性和麻醉性，易使人头痛、昏迷，但较甲醇、乙醚的毒性为低；与水混溶，可混溶于乙醇、乙醚、氯仿、油类、烃类等多数有机溶剂，能溶解油、脂肪、树脂和橡胶。

丙酮是基本的有机原料和低沸点溶剂。

灭火剂：泡沫、二氧化碳、干粉等。

（5）乙醚

危险货物编号：31026，第 3.1 类低闪点易燃液体。

乙醚别名二乙醚、醚、乙氧基乙烷，分子式 $C_2H_5OC_2H_5$，分子量 74.12，相对密度 0.7135（20℃/4℃），沸点 34℃，凝固点 −116℃。

工业乙醚是用乙醇与硫酸加热到 130～140℃而制得，为无色透明液体，有特殊刺激性气味，带甜味。挥发性极大，极易燃烧。暴露于光线下能促进其氧化；与过氯酸或氯作用发生爆炸；闪点 −40℃，属于低闪点易燃液体；爆炸极限（体积分数）为 1.7%～48%，有芳香气味，且具麻醉性，其蒸气能使人失去知觉，甚至死亡。微溶于水，能溶于乙醇、苯、氯仿等多数有机溶剂中；能溶解蜡、油脂、溴、碘、硫、磷等。

本品在有机合成中主要用作溶剂，医药上用作麻醉剂和化学试剂。

灭火剂：抗溶性泡沫、二氧化碳、干粉、砂土。用水灭火无效。

（6）乙酸戊酯

危险货物编号：33596，第 3.3 类高闪点易燃液体。

乙酸戊酯别名香蕉油，分子式 $CH_3COO(CH_2)_4CH_3$，分子量 130.18，相对密度 0.876（15℃/4℃），熔点 −78.5℃，沸点 142℃。

乙酸戊酯为无色液体，带有香蕉或梨的气味。工业上所用的乙酸戊酯大多为混合的乙酸戊酯，其中乙酸异戊酯的含量比较大。微溶于水，可混溶于醇、醚等多数有机溶剂。乙酸戊酯易燃，闪点 23～61℃，蒸气与空气混合能形成爆炸性混合物，爆炸极限 1.1%～7.5%，遇点火源、氧化剂有火灾危险，属于高闪点易燃液体。

乙酸戊酯用作溶剂、稀释剂，制造香精、化妆品、人造革、胶卷、火药等。

灭火剂：泡沫、干粉、二氧化碳、砂土。

（7）二硫化碳

危险货物编号：31050，第 3.1 类低闪点易燃液体。

二硫化碳分子式 CS_2，分子量 76.24，相对密度 1.261（22℃/20℃），熔点 −108.6℃，沸点 46.3℃，闪点 −30℃。

二硫化碳是无色或淡黄色透明液体，有刺激性气味，易挥发。工业上二硫化碳常用硫蒸气通过灼热（约800℃）的木炭层而制得。纯品有芳香味，工业品含有杂质，一般呈黄色或淡黄色，有臭气。多吸能引起头昏、呼吸困难。不溶于水，溶于乙醇、乙醚等多数有机溶剂。二硫化碳对光非常敏感，曝光后颜色发淡黄，臭味增加。与空气混合形成极易燃烧或爆炸的混合物，爆炸极限为1%～60%，危险性很大，燃烧后生成有刺激性和有毒的气体 SO_2。

二硫化碳常用于制造用于制造人造丝、杀虫剂、促进剂M、促进剂D，也用作溶剂。

灭火剂：雾状水、泡沫、干粉、二氧化碳、砂土。

（8）2-甲基呋喃

危险货物编号：31041，第3.1类低闪点易燃液体。

2-甲基呋喃分子式 $C_4H_3OCH_3$，分子量82.55，相对密度0.914（20℃/4℃），沸点63.7℃。

本品为无色或黄色透明液体，见光或露置于空气中易变黄，有乙醚香味，不溶于水，易挥发。易燃，闪点−30℃，属于低闪点易燃液体。卷入火中能放出有毒气体，误食或吸入蒸气有害，可导致血压下降，对皮肤、眼睛和角膜有刺激性。

本品用于制造药物，如维生素 B_1 和磷酸氯喹的中间体。

灭火剂：雾状水、泡沫、干粉、二氧化碳、砂土。不宜用水。

（9）二氯苯

危险货物编号：32055，第3.2类中闪点易燃液体。

二氯苯分子式 $C_6H_4Cl_2$，分子量114.09，相对密度1.17006（对位，20℃）、1.158（邻位，20℃）、1.163（间位，20℃），熔点−13.7℃（对位）、−34℃（邻位）、−59℃（间位），沸点88.82℃（对位）、91～92℃（邻位）、82～83℃（间位）。

本品有芳香刺激性气味，有毒，不溶于水，溶于乙醇等。遇明火燃烧，闪点2℃。

灭火剂：泡沫、干粉、二氧化碳、砂土。

（10）硫代乙酸

危险货物编号：32113，第3.2类中闪点易燃液体。

硫代乙酸别名硫代醋酸，分子式 CH_3COSH，分子量76.11，相对密度1.074（10℃/4℃），熔点−17℃，沸点93℃。

本品为无色液体，有刺激性气味，并有腐蚀性；能溶于水、乙醇、乙醚；不稳定，能分解为乙酸和有毒的硫化氢气体；易燃，闪点<1℃，属于中闪点易燃液体。主要用作化学试剂、催泪剂。

灭火剂：雾状水、泡沫、二氧化碳、砂土。

（11）吡啶

危险货物编号：32104，第3.2类中闪点易燃液体。

吡啶别名纯吡啶、氮（杂）苯，分子式 $N(CH_4)_4CH$，分子量79.10，相对密度0.978，熔点−42℃，沸点115.56℃。

本品为无色或微黄色液体，有恶臭，能使人恶心；能溶于水、乙醇、乙醚、苯、石油醚和动植物油，是多种有机化合物的优良溶剂；易燃，闪点17℃，系中闪点易燃液体，蒸气易与空气形成爆炸性混合物，爆炸极限1.8%～12.4%。

本品用于制造维生素、磺胺类药、杀虫剂及塑料等。

灭火剂：雾状水、泡沫、干粉、二氧化碳、砂土。禁止使用酸碱灭火剂。

（12）松节油

危险货物编号：33638，第3.3类高闪点易燃液体。

松节油是无色至深棕色液体，相对密度 0.854～0.868（25℃），沸点 154～170℃，具有松香气味；由烃的混合物组成，含有大量的蒎烯（大约 64％α-蒎烯和 33％β-蒎烯）。不溶于水，能溶于乙醇、乙醚、氯仿等有机溶剂；易燃，闪点 35℃，为高闪点易燃液体；自燃点 253℃，遇氧化剂时可发生着火或爆炸，爆炸下限 0.8％，遇硫酸能发热。

松节油通常作为一种优良的溶剂使用。用作油漆溶剂，合成樟脑、胶黏剂、塑料增塑剂等，也用于制药、制革工业。

采用泡沫、二氧化碳、干粉、砂土灭火。用水灭火无效，但可用水保持火场中容器冷却。

(13) 无水肼

危险货物编号：33631，第 3.3 类高闪点易燃液体。

无水肼别名无水联胺（含肼＞64％），分子式比 H_2NNH_2，分子量 32.05，相对密度 1.032，沸点 119.4℃，熔点 1.4℃。

本品为无色透明发烟液体，主要用于农业化学品和药物的制造，以及用作聚合催化剂、抗氧剂、火箭燃烧剂等。有氨的气味。能与水和乙醇混溶，不溶于氯仿和乙醚；性质不稳定，是性质活泼的强还原剂；易挥发，受高热、接触明火或与氧化性物质作用易燃烧，且可能发生爆炸；闪点 52℃，自燃点 270℃，爆炸极限 4.7％～100％；燃烧时发出高热，燃烧热值 622.158kJ/mol，受热产生有毒的氮化合物气体；具有腐蚀性，剧毒，吸入蒸气、误食或皮肤接触会引起中毒，能够严重的灼伤皮肤，且易经皮肤吸收。

灭火剂：水、抗溶性泡沫、二氧化碳、干粉、砂土。遇大火，消防人员须在有防护掩蔽处操作。

6.4 可燃固体

6.4.1 可燃固体燃爆危险性

可燃固体指遇明火、受热、撞击、摩擦或与氧化剂接触能着火的固体物质。

可燃固体品种繁多，数量巨大。如：木材、煤、沥青、石蜡等燃料；纸、布、丝等纤维制品；硫磺、橡胶、塑料、树脂等很多化工制品；各种农副产品等。

可燃固体的燃烧危险性主要取决于它们本身的结构和组成。

① 燃点　衡量可燃固体燃烧危险性的主要指标之一。

② 自燃点　自燃点一般较气体、液体物质低。

③ 熔点　熔点低易熔融、蒸发气化，较易着火，燃烧危险性较大。

④ 热分解性质　越易热分解，热分解温度越低，燃爆危险性就越大。

⑤ 比表面积　比表面积大，与空气中氧气接触面积越大，易氧化燃烧。

6.4.2 可燃固体分类

(1) 一级易燃固体

一级易燃固体的燃点或自燃点低，易燃烧或爆炸，燃烧速度快，并释放有毒或剧毒气体。

按化学组成可分为以下几类。

ⅰ. 红磷及含磷化合物，大多有毒。如，红磷、三硫化四磷、五硫化二磷等。

ⅱ. 某些硝基化合物。这些物质因含有硝基或亚硝基，很不稳定，燃烧过程常引发爆炸。如，二硝基甲苯、二硝基苯等。

ⅲ. 其他。这些物质除易燃外，大都有毒或腐蚀性。如闪光粉、氨基化钠等。

(2) 二级易燃固体

二级易燃固体的可燃性比一级易燃固体差些，燃烧速度较慢，燃烧产物的毒性也较小。按化学组成可分为以下几类。

某些硝基化合物，如二硝基丙烷、硝基芳烃等。

易燃金属粉，如镁粉、铝粉等。

碱金属氨基化合物，如氨基化锂、氨基化钙等。

萘及其衍生物，如萘、甲基萘等。

其他如硫磺、生松香、聚甲醛等。

6.4.3 典型易燃固体

（1）红磷

危险货物编号：41001，第4.1类易燃固体。

红磷别名磷，分子式 P_4，分子量 123.89，相对密度 2.20（20℃），熔点 570℃（4356.975kPa）。

红磷以黄磷为原料，隔绝空气加热转化制得，紫红色无定形粉末，无臭，具有金属光泽，暗处不发光。无毒。加热至一定程度能升华。不溶于水、二硫化碳和有机溶剂，略溶于无水乙醇。性质活泼，极易燃烧，燃点200℃以上，轻微摩擦即能起火；与氧化剂接触立即着火，与氯酸钾（钠）接触能发生爆炸，与溴混合能着火。燃烧时产生有毒的浓厚烟雾 P_2O_5。受热或长期放置潮湿处易发生爆炸。

红磷主要用于制造火柴、农药、五氧化二磷、硫化磷，也供有机合成用。

红磷着火时，小火可用干燥砂土闷熄。大火用水灭火。待火熄灭后，须用湿沙土覆盖，以防复燃。清理时须注意防范，以免灼伤。

（2）三硫化二磷

危险货物编号：41002，第4.1类易燃固体。

三硫化二磷别名五硫化磷，分子式 P_4S_6，分子量 316.4，熔点 290℃，沸点 490℃。

三硫化二磷为黄色或淡黄色结晶或粉末，无臭，无味，遇潮气分解。溶于水，溶于醇、醚、二硫化碳。

用作化学试剂。

灭火剂：干粉、二氧化碳、砂土。禁止用水和泡沫灭火。

（3）硝化棉

危险货物编号：41031，第4.1类易燃固体。

硝化棉别名棉花火药，学名硝酸纤维素、纤维素硝酸酯，分子式有 $C_{12}H_{17}(ONO_2)_3O_7$、$C_{12}H_{16}(ONO_2)_4O_6$、$C_{12}H_{15}(ONO_2)_5$、$C_{12}H_{14}(ONO_2)_6O_4$ 几种，分子量 459.28～594.28。

硝化棉是无臭无味的白色或微黄色纤维状固体物质，相对密度随含氮量的增加而增加，一般取1.66。含氮量超过12.5%者为爆炸品，危险性很大。含氮量12.5%以下者虽然比较稳定，但遇火星、高温、氧化剂和大多数有机胺（如间苯二甲胺等）都会着火或爆炸。储存日久，由于逐渐分解而放出酸（如亚硝酸、硝酸）因而燃点降低。在温度超过40℃时，还能加速分解而自燃，自燃点170℃，闪点12.78℃，火焰橙黄色，几乎全部变成气体。硝化棉溶于丙酮、丁酮和乙酸酯类等溶剂，通常加乙醇、丙醇或水作湿润剂。湿润剂干燥后也容易着火，在紫外线中易变化分解。

本品用于生产赛璐珞、影片、漆片、炸药等。

硝化棉着火可用水、泡沫灭火剂扑救，严禁用砂土等物压盖，以防发生爆炸。

（4）发孔剂H

危险货物编号：41021，第4.1类易燃固体。

发孔剂H学名N,N-二亚硝基五亚甲基四胺，分子式 $(CH_2)_5(NO)_2N_4$，分子量 186.18，相对密度 1.4～1.45，熔点 200℃（分解）。

发孔剂 H 以 H 促进剂经亚硝化反应而得，为淡黄色粉末或砂粒状固体。易燃烧，有毒性。遇高热即分解爆炸，与酸作用能引起燃烧。易溶于丙酮，略溶于醇，微溶于氯仿，几乎不溶于乙醚，不溶于水。用于橡胶、聚氯乙烯等塑料发生微孔，制造微孔塑料。

本品着火可用水、干粉等灭火剂及砂土扑救，禁用具有酸碱性的灭火剂。

（5）二硝基萘

危险货物编号：41016。

二硝基萘别名硝化樟脑，分子式 $C_{10}H_6(NO_2)_2$，分子量 218.16，熔点 217.5℃（1,5 位）、173～175℃（1,8 位）。

二硝基萘由萘与硝酸经两步硝化而得，为黄色结晶，不溶于水，溶于丙酮。1,5-二硝基萘为黄白色针状结晶，微溶于吡啶，至沸点时升华；1,8-二硝基萘为淡黄色片状结晶，能溶于吡啶。

二硝基萘具有毒性、爆炸性和可燃性。毒性较硝基苯和硝基甲苯低。遇高热明火有引起燃烧爆炸的危险。爆燃点 318℃；爆轰气体体积 488L/kg。爆热 4226.993kJ/kg（1，8 位）；4203.547kJ/kg（1，5 位）；与氧化剂混合能成为有爆炸性的混合物。与硫酸、硝酸等具有氧化性的腐蚀品共储有着火的危险。

二硝基萘主要用于染料和有机合成中间体；与氯酸盐、过氯酸盐或苦味酸混合，制造炸药等。

二硝基萘着火可用水、泡沫、二氧化碳灭火剂及砂土扑救。

（6）硫磺

危险货物编号：41501，第 4.1 类易燃固体。

硫磺别名硫磺块、硫磺粉，学名硫，分子式 S，分子量 32.06，相对密度 2.07（20℃），熔点 112.8℃，沸点 444.6℃。

硫磺为淡黄色脆性结晶或粉末，有特殊臭味。不溶于水和醇，能溶于二硫化碳、四氯化碳和苯。密度、熔点及其在二硫化碳中的溶解度均因晶形不同而异。硫磺块有斜方晶形硫、单斜晶硫和非晶硫三种晶形，其中以斜方晶硫最安定，一般商品都是这种晶形。

硫易燃，燃烧时发出蓝色火焰，闪点 207℃，自燃点 232.2℃，爆炸下限 2.38g/m³，熔化潜热 1.256kJ/mol，气化潜热 48.495kJ/mol，最大爆炸压力 0.279MPa，最小点火能量 15mJ，蒸气压 133.322Pa（183.81℃）。粉末与空气或氧化剂混合易爆炸，与木炭、硝酸盐、氯酸盐混合也会发生爆炸。

硫的气体有毒，能刺激肺、眼，导致咳嗽、流泪、呼吸困难。

用于制造染料、农药、火柴、火药、橡胶、人造丝、医药等。

硫磺着火时，遇小火用砂土闷熄；遇大火可用雾状水灭火。切勿将水流直接射至熔融物，以免引起严重的流淌火灾或引起剧烈的沸溅。消防人员须戴好防毒面具，在安全距离以外，在上风向灭火。

（7）精萘（包括粗萘）

危险货物编号：41511，第 4.1 类易燃固体。

精萘别名骈苯、洋樟脑、煤焦油脑，学名萘，分子式 $C_{10}H_8$。分子量 128.16，相对密度 1.145，熔点 80.1℃，沸点 217.9℃，燃烧热 5158.532kJ/mol，蒸气压 133.3222Pa（52.6℃）。

本品从煤焦油及重油中提炼，用升华法制得。用分馏高温煤焦油所得的萘馏分，经洗涤、精馏所得精萘，经分离、压榨后所得的萘叫压榨萘。精萘为白色结晶，粗萘因含不纯物，呈灰棕色，具有特殊的气味。本品不溶于水，能溶于乙醇和乙醚等。

常温下易升化，蒸气吸入人体具有麻醉性，接触皮肤有刺激感。能引起皮肤湿疹。能防蛀。易燃，遇明火、高热、氧化剂（特别是 CrO_3）有导致火灾的危险。闪点 78.89℃，自燃点 526℃，粉尘爆炸极限下限为 $2.58g/m^3$。燃烧时光弱烟多。

用于制造染料中间体、樟脑丸、皮革、木材保护剂等。

着火可用水、泡沫、二氧化碳等灭火剂及砂土扑救。熔融萘温度在 110℃ 以上时，不可用水扑救，以免引起剧烈的喷溅。

（8）樟脑

危险货物编号：41536，第 4.1 类易燃固体。

樟脑学名莰酮-2，分子式 $C_{10}H_{16}CO$，分子量 152.23，相对密度 0.992（25℃），熔点 174～179℃，沸点 204℃（升华），燃烧热值 5908.986kJ/mol。

樟脑由樟树木材蒸馏而得，也有用松节油合成的。纯品是无色或白色晶体，颗粒或碎块。有强烈的樟木气味和清凉的感觉，天然樟脑有旋光性。溶于乙醇、乙醚、丙酮及其他有机溶剂，微溶于水。

化学性质稳定，但易燃，并产生大量黑烟，遇热产生易燃蒸气，与空气形成爆炸性混合物。遇明火、高热或与氧化剂接触有引起燃烧的危险。闪点 65.56℃（闭杯）；自燃点 466.1℃；爆炸极限 0.6%～3.5%。挥发性强，在室温中慢慢升华而消失。蒸气具有麻醉性，空气中最高允许质量浓度为 $2mg/m^3$。

在医药上用作强化剂、清凉剂、防腐剂，农药上用作驱虫剂、杀虫剂，还用作赛璐珞、增塑剂、炸药的安定剂、涂料、香料和电影胶片的原料等。

樟脑通常包装在内衬牛皮纸和防潮纸的胶合板、桶或木箱内。包装外应有明显的"易燃固体"标志。

着火时可用雾状水、泡沫、二氧化碳等灭火剂及砂土扑救。

（9）偶氮二异丁腈

危险货物编号：41040。

偶氮二异丁腈别名起泡剂 N、激发剂、发泡剂 N，分子式 $(CH_3)_2C(CN)N=N(CN)(CH_3)_2$，分子量 164.21。

以氰化钠、硫酸肼、丙酮等为原料而制得。为白色透明结晶，能溶于乙醇、甲苯、苯胺、乙醚、叔戊醇等，不溶于水，性质不稳定，受热至 40℃ 时逐渐分解，至 103～104℃ 时激烈分解，放出氮气及各种有机氰化合物，对人体有害，并散发大量热量，能引起爆炸。与氧化剂混合，经摩擦、撞击有引起着火爆炸的危险。

用作制造泡沫塑料和泡沫橡胶的起泡剂，也用作树脂聚合的引发剂。包装外应有明显的"易燃固体"及"有毒品"副标志。

着火可用雾状水、泡沫、二氧化碳、干粉等相应的灭火剂扑救。

（10）赛璐珞

危险货物编号：41547。

赛璐珞别名硝酸纤维塑料、化学板，分子式 $[C_6H_7O_2(ONO_2)_x(OH)_{3-x}]_n$，$x$（取代度）为 2.0～2.2。密度 1.32～1.35。

用硝化纤维素、无水酒精、丙酮、樟脑、增塑剂、醇溶性颜料等混合制得，为透明、半透明或不透明，具有各种颜色或花纹的片状。性软，富弹性，加热后软化。在热水 70℃ 以上变软收缩。能溶于酒精、丙酮和各种酯类。无毒，不生锈，不腐烂，能抵抗稀酸、弱碱，但不能抵抗强酸、强碱。

极易燃烧，燃点为 168~180℃。燃烧后产生有毒和刺激性的过氧化氮，并能引起剧烈爆炸。危险程度根据薄厚和所含补充原料而定。含补充原料（钛白粉、锌氧粉、染料颜料等）多，则危险性降低。比硝化棉、废影片等略为安全。燃烧有持续性，燃烧后易引起爆炸。有自燃性，自然点 180℃，在热天能因分解引起自燃。加热 100℃时分解。储存过程中易挥发减轻质量，受潮或通水会产生黏稠物质。

用于制造钢笔杆、手风琴配件、玩具、文教用品、乒乓球、眼镜架以及伞柄外壳。

着火可用水、二氧化碳、干粉等灭火剂扑救。

6.5 可燃粉尘

6.5.1 可燃粉尘分类

（1）按行业分类

① 金属粉尘 如镁、钛、铝粉等；

② 煤炭粉尘 如煤尘、活性炭等；

③ 轻纺原料产品粉尘 如棉、麻尘，化学纤维粉尘等；

④ 合成材料粉尘 如塑料、染料粉尘，化学纤维原料粉尘等；

⑤ 炸药粉尘 如膨化硝铵炸药粉尘、TNT 炸药粉尘、RDX（黑索金）炸药粉尘；

⑥ 粮食粉尘 如面粉、淀粉等；

⑦ 农副产品粉尘 如棉花、烟草、糖粉尘等；

⑧ 饲料粉尘 如血粉、鱼粉。

（2）按导电性和燃爆性分类

① 爆炸性粉尘 在空气中氧气很少的环境中也能着火，呈悬浮状态时能产生剧烈的爆炸，如镁、铝、铝青铜等粉尘；

② 可燃性导电粉尘 与空气中的氧起放热反应而燃烧的导电性粉尘，如石墨炭黑、焦炭、煤、铁、锌、钛等粉尘；

③ 可燃性非导电粉尘 与空气中的氧起放热反应而燃烧的非导电性粉尘，如聚乙烯、苯酚树脂、小麦、玉米、砂糖、染料、可可、木质、米糠、硫磺等粉尘；

④ 可燃纤维 与空气中的氧起放热反应而燃烧的纤维，如棉花、麻、丝、毛、木质、人造纤维等。

（3）按点燃温度分类

按点燃温度分类见表 6-5。

表 6-5 点燃温度分类

温度组别	点燃温度 t/℃	温度组别	点燃温度 t/℃
T11	$t>270$	T13	$150<t\leqslant200$
T12	$200<t\leqslant270$		

6.5.2 可燃粉尘燃爆危险性

燃烧爆炸危险判据：

ⅰ. 爆炸极限；

ⅱ. 最小点火能；

ⅲ. 点燃温度。

6.6 自燃性物质

6.6.1 自燃性物质分类

（1）由氧化热引起自燃的物质

① 低自燃点物质　如黄磷，化学性质极其活泼，易被氧化，放热且自燃点很低（<40℃），极易引起自燃。

② 表面积大的物质　如小煤块（煤粉）、纤维等，表面积大，与空气的接触面积大，易吸附空气中的氧气并被氧化放热。

③ 含不饱和键的有机化合物　不饱和键是不稳定的，易被氧化放热，若散热不利，蓄热引起升温，可能产生自燃。

常见的有油脂、油布、油纸、油棉纱等自燃。

④ 油脂自燃　油脂可分为动物油、植物油和矿物油三种。植物油的分子中含有不饱和键，自燃性较强；动物油只有在较高温度呈液态时才可能自燃；矿物油若非废油或无植物油掺入一般不会自燃。

⑤ 金属粉及金属硫化物　如锌粉、铝粉及金属硫化物易被氧化引起自燃。

（2）由分解热引起自燃的物质

硝化纤维、赛璐珞、有机过氧化物及其制品，在某些条件下，易发生分解反应放热，导致温升而引起自燃。

（3）由水解热引起自燃的物质

烷基铝类化合物，如三乙基铝，三异丁基铝等，与空气中的水分能水解生成烷烃及放出大量热，其自燃点又非常低，非常容易自燃，且易引起产物烷烃的燃烧爆炸。

（4）由发酵热引起自燃的物质

植物及农副产品能因发酵而放热，通过热量蓄积造成温升，引起自燃。能自燃的农副产品有：稻草、麦芽、木屑、甘蔗渣、籽棉、玉米芯、树叶等。发酵自燃过程可以分为以下三个阶段。

① 生物阶段　由于水分和微生物的作用，使植物腐败发酵而放热。若散热不力，温度上升到70℃，此时微生物死亡，生物阶段结束。

② 物理阶段　温度达到70℃时，植物内所含的不稳定化合物开始分解成黄色多孔炭，多孔炭吸附蒸气和气体同时放热，使温度上升到100℃，此时又引起另一些化合物分解炭化，使温度继续上升。

③ 化学阶段　当温度达到150～200℃时，植物中的纤维素开始分解，并进入氧化过程，氧化过程放热使温度上升到200～300℃，此时若积热不散就会引起着火。

6.6.2 自燃性物质分级

根据氧化反应速度及自燃危险性大小将自燃物质分为两级。

（1）一级自燃性物质

在空气中能剧烈氧化，反应速度极快，自燃点低，产生自燃且燃烧猛烈，危害性大。如黄磷、赛璐珞、铝及铝铁熔剂等。

（2）二级自燃性物质

在空气中氧化速度虽比较缓慢，但在积热不散的条件下能发生自燃。如含油脂的油布、油纸等物品，作绝缘材料用的蜡布、蜡管，浸油的金属屑等。

6.6.3 典型自燃物品

（1）二乙基锌

危险货物编号：42026，第 4.2 类自燃物品。

二乙基锌分子式 $Zn(C_2H_5)_2$，分子量 123.50，相对密度 1.2065（20℃），熔点 −28℃，沸点 118℃，蒸气压 1999.83Pa。

无色液体，遇水强烈分解，与醇和胺类也能发生化学作用。能溶于多数有机溶剂（饱和烃）。在空气和氮气中可自燃，与潮湿空气、氧化性气体、氧化剂接触能剧烈反应而自行着火。

着火可用干粉灭火剂及干砂扑救，禁止用水、泡沫和卤代烷灭火。

（2）三乙基锑

危险货物编号：42027，第 4.2 类自燃物品。

三乙基锑分子式 $(C_2H_5)_3Sb$，分子量 208.94，相对密度 1.324（16℃），熔点 −29℃ 以下，沸点 159.5℃。

无色液体，有毒性和腐蚀性，不溶于水，能溶于乙醇和乙醚。

极易自燃，遇空气、氧化性气体、水、四氯化碳、卤代烷、三乙基硼、氧化剂和高热，都有引起着火或爆炸的危险。

着火时可用干砂、干粉等相应的灭火剂扑救。

（3）三乙基铝

危险货物编号：42022，第 4.2 类自燃物品。

三乙基铝分子式 $(C_2H_5)_3Al$，分子量 114.17，相对密度 0.837（20℃），熔点 −52.5℃，沸点 194℃，蒸气压 $4 \times 133.322Pa$（83℃），黏度 2.6mPa·s（25℃）。

无色液体，化学性质活泼，与氧反应剧烈，在空气中能自燃，遇水爆炸分解成氢氧化铝和乙烷，与酸、卤素、醇、胺类接触发生剧烈反应，对人体有灼伤作用。热稳定性差，开始分解温度为 120～125℃。

极易自燃，遇空气冒烟而发生自燃，闪点 <−52.5℃，自燃点 <−52.5℃。对潮湿及微量氧反应灵敏，易引起爆炸。

着火可用干粉等相应的灭火剂扑救，禁止用水、泡沫和四氯化碳灭火剂灭火。

（4）三乙基硼

危险货物编号：42029，第 4.2 类自燃物品。

三乙基硼别名乙基硼，分子式 $(C_2H_5)_3B$，分子量 98.01，相对密度 0.6961（23℃），熔点 −93℃，沸点 0℃（1666.525Pa）。

无色易自燃液体，闪点 <−35.56℃，不溶于水，能溶于乙醇和乙醚。在空气中能自燃。遇水及氧化剂反应剧烈。遇空气、氧气、氧化剂、高温或遇水分解（放出有毒易燃气体），均有引起燃烧危险。性质比三丁基硼活泼。

主要用于有机合成，与三乙基铝混合，可用作火箭推进系统双组分点火物。

着火时可用干砂、干粉、二氧化碳等相应的灭火剂扑救，禁止用水及泡沫、卤代烷灭火剂。

（5）三丁基硼

危险货物编号：42030，第 4.2 类自燃物品。

三丁基硼分子式 $(C_4H_9)_3B$，分子量 182.16，相对密度 0.747（25℃），熔点 −34℃，沸点 170℃（29597.484Pa），蒸气压 133.322Pa（20℃），闪点 <−35.5℃。

本品为无色易自燃液体，不溶于水，溶于大多数有机溶剂。在空气中能自燃，遇明火、氧化剂或暴露于空气中有引起燃烧的危险。

主要用于石油化工、有机合成以及催化剂等。

着火可用干砂、干粉、二氧化碳等相应的灭火剂扑救，禁止用水、泡沫、四氯化碳灭火。

(6) 三异丁基铝

危险货物编号：42022，第 4.2 类自燃物品。

三异丁基铝分子式 $[(CH_3)_2CHCH_2]_3Al$，分子量 198.33，相对密度 0.7859 (20℃)，凝固点−5.6℃，沸点 114℃ (3999.66Pa)，蒸气压 133.322Pa (47℃)。

本品在二异丁基铝引发下，采用铝粉、氯气、异丁烯一步直接合成，为无色澄清易自燃液体，化学活性极高。闪点 0℃以下，自燃点 4℃以下。对微量的氧及水分反应极其灵敏，在空气中能强烈发烟或起火燃烧。遇水剧烈反应而爆炸。能与酸类、醇类、胺类、卤素强烈反应。对人体有灼伤作用。开始分解温度约 50℃，低温下分解较慢，遇高温（100℃以上）剧烈分解。主要用作聚合烯烃的催化剂。

着火可用干砂、干粉等相应的灭火剂扑救，禁止用水、泡沫、四氯化碳灭火。

(7) 三甲基铝

危险货物编号：42022，第 4.2 类自燃物品。

三甲基铝别名甲基铝，分子式 $Al(CH_3)_3$，分子量 72.07，相对密度 0.748 (25℃)，熔点 15℃，沸点 130℃。

由碘甲烷和金属铝反应制得，为无色易自燃液体，在空气中能自燃；遇水发生强烈分解反应，生成氢氧化铝和甲烷并引起燃烧；分解时放出有毒气体；与酸类、卤素、醚类、胺类能发生强烈反应。对人体有灼伤作用，能溶于乙醚。

主要用作烯烃聚合中的催化剂、发火燃料以及有机合成。

着火可用干粉、干砂、石粉等相应的灭火剂扑救，不能用水、泡沫和卤代烷灭火剂灭火。

(8) 三甲基硼

危险货物编号：42028，第 4.2 类自燃物品。

三甲基硼别名甲基硼，分子式 $B(CH_3)_3$，分子量 55.99，相对密度 0.625 (−100℃)，熔点−161.5℃，沸点−20℃。

无色气体。在空气中能自燃。与氧化剂反应剧烈，极微溶于水，易溶于乙醇和乙醚。遇高温、火种、空气、氧化性气体、氧化剂均有引起燃烧爆炸的危险。主要用于有机合成。

着火可用干粉、砂土、石棉毯等相应的灭火剂扑救。禁止用水、泡沫及卤化物灭火剂灭火。

(9) 黄磷

危险货物编号：42001，第 4.2 类自燃物品。

别名白磷，分子式 P_4，分子量 124.08，相对密度 1.82 (20℃)，熔点 44.1℃，沸点 280℃。

由磷灰石和二氧化硅及焦炭在电炉中加热，急速冷却磷蒸气得白磷。纯品为无色蜡状固体，受光和空气氧化后表面为淡黄色。在黑暗中可以见到淡绿色磷光。低温时发脆，随温度上升而变柔软。有毒，致死量（口服）1mg/kg，空气中最高允许浓度 0.03mg/m³。不溶于水，稍溶于苯、氯仿，易溶于二硫化碳。在空气中会冒白烟燃烧，自燃点 30℃；受撞击、摩擦或与氧化剂接触，能立即燃烧，甚至爆炸。

用作特种火柴原料，以及用于磷酸、磷酸盐及药等的制造。

着火可用雾状水、砂土等相应的灭火剂扑救，火灾熄灭后应仔细检查现场，将剩下的黄磷移入水中，防止复燃。

6.7 忌水性物质

忌水性物质主要包括碱金属、碱土金属及其硼烷类、石灰氮（氰化钙）、锌粉等金属粉末类，这类物质的火灾危险性甚大，故其火灾危险性全部属于甲类。

6.7.1 忌水性物质分类

① 活泼金属及其合金　如钾、钠、锂、铷、钠汞齐、钾钠合金等；

② 金属氢化物　如氢化钠、氢化钙、氢化铝钠等。遇水放热放氢，引起燃烧爆炸。

③ 金属碳化物　如碳化钙、碳化钾、碳化钠、碳化铝等。它们遇水反应剧烈，放出可燃气体和热量，引起可燃气体自燃或爆炸。

④ 硼氢化合物　如二硼氢、十硼氢、硼氢化钠等。遇水反应剧烈，放出氢气和热量，能发生燃烧和爆炸。

⑤ 金属磷化物　如磷化钙、磷化锌等。遇水生成磷化氢并放热，磷化氢在空气中易自燃。

⑥ 其他　生石灰、苛性钠、发烟硫酸等。遇水反应并大量放热，易引燃周围的易燃物。

6.7.2 忌水性物质分级

忌水性物质按其燃爆危险性（与水反应激烈程度、可燃气体和发出热量多少）分为两级。

（1）一级忌水性物质

遇水后发生的化学反应激烈，产生的可燃气体多，发热量大，容易引起燃烧和爆炸。如活泼的碱金属及其合金、碱金属的氢化物、硼氢化合物、碳化钙、磷化钙等。

（2）二级忌水性物质

遇水发生的化学反应较缓慢，放出的热量较少，产生的可燃气体一般需有火源才引起燃爆。如铅粉、锌粉、保险粉、硼氢化钠、碳化铝、磷化锌及氧化钙等。

6.7.3 典型遇湿易燃物品

（1）十硼氢

危险货物编号：41056，第 4.1 类易燃固体。

十硼氢别名癸硼烷、十硼烷，分子式 $B_{10}H_{14}$，分子量 122.32，相对密度 0.94（251℃/4℃）、0.78（液体，100℃），熔点 99.7℃，沸点 213℃，蒸气压 6.666Pa（25℃）、2533.118Pa（100℃）。

十硼氢为生产二硼氢的副产品，无色结晶，有毒。主要用于有机物合成或作固体燃料、防腐剂、稳定剂、还原剂等。

纯品在室温时稳定，不燃烧；在 300℃时缓慢分解成硼和氢气。微溶于冷水，在热水中分解放出氢气，能溶于苯、甲苯、烃类。遇水、潮湿空气、酸类、氧化剂、高热及明火能引起燃烧。

（2）四氢化锂铝

危险货物编号：43022，第 4.3 类遇湿易燃物品。

四氢化锂铝别名氢化铝锂，分子式 $LiAlH_4$，分子量 37.94，相对密度 0.917，熔点 125℃（分解）。

由氯化铝与氢化锂作用制得。白色疏松的结晶块或粉末。在室温下的干燥空气中稳定，分解放出氢气。受热到 125℃以上不经熔融即分解成铝、氢和氢化锂。能溶于乙醚、四氢呋喃，微溶于丁醚，不溶于烃或二氧六环。通常用作聚合催化剂、还原剂、喷气发动机燃料。

易燃，当研磨、摩擦或有静电火花时能自燃，遇水或潮湿空气、酸类、高热及明火有引起着火的危险，与多数氧化剂混合能形成比较敏感的爆炸性混合物。

（3）电石

危险货物编号：43025，第4.3类遇湿易燃物品。

电石别名二碳化钙，学名碳化钙，分子式CaC_2，分子量64.10，相对密度2.222，熔点约2300℃。

由焦炭、石灰在2000℃电弧炉中烧结而成。黄褐色或黑色硬块，其结晶断面为紫色或灰色。暴露于空气中极易吸潮，失去光泽变为灰色，放出乙炔气而变质失效。电石与水作用产生乙炔气体。电石主要用以产生乙炔气，用于有机合成、氧炔焊接，焊割。

电石中往往含有硫、磷等杂质，与水作用会放出磷化氢和硫化氢气体。当磷化氢含量超过0.08%、硫化氢含量超过0.15%时，容易引起自燃爆炸。由于在桶装时容器潮湿，或雨水渗入桶内，电石会与水作用分解出乙炔气。在运输中受到撞击、震动、摩擦或火星，极易引起爆炸。乙炔与银、铜等金属接触能生成敏感度很高的爆炸性物质乙炔银、乙炔铜；乙炔与氟、氯等气体接触即发生剧烈反应，引起着火或爆炸。

（4）金属钾

危险货物编号：43003，第4.3类遇湿易燃物品。

金属钾学名钾，分子式K，原子量39.10，相对密度0.862（20℃），熔点63.65℃，沸点774℃，硬度0.5（金刚石＝10）。

金属钾由电解熔融的氯化钾制得，为银白色柔软金属，容易被刀切开。溶于液氨、苯胺、汞和钠。主要用于制造氧化钾、合金的热交换，或作试剂等。

金属钾化学性质活泼，在干燥空气中易氧化，遇水、潮湿空气或酸能发生剧烈反应，产生大量的氢气和热量，并使氢自燃。燃烧时发出紫色火焰。与卤素反应猛烈，有燃烧爆炸危险。

（5）金属钠

危险货物编号：43002，第4.3类遇湿易燃物品。

金属钠学名钠，分子式Na，原子量22.98977，相对密度0.9710（20℃），熔点97.81℃，沸点892℃，硬度0.4（金刚石＝10），自燃点＞115℃（在干燥空气中），熔化潜热2.638kJ/mol，气化潜热96.84kJ/mol，燃烧热值9125.48kJ/kg。

由电解熔融的氢氧化钠或氯化钠而得。银白色柔软的轻金属。在低温时性质脆硬，常温时质软如蜡，可用刀割。不溶于煤油。主要用于制造氰化钠、过氧化钠和多种化学药物，或作还原剂。

化学性质极活泼，在空气中易氧化；遇火或暴露在潮湿空气中发热极易引起燃烧；与碘或乙炔作用，能起火爆炸；遇四氯化碳在65℃以上也能发生爆炸。在氧、氮、氟、溴蒸气中会燃烧。燃烧时呈黄色火焰。遇酸、水剧烈反应，产生大量热和氢气而着火或爆炸。

（6）金属钙

危险货物编号：43005，第4.3类遇湿易燃物品。

金属钙学名钙，分子式Ca，原子量40.08，相对密度1.54（20℃），熔点842℃，沸点1484℃，蒸气压1333.22Pa，硬度2（金刚石＝10）。

由电解熔融的氯化钙制得，银白色稍软的金属。在空气中表面氧化形成保护膜。能与水或稀酸发生反应放出大量氢及热量，能引起燃烧。在真空中熔点以下能升华。燃烧时呈现赭红色火焰。受高热或接触氧化剂，有发生燃烧爆炸危险。

主要用于铝、铜、铝制合金。用作制铍的还原剂、合金的脱氧剂、油脂脱氢等。

(7) 金属锶

危险货物编号：43008，第4.3类遇湿易燃物品。

金属锶学名锶，分子式 Sr，相对原子质量 87.63，相对密度 2.54，熔点 769℃，沸点 1384℃，蒸气压 1333.22Pa（898℃），硬度 1.8（金刚石＝10）。

本品由电解熔融的氯化锶制得，银白色至淡黄色软金属，能溶于乙醇。化学性质活泼。在空气中加热能燃烧，燃烧时发出深红色火焰。呈粉末状态时能与水发生强烈化学反应而产生氢气，有燃烧爆炸危险。加热到熔点以上时能自燃。

本品主要用作合金、电子管的吸气剂，以及化学分析、制烟火。

(8) 氢化锂

危险货物编号：43015，第4.3类遇湿易燃物品。

氢化锂分子式 LiH，分子量 7.95，相对密度 0.82（20℃），熔点 680（℃），沸点 850℃（分解）。

白色或带蓝灰色半透明结晶块或粉末。成块时较稳定，成粉状时与潮湿空气接触能着火。遇水生成氢和氢氧化锂。不溶于苯和甲苯，能溶于醚。在潮湿空气中能自燃。与氧化剂、酸、水接触有引起燃烧的危险。

由熔锂与氢化合制得。用作干燥剂、有机合成的缩合剂、核防护材料、还原剂。

(9) 钠汞齐

危险货物编号：43010，第4.3类遇湿易燃物品。

钠汞齐别名钠汞膏，钠汞合金，分子式 Na_xHg_y，熔点 -36.8℃。

银白色液体或多孔性结晶块。含有 2%～20% 的金属钠。能与水、潮气、酸类发生反应，放出易燃氢气。受热时散发出有毒蒸气。潮湿空气或水、酸接触发生化学反应，产生氢气，同时放出大量的热量，使氢燃烧。

用作制备氢、金属卤化物及有机化合物的还原剂、分析试剂。

(10) 钾钠合金

危险货物编号：43004，第4.3类遇湿易燃物品。

钾钠合金分子式 NaK，熔点 11℃（$w_K=78\%$，$w_{Na}=22\%$）、19℃（$w_K=56\%$，$w_{Na}=44\%$），沸点 784℃（$w_K=75\%$，$w_{Na}=22\%$）、825℃（$w_K=56\%$，$w_{Na}=44\%$）。

银白色的软质固体或液体。遇酸（包括二氧化碳）、潮气及水发生剧烈反应，放出氢气，立即自燃，有时甚至爆炸。接触水、卤素、氧化剂、酸、二氧化碳、四氯化碳、氯仿、二氯甲烷、氯甲烷等，能引起燃烧爆炸。

用作热液体、电导体、有机合成催化利，核反应堆的冷却剂等。

(11) 碳化铝

危险货物编号：43026，第4.3类遇湿易燃物品。

碳化铝分子式 Al_4C_3，分子量 143.91，相对密度 2.36，熔点 2100℃。

由氧化铝与焦炭在电炉中加热时制得，黄色或绿灰色结晶块状或粉木。有吸湿性，遇酸、水、潮气分解放出易燃气体甲烷；与酸类反应剧烈，有引起燃烧危险。主要用作甲烷发生剂、催化剂、干燥剂。

(12) 磷化钙

危险货物编号：43034，第4.3类遇湿易燃物品。

磷化钙别名磷化石灰，分子式 Ca_3P_2，相对密度 2.238（25℃），熔点约 1600℃。

由加热磷酸钙和铝或碳而制得，红棕色或灰色结晶块状物，不溶于乙醇、乙醚。主要用于制造信号弹、焰火、鱼雷等。

遇水、潮湿空气、酸类能分解，放出剧毒而有自燃危险的磷化氢气体。在潮湿空气中能自燃。与氯气、氧、硫磺、盐酸反应剧烈，有引起着火爆炸的危险。

（13）氰氨化钙

危险货物编号：43507，第4.3类遇湿易燃物品。

氰氨化钙别名石灰氮、碳氮化钙，分子式 $CaCN_2$，分子量80.11，相对密度1.083，熔点1300℃，沸点＞1500℃。

由电石和氮在高温下作用而得，灰褐色结晶性粉末。含碳化钙0.1%～0.5%，有特殊臭味，有毒。主要用作肥料，以及用于氮气制造和钢铁淬火。

遇水分解放出氨和乙炔。如含有杂质碳化钙或少量磷化钙时，则遇水易自行燃烧，与酸发生剧烈反应。通水或潮气、酸类产生易燃气体和热量，有发生着火爆炸的危险。

（14）保险粉

危险货物编号：42012（外贸运输）；43046（内贸运输）。第4.2类自燃物品。

保险粉学名连二亚硫酸钠、低亚硫酸钠，分子式 $NaSO_2O_4 \cdot 2H_2O$，分子量210.16。

以锌粉和二氧化硫反应制成低亚硫酸锌，再加氢氧化钠在低温下反应制得。为白色砂状结晶或淡黄色粉末，赤热时分解。能溶于冷水，在热水中分解，不溶于乙醇。其水溶液性质不安定，有极强的还原性。暴露于空气中易吸收氧气而氧化，同时也易吸收潮气发热而变质。在印染中用作还原剂，以及用于饴糖、丝、毛的漂白。

有极强的还原性，遇氧化剂、少量水或吸收潮湿空气能发热引起燃烧，甚至爆炸。

（15）氢化钙

危险货物编号：43020，第4.3类遇湿易燃物品。

氢化钙分子式 CaH_2，分子量42.10，相对密度约1.8，熔点675℃（分解）。

灰白色结晶或块状，主要用作还原剂、干燥剂、化学分析试剂等。性质不稳定，暴露在潮湿的空气中或遇水、氢氧化钙而放出氢气，易被酸和低碳醇分解，与溴酸盐、氯酸盐、过氯酸盐等氧化剂反应剧烈。在空气中燃烧时极其剧烈。

（16）锌粉

危险货物编号：43014，第4.3类遇湿易燃物品。

锌粉别名亚铅粉，分子式 Zn，分子量65.38，相对密度7.133（25℃），熔点419.58℃，沸点907℃，气化潜热114.844kJ/mol，熔化潜热6.678kJ/mol，蒸气压133.322Pa（487℃）。

由炼锌厂副产品锌块制得，主要用作催化剂、还原剂，用于有机合成。为浅灰色的细小粉末，具有强还原性，可在空气中吸收氮，潮湿状态时吸收氧。通常含有少量氧化锌。遇酸类、碱类、水、氟、氯、硫、硒、氧化剂等能引起着火或爆炸。其粉尘与空气混合到一定比例时，遇火星即引起爆炸。在空气中燃点约500℃，爆炸下限420g/cm³，最大爆炸压力0.35MPa，最小点火能量约65mJ。

（17）磷化锌

危险货物编号：43038，第4.3类遇湿易燃物品。

磷化锌分子式 Zn_3P_2，分子量258.10，相对密度4.55（13℃），熔点420℃，沸点1100℃。

将硫化氢通入碳酸锌溶液而制得，灰黑色粉末，有蒜臭。干燥时稳定，遇潮湿空气和水逐渐分解。本品剧毒，大鼠的口服半数致死剂量为40.5～46.7mg/kg，空气中达到0.1mg/L时，使人发生严重中毒。主要用于杀鼠和粮食熏蒸等。

本身不燃，但接触到酸或酸雾、水分会产生剧毒和能自燃的磷化氢气体；与氧化剂反比强烈。含磷化氢33%、温度超过60℃时，便会自燃。

（18）磷化铝

危险货物编号：43036，第 4.3 类遇湿易燃物品。

磷化铝分子式 AlP，分子量 57.96，相对密度 2.85（25℃）。

黄绿色片剂。剧毒、不燃，但遇酸和水分会放出能自燃的磷化氢气体。含磷化氢 33%、温度超过 60℃时，便会自燃。在车间空气中的质量浓度达到 0.01mg/L 时，能使人发生严重中毒。遇水有燃烧危险。主要用于杀鼠和粮食熏蒸。

6.7.4 忌水性物质着火应急措施

6.7.4.1 不可使用的灭火剂

由遇湿易燃物品的性质可知，此类物品着火以下几种灭火剂不可使用。

（1）水和含水的灭火剂

如化学泡沫、空气泡沫、氟蛋白泡沫等，因为水和各种泡沫灭火剂均可与调湿易燃物品反应产生易燃气体，所以不可用其扑救。

（2）二氧化碳、卤代烷

因为遇湿易燃物品都是碱金属、碱土金属以及这些金属的化合物，它们不仅遇水易燃，而且在燃烧时可产生相当高的温度，在高温下这些物质大部分可与二氧化碳、卤代烷反应，故不能用其扑救遇湿易燃品火灾。

（3）四氯化碳、氯气

因为四氯化碳与燃烧着的钠等金属接触，会生成一团碳雾，使燃烧更加猛烈；氮气能与金属锂直接化合生成氮化锂，与金属钙在 500℃时可生成氮化钙。

6.7.4.2 可使用的灭火剂

从目前研究成果看，扑救遇湿易燃物品火灾可选用以下几种灭火剂。

（1）偏硼酸三甲酯（7150）

偏硼酸三甲酯（7150）是一种可以固化的灭火剂，当把其喷洒到着火物质表面时，可在燃烧高温的烘烤下迅速固化，并把着火物质的表面包裹起来，使其与空气隔绝从而把火扑灭。但是，由于其价格较贵，使用面不大广，故市场上少有销售。

（2）食盐、碳酸钠、石墨、铁粉

由于金属钾、钠大都是由电解氯化钾、氯化钠（食盐）等盐而制得，生产现场都有大量的食盐等原料，所以对金属钾、钠火灾在现场随即用干燥的食盐、碱面扑救此类物品灭火效果又好又经济。如果现场有石墨、铁粉等效果也很好。但应注意，金属锂着火时若用碳酸钠或食盐扑救，其燃烧的高温能使碳酸钠和氰化钠分解，放出比锂更危险的钠。所以，金属锂着火，不可用碳酸钠干粉和食盐扑救。另外，由于金属铯能与石墨反应生成铯碳化物，故亦不可用石墨扑救。

（3）干砂、黄土、干粉、石粉

用干砂、黄土、干粉、石粉等不含水的粉状不燃物质覆盖遇湿易燃物品火灾，可以隔绝空气，使其熄灭，且价格低廉，效果也好，所以现场可以多准备一些。但应注意，金属锂着火时，如用含有 SiO_2 的干砂扑救，其燃烧产物 Li_2O 能与 SiO_2 起反应。

6.7.4.3 注意的问题

遇湿易燃物品本身或燃烧产物大多数是有毒性和腐蚀性的。如金属的磷化物类，遇湿产生的易燃气体磷化氢有似大蒜的气味，是剧毒气体，当空气中含有 0.01mg/L 时，吸入即中毒；金属钠与水反应除放出氢气外，还生成腐蚀性很强的氢氧化钠。所以，在扑救遇湿易燃物品火灾时，应特别注意防毒、防腐蚀，必要时应佩戴一定的防护用品，确保人身安全。

6.8 氧化剂

6.8.1 氧化剂概述

凡能氧化其他物质而自身还原的物质叫氧化剂。氧化性物质与还原性物质接触，可能引起燃烧或爆炸。

氧化剂的危险性包括如下三个方面。

（1）助燃性

氧化剂多为碱金属、碱土金属的盐或过氧化基所组成的化合物。其特点是氧化价态高，易分解，有极强的氧化性；氧化剂接触易燃物，有机物或还原剂时，能使其氧化，本身不燃烧，但与可燃物作用能发生着火，剧烈时会引起爆炸。很多氧化剂受热分解放出氧气，增强了它们的氧化性。

（2）燃爆性

有机氧化剂本身即会燃烧。

某些氧化剂当受热、接击、摩擦或日光照射时，本身会分解。产生大量气体并放出大量热，从而引起爆炸，见表6-6。

某些氧化剂遇水、遇酸会剧烈反应，分解出可燃气体并放热，也可能导致燃烧爆炸。

某些氧化剂遇到比它更强的氧化剂时，即成为还原剂，会发生剧烈反应而燃烧爆炸。

（3）毒性和腐蚀性

绝大多数氧化剂都具有一定的毒害性和腐蚀性，能毒害人体，烧伤皮肤。许多氧化剂不仅本身有毒，而且在化学反应后能产生有毒物质，如氧化钡（BaO）、氯化钡（$BaCl_2$）等。如三氧化铬（铬酸）既有毒害性也有腐蚀性。活泼金属的过氧化物，各种含氧酸等，有很强的腐蚀性，能够灼伤皮肤和腐蚀其他物品。

表6-6 一些氧化剂的分解温度和分解式

名称	密度×10^3kg/m³	分解温度/℃	分 解 式
硝酸钾	2.11	400	$4KNO_3 \longrightarrow 2K_2O + 2N_2 + 5O_2$
硝酸钠	2.26	380	$4NaNO_3 \longrightarrow 2Na_2O + 2N_2 + 5O_2$
硝酸铵	1.73	210	$2NH_4NO_3 \longrightarrow 2N_2 + 4H_2O + O_2$
硝酸钡	3.23	600	$2Ba(NO_3)_2 \longrightarrow 2BaO + 2N_2 + 5O_2$
氯酸钾	2.34	400	$2KClO_3 \longrightarrow 2KCl + 3O_2$
氯酸钠	2.49	350	$2NaClO_3 \longrightarrow 2NaCl + 3O_2$
氯酸钡	3.00	300	$Ba(ClO_3)_2 \longrightarrow 2BaCl_2 + 3O_2$
高氯酸钾	2.54	420	$KClO_4 \longrightarrow KCl + 2O_2$
高锰酸钾	2.70	200	$4KMnO_4 \longrightarrow 2K_2O + 4MnO + 5O_2$
过氧化钠	2.81	460	$2Na_2O_2 \longrightarrow 2Na_2O + O_2$
过氧化钡	4.96	795	$2BaO_2 \longrightarrow 2BaO + O_2$
二氧化锰	5.02	530	$2MnO_2 \longrightarrow 2MnO + O_2$
四氧化三铅	9.10	650	$2Pb_3O_4 \longrightarrow 6PbO + O_2$
氧化铁	5.12	500	$2Fe_2O_3 \longrightarrow 4Fe + 3O_2$

6.8.2　氧化剂分类分级

(1) 一级无机氧化物

大多数为碱金属、碱土金属的过氧化物和含氧酸盐类。分子中含有过氧基或高价态元素，极不稳定，易分解，氧化性强。

① 某些过氧化物　如过氧化钠、过氧化钾等；

② 某些氯的含氧酸及其盐类　如高氯酸钠、氯酸钾等；

③ 某些硝酸盐　如硝酸钾、硝酸锂等；

④ 高锰酸盐类　如高锰酸钾，高锰酸钠等；

⑤ 其他　如银铝催化剂等。

(2) 二级无机氧化剂

同一级氧化剂比较，氧化性能稍弱。

① 某些硝酸盐及亚硝酸盐　如硝酸镧、亚硝酸钾等；

② 某些过氧酸盐　如过硫酸钠、过硼酸钠等；

③ 某些高价态金属酸及其盐类　如重铬酸钠、高锰酸银等；

④ 氯、溴、碘的含氧酸及其盐类　如溴酸钠、高碘酸等。

⑤ 其他氧化物　如二氧化铅、五氧化二碘等。

(3) 一级有机氧化剂

多数有机氧化剂属一级有机氧化剂，一级有机氧化剂大多数为有机过氧化物或硝酸化合物，都不稳定，可分解出氧原子，具有极强的氧化性，易于燃爆。

一般，有机氧化剂比无机氧化剂具有更大的燃爆危险性。

① 某些过氧化物　如过氧化苯甲酰等；

② 有机硝酸盐类　如硝酸胍、硝酸脲等。

(4) 二级有机氧化剂

二级有机氧化剂的氧化性能稍次于一级，为数不多，全部是有机过氧化物，如过醋酸等。

6.8.3　氧化剂储运注意事项

对氧化剂的储存、运输要特别注意，要点有以下几点。

ⅰ. 储运时避免受光、受热、摩擦、撞击等。

ⅱ. 不得与酸类、有机物、还原剂等混存、混运。

ⅲ. 不同品种氧化剂应分别储、运。

ⅳ. 储存时要防水、防潮、防酸。

ⅴ. 氧化剂与自燃、易燃及忌水性物质不得混装。

6.8.4　典型氧化剂和有机过氧化物

(1) 过氧化氢溶液

危险货物编号：51001（质量分数 20%～60%）；52501（质量分数为 8%～20%）。

过氧化氢别名双氧水，学名过氧化氢，分子式 H_2O_2，分子量 34.01，相对密度 1.46（0℃）、1.71（20℃），熔点 -2℃，沸点 158℃，蒸气压 133.322Pa（15.3℃）。

由电解硫酸氢铵制得。纯过氧化氢是无色油状液体，易分解放出氧和热，是强氧化剂。商品一般是它的水溶液，市售为 30%～35%溶液，相对密度 1.11～1.13，沸点 106～108℃，凝固点 -26～-32.8℃，均系无色透明液体，对皮肤有刺激作用。

本品是强氧化剂，受热或遇有机物易分解放出氧气。加热至 100℃则激烈分解。遇铬酸、高锰酸钾、金属粉末会起剧烈作用，甚至爆炸。

用于漂白皮毛、猪鬃、脂肪、兽骨、象牙、草帽，也用于医药等。

着火可用雾状水、黄砂、干粉等相应的灭火剂扑救。

（2）过氧化钠

危险货物编号：51002，第 5.1 类氧化剂。

过氧化钠别名过氧化碱，分子式 Na_2O_2，分子量 77.98，相对密度 2.805，熔点 460℃（开始分解），沸点 657℃（分解）。

淡黄色颗粒或粉末，加热时变黄色，极易潮解；与潮湿空气接触则分解成过氧化氢而失效。溶解于水中生成氢氧化钠，释放出氧和大量的热。过氧化钠具有强腐蚀性，对皮肤、眼睛有害。在造纸、印染、油脂等工业用作漂白剂或氧化剂。

本品是强氧化剂，与乙醇、可燃液体及有机酸类接触，即引起着火和爆炸。遇热、水即分解而放出氧。与有机物及镁、铝、锌粉接触或撞击、摩擦时能引起着火或爆炸。

过氧化钠用密封铁桶装，桶外应有明显的氧化剂标志及注意事项。

着火只可用干砂、干粉、细石子掩盖。禁用水。

（3）氯酸钠

危险货物编号：51030，第 5.1 类氧化剂。

氯酸钠别名白药钠、氯酸碱，分子式 $NaClO_3$，分子量 106.44，相对密度 2.490（15℃），熔点 248～261℃。

在无隔膜的电解槽内电解饱和食盐溶液而制得。无色无臭粒状结晶，味咸而凉，能溶于水和醇。在印染工业用作氧化剂、媒染剂，在农业上用作除草剂。

氯酸钠是强氧化剂，超过熔点即分解放出氧气，是强氧化剂中危险性最大的一种。有毒，有潮解性，与磷、硫及有机物混合易着火和爆炸。

着火可先用砂土覆埋，再用水及泡沫灭火剂和雾状水扑救。

（4）高锰酸钾

危险货物编号：51048，第 5.1 类氧化剂。

高锰酸钾别名过锰酸钾、灰锰氧，分子式 $KMnO_4$，分子量 158.03，相对密度 2.703，熔点 240℃。

用二氧化锰与氢氧化钾作用制得锰酸钾，再用电解法氧化而制得。黑紫色有金属光泽的粒状或针状结晶，味甜而涩，溶于水，呈紫色溶液。熔点时分解放出氧，遇乙醇亦分解。高锰酸钾在碱性溶液中或酸性溶液中都是氧化剂。但这两种情况不同，在酸性溶液时，最后生成亚锰盐；在碱性溶液时，则最后生成二氧化锰。故氧化能力在酸性溶液中更强。主要用于水的消毒剂、织物漂白剂、杀菌剂、油脂脱臭剂，以及制造糖精、安息香酸等。制药工业用于合霉素、消炎痛，医药上用作消毒剂。

本品是强氧化剂，与易燃物质一并加热或撞击、摩擦即发火爆炸。与有机物、易燃物、酸类，特别是硫酸、双氧水、甘油接触，容易发生着火和爆炸。

着火可用水、沙土扑救。

（5）漂粉精

危险货物编号：51043，第 5.1 类氧化剂。

漂粉精学名三次氯酸钙合二氢氧化钙（次亚氯酸钙）$3Ca(OCl)_2 \cdot 2Ca(OH)_2$，分子量 577。

本品是将氯气通入氢氧化钙溶液而制得。系白色颗粒状粉末，外观与熟石灰相似，具有强烈的氯臭，在无水状态时，比漂白粉稳定。有腐蚀性和毒性。主要用于造纸工业的纸浆漂白、棉织物漂白、医药的消毒、杀菌等方面。

本品是强氧化剂，性毒忌受潮和热。可溶于水，遇水放出大量的热和初生态氧，沸点150℃以上分解。加热急剧分解引起着火和爆炸；与酸作用能放出氧气。如以强烈日光曝晒或受热至150℃以上，与有机物及油类等接触，能发生强烈燃烧。与铁、锰、钴、镍等粉末混合，能成为爆炸性混合物。

着火时可用砂土、水扑救。当少量物品燃烧时，用大量水灭火才能奏效；而大量物品燃烧时，用少量水反而有害，故应用大量的水扑救。

(6) 硝酸铵

危险货物编号：51061，第 5.1 类氧化剂。

硝酸铵别名 NH_4NO_3，分子量 80.05，相对密度 1.725，熔点 169.6℃。

用氨中和硝酸而制得。系无色无臭的透明结晶体或白色小颗粒。加热至 160℃以上则放热分解，放出一氧化二氮有毒气体。吸湿结块性很强。极易溶解于水、酒精和氨溶液中。主要用于制造无烟火药；在农业上用作肥料，有速效性肥料之称；化学工业用于制造笑气；医药工业制造维生素 B_5；轻工业制造无碱玻璃。

本品是强氧化剂，易潮解，易爆炸，性质不稳定，各种有机杂质均能显著地增强硝酸铵的爆炸性。加热至 300℃以上时有爆炸危险。加热至 400℃爆炸。含水 3% 以上比较安全。

着火可用砂土、雾状水扑救。可用大量水，但不可用窒息法。

(7) 硝酸钾

危险货物编号：51056，第 5.1 类氧化剂。

硝酸钾别名硝石、土硝、火硝，分子式 KNO_3，分子量 101.10，相对密度 2.109，熔点334℃，沸点 400℃。

从天然土硝提炼或用硝酸钠与氯化钾起复分解反应制得。系无色透明结晶或白色粉末，分解时放出氧气。溶于水，不溶于醇及醚，无臭、无毒，味咸、辣而有清凉感。硝酸钾不含结晶水，在空气中不潮结。为制作黑火药的原料，还用于焰火工业、玻璃工业。在仪器工业中用于防腐，机械工业用于金属淬火。

与有机物、碳、硫等接触能引起燃烧或爆炸，燃烧时火焰呈紫色（钾化合物的火焰反应呈紫色，钠化合物的焰色呈黄色，这是简单的鉴别钾和钠化合物的方法）。爆炸后产生有毒和刺激性的过氧化氮气体。

着火可用水（不可用高压水柱）、黄砂和雾状水扑救。

(8) 硝酸胍

危险货物编号：51068，第 5.1 类氧化剂。

硝酸胍学名硝酸亚氨脲，分子式 $H_2NC(NH)NH_2 \cdot HNO_3$，分子量 122.08，熔点。

由氰基胍（双氰氨）制得，为白色粒状固体。熔点 214～216℃，溶于水和乙醇，微溶于丙酮，在高温时分解爆炸，水溶液呈中性。用于制作炸药、消毒剂和照相材料等。

本品是强氧化剂，与硝酸盐、易燃物混合后，受热能引起爆炸。本身受高热碰撞或接触明火，有引起着火爆炸的危险。

着火可用雾状水、砂土等相应的灭火剂扑救。

(9) 漂白粉

危险货物编号：51509，第 5.1 类氧化剂。

漂白粉别名次氯酸钙、氯化石灰、漂粉，主要成分是 $Ca(OCl)_2$。

漂白粉是以消石灰吸收氯气制成的，是次氯酸钙、氯化钙以及未反应的消石灰的混合物。外观为白色粉末，与熟石灰相似，具有极强的氯臭。化学性质很不稳定。漂白粉能分解出有氧化性的氯气和极活泼的原子氧。漂白粉遇水或乙醇、无机酸都能分解，产生新生氧使有机色素氧化褪色。故多用作消毒剂、杀菌剂和漂白剂等。

漂白粉受 100℃ 以上高温会爆炸，遇有机物（如汽油）会发热起火；与某些可燃物混合（如干草、木屑）在高温情况下也会引起燃烧；遇到硫酸等反应激烈，遇日光也能加速分解。所以漂白粉应盛于密闭的容器中储存于干燥的库房内，远离热源。应与有机物、易燃物、酸类隔离存放。不宜久储，以免吸潮结块失效。

（10）过氧化二苯甲酰

危险货物编号：52045，第 5.2 类有机过氧化物。

过氧化二苯甲酰别名过氧化苯甲酰，分子式 $(C_6H_5CO)_2O_2$，分子量 242.22，熔点 103～106℃。

以稀过氧化氢在 0～5℃ 时缓慢滴入氯化苯甲酰制得。为白色结晶性粉末，稍有气味。沸点分解（爆炸）。微溶于水，稍溶于乙醇，溶于乙醚、丙酮、氯仿和苯。本品分"干品"和"湿品"两种。"干品"含水 1% 以下时，危险性更大；"湿品"含水 30% 时性质较稳定。主要用作聚合反应的引发和二甲基硅橡胶、凯尔-F-橡胶的硫化剂，并用于油脂的精制、面粉的漂白、纤维的脱色等。

本品是有机过氧化物，不仅本身易燃（自燃点 80℃），而且具有强氧化性，受热分解能发生爆炸。加入硫酸时发生燃烧，撞击、受热或摩擦时能爆炸。

着火可用雾状水、砂土、二氧化碳、干粉等灭火剂扑救。

（11）铬酸酐

危险货物编号：51519，第 5.1 类氧化剂。

铬酸酐别名三氧化铬，分子式 CrO_3，分子量 100，相对密度 2.70，熔点 197℃。暗紫红色片状结晶或斜方结晶，有毒。熔点分解，易吸收空气中的水分而潮解。溶于水中而成铬酸。溶于乙醚、乙醇。熔融时稍有分解，在 230℃ 以上分解放出氧气。浓溶液能腐蚀皮肤及多种金属；稀溶液亦能损害纤维；极易潮解，露置空气中即潮解淌水，腐蚀铁桶。

铬酸酐与糖、纤维、苯、乙醇、乙酸、丙酮、双氧水、还原剂接触会发生剧烈反应，甚至引起燃烧。与硫磷及某些有机物混合，经摩擦、撞击，有引起着火和爆炸的危险。

（12）二氧化铅

危险货物编号：51502，第 5.1 类氧化剂。

二氧化铅学名过氧化铅，分子式 PbO_2，分子量 239.20，相对密度 9.375，熔点 290℃。

将漂白粉加入氢氧化铅的碱性溶液内氧化而得，为棕褐色结晶体或粉末，有毒。熔点分解，不溶于水和乙醇，微溶于乙酸，能溶于盐酸、碱溶液和冰醋酸中。与盐酸作用析出游离氯，与硝酸作用产生过氧化氢。见光或受热分解为四氧化三铅和氧。主要用作氧化剂、电极、蓄电池、分析试剂、火柴等。

二氧化铅遇高温（290℃）分解产生铅蒸气。与有机物、还原剂、易燃物、硫、磷等混合后，经摩擦有引起燃烧的危险。

着火可用雾状水、砂土、二氧化碳、干粉等相应的灭火剂扑救。

（13）过乙酸

危险货物编号：52051，第 5.2 类有机过氧化物。

过乙酸别名过醋酸、过氧化乙酸、乙酰过氧化氢，分子式 $C_2H_4O_3$，分子量 76.05，相对密度 1.15，沸点 105℃，熔点 0.1℃，蒸发热 44.548kJ/mol。

由醋酸与过氧化氢在硫酸存在下反应而制得，为无色有强烈气味的液体。对皮肤有腐蚀性。溶于水、乙醇、乙醚和硫酸。一般商品为 40% 的过氧乙酸溶液。本品主要用于纺织品、纸张、油脂、石蜡和淀粉的漂白剂。在有机合成中作为氧化剂和环氧化剂，如用于前列腺素、盖烯二醇、环氧丙烷、甘油、己内酰胺的合成中。过氧乙酸具有高效、快速杀菌作用，因此用作杀虫剂和杀菌剂。适用于传染病消毒、饮水消毒和食品消毒等。

本品性质不稳定，温度稍高（加热至110℃）即分解放出氢气而爆炸。纯品在−20℃时也会爆炸，质量分数大于45%时就具有爆炸性。本品易燃，闪点40.56℃（开杯），遇高热或有色金属离子存在，或与还原剂接触，也有引起着火爆炸的危险。

着火可用雾状水、砂土、二氧化碳、干粉等灭火剂扑救。

（14）过氧化环己酮

危险货物编号：52034，第5.2类有机过氧化物。

过氧化环己酮分子式 $C_{12}H_{22}O_5$，分子量246.31。

纯品是白色及浅黄色针状结晶或粉末。不溶于水，溶于乙酸、石油醚、醇、丙酮，主要用于橡胶、塑料合成中的交联剂和引发剂。

本品遇高温、阳光暴晒、撞击（干粉）、还原剂，以及硫、磷等易燃物时，有引起着火爆炸的危险。遇金属粉末，会促进分解。由于纯品受到撞击较易分解爆炸，故通常将商品制成浆状（以增塑剂为溶剂的50%~80%的浆状物）。

着火可用雾状水、砂土、二氧化碳、干粉等灭火剂扑救。

（15）过氧化氢尿素

危险货物编号：51076，第5.1类氧化剂。

过氧化氢尿素别名脲过氧化氢，分子式 $CO(NH_2)_2·H_2O_2$，分子量94.08，熔点75~85℃（分解）。

白色结晶，在潮湿时，能溶于水、乙醇和乙二醇。用于制造无水过氧化氢、消毒剂、改性淀粉、医药等。

本品易燃，40℃以上能分解放出水和氧气，并有腐蚀性和氧化性。

着火可用水、砂土、二氧化碳、干粉等灭火剂扑救。

6.9 爆炸品

6.9.1 爆炸品概述

凡是受到摩擦、撞击、振动、高热、光等外界因素的激发，能发生化学爆炸的固体物质或凝聚状液体物质称为爆炸品，也称为炸药。炸药具有自身燃烧性、相对稳定性以及高能量密度的特点。

与气体混合物爆炸相比，炸药爆炸具有以下特征。

（1）反应速度快，爆炸功率大，破坏大。

气体混合物爆炸速度为数百分之一秒至数十分之一秒。爆炸反应一般在 10^{-6}~10^{-4}s 之间完成。爆炸传播速度一般在2400~9000m/s之间。由于反应速度极快，瞬间释放能量的时间与功率成反比，时间越短，功率越大。如一包1kg的硝铵炸药完成爆炸反应的时间只有 3^{-5} s，爆速为2400~3000m/s，爆炸能量在极短时间内放出，爆炸功率可达220650kW。

爆炸传播的速度一般以爆速来表示，指炸药爆炸时爆轰波沿炸药内部的传播速度，也称爆轰速度。爆速是炸药分解完成程度与炸药作用效率的指标。爆速愈快，则炸药爆炸后的爆炸力和击碎力也就愈大。

（2）产生热量高

爆炸的反应热一般在2926~6270kJ/kg之间，气体产物依靠反应热往往被加热到2000~4000℃，压力可达 $(1~4)×10^4$MPa。这种高温、高压反应产物的能量最后转化为机械能作功，使周围介质受到压缩和破坏。炸药爆炸对周围物质的破坏能力用爆炸威力来表示，简称爆力，指炸药爆炸时做抛掷功的能力。爆炸威力的大小取决于爆热的大小和爆温的高低，它们之间的关系是：爆热愈大，爆温愈高，其威力也就愈大；威力愈大，则破坏能力愈强，破坏的体积及范围也就愈大。如 1kg 硝铵炸药爆炸后能放出 38497～4932.4kJ 的热量，可产生 2400～3400℃ 的高温，爆炸威力达 230～350mL。

（3）产生气体多，爆炸压力高

气体混合物爆炸时放出的气体产物相对较少，因为爆炸速度较慢，压力很少超过 10 大气压。

炸药爆炸后产生气体的多少与爆炸温度有关。爆炸温度愈高，产生的气体愈多，其破外力也就愈大。一般 1kg 炸药爆炸时能产生 700～1000L 气体。如 1kg 硝铵炸药爆炸时能在 3～5s 内放出 869～963L 气体，使压力猛增到 10^4 MPa，猛度达到 8～14mm，所以破坏力很大。炸药爆炸后爆轰产物对周围物体破坏的猛烈程度或粉碎程度用炸药的猛度来表示，用来衡量炸药爆炸的局部破坏能力。猛度愈大，则表示该炸药对周围物质的粉碎程度愈大。猛度的测定方法，最简单、应用最广泛的是铅柱压缩试验法。

6.9.2 炸药的分类

6.9.2.1 按用途分类

（1）起爆药

起爆药的主要特点是对外界作用非常敏感。可以用简单的起爆能（如针刺、撞击、摩擦、通电、火花和火焰等）起爆，并能使爆速在短时间内达到最大值（即爆轰成长期短）。起爆药用来装填火工品即各种起爆元件和点火元件，如火帽、雷管、底火等。

常用的起爆药有雷汞[$Hg(ONC)_2$]、斯蒂芬酸铅[$C_6H(NO_2)_3O_2Pb \cdot H_2O$]，二硝基重氮酚[$C_6H_2N_2O(NO_2)_2$，代号 DDNP]，皆特拉新($C_2H_8N_{10}O$)等化合物以及一些混合物。

（2）猛炸药

猛炸药的主要特点是爆炸威力大、破坏作用强。与起爆药比起来敏感度低、稳定性好、通常用雷管爆炸释放的爆轰波能量来引爆。猛炸药用于装填各种弹药、矿山爆破及金属的爆炸加工。

常用的猛炸药有两类。

① 单质猛炸药　如硝基化合物（含 C—NO₂）、TNT、苦味酸；硝基胺（含 N-NO₂）类黑索金（RDX）、奥克托金（HMX）；硝酸酯（含 O-NO₂）、太安（PETN）、硝化甘油（NG）；二氟氨基化合物（含 C-NF₂）$C_5H_8N_4F_8$ 等。

② 混合炸药　如猛炸药混合物 B 炸药（RDX：TNT＝50：50）、彭托利特（PETN：TNT＝50：50）、氧化还原型炸药硝铵炸药（硝酸铵、木粉、敏化剂）、铵油炸药（硝酸铵：柴油＝95：5）、乳化炸药（硝酸铵、硝酸钠、水、乳化剂、油、其他添加剂）等。

（3）发射药

发射药又称火药。其主要特点是能够按一定规律燃烧，并生成大量气体产物。可以用来装填枪、炮弹的药筒，利用它的燃烧气体在枪、炮膛内产生的高压将弹丸发射出去。

常用的发射药有单基无烟药和双基无烟药，以及黑火药。

（4）烟火药

烟火药是由氧化剂、燃烧剂和能够产生光、色效应的添加剂组成的药剂。主要化学反应形式是燃烧，但在一定条件下也能爆炸。烟火药主要用来装填各种信号弹、照明弹、燃烧弹、烟幕弹等。民间用来装填各种烟炮、礼花等。

6.9.2.2　按化学结构分类

（1）无机物类

① 硝酸盐混合物　分子中含硝酸根，如黑火药（含硝酸钾），硝铵炸药（含硝酸铵）等。

② 叠氮酸及其盐　分子中含叠氮基团，如叠氮化铅等。

③ 雷酸盐类　分子中含雷酸基团，如雷酸汞等。

④ 氯酸盐类混合物　分子中含氯酸根，如含氯酸钾的烟花。

（2）有机物类

① 硝酸酯类　如硝化甘油。

② 其他硝基化合物　如硝基脲。

③ 有机重氮化合物　如重氮甲烷。

6.9.3　炸药爆炸参数

炸药爆炸参数

① 爆热　单位质量炸药爆炸所释放的热量，单位 kJ/kg。爆热按等容过程计算，也可以测定。

② 爆温　炸药爆炸瞬间爆炸产物被爆炸热量加热达到的最高温度。可按等容过程计算，也可以测定。

③ 爆容　单位质量炸药爆炸时所产生气体产物在标准状态下所占的体积，单位 L/kg。可按反应方程式和理想气体状态方程计算，也可实测。爆容越大，爆炸对外做功的能力也越大。

④ 爆速　爆轰波稳定传播的速度，单位 m/s，可测定。衡量爆炸强度的标志，爆速越大，炸药爆炸越强烈。

⑤ 爆压　爆炸产物在爆炸完成的瞬间所具有的压强，kPa。瞬间猛烈破坏程度的标志。

⑥ 威力　炸药对外做功的能力，主要取决于爆热和爆容的大小。常用铅铸扩孔法测定。

⑦ 猛度　炸药粉碎与其直接接触材料的能力。主要取决于爆速和爆压。常用铅柱压缩实验测定。

6.9.4　炸药安全特性

6.9.4.1　敏感度

炸药在外界能量（加热、撞击、摩擦或电火花）激发下，发生爆炸反应的难易程度。这是炸药的一个重要特性，即对外界作用比较敏感，可以用火焰、撞击、摩擦、针刺或电能较小的简单的初始动能就能引起爆炸。炸药对外界的作用的敏感程度是不同的，有的差别很大。例如，碘化氮这种起爆药若用羽毛轻轻触动就可能引起爆炸，而常用的炸药 TNT 却用枪弹射穿也不爆炸。

敏感度越高，爆炸危险性越大。敏感度的高低以引起炸药爆炸反应所需要的最小能量表示。这个外界能量称为起爆能。起爆能越小，则炸药的敏感度越高。

常遇到的起爆能有热能（加热、明火）、机械能（撞击、摩擦、针刺）、电能（电火花、电热）以及爆炸化学能（雷管炸药）等。

炸药的敏感度随起爆能的形式不同有不同的表示方法：热感度、机械感度、爆轰感度、静电感度等。

影响敏感度的因素有以下几点。

（1）内在因素

炸药的内在因素是决定其敏感程度的根本因素，即指爆炸品的物理化学性质，诸如键能、分子结构、活化能及热容、导热性等。

① 键能　炸药要发生爆炸反应，首先必须破坏分子中原子间的键，若键能愈小，破坏就愈容易，所以其敏感度愈高，危险性就愈大；反之亦然。例如，含有 N_3^- 基团的起爆药，由于 N_3^- 基团易于展开，键能较小，所以其化学活泼性较大。CNO^- 基团也比较活泼。—O—O—基团、四唑基团等，其键能都比较小，容易破坏，故都表现出比较敏感的特性。

键能的大小对炸药敏感性的影响，仅仅是指单个分子。但实际上接触到的不是单个分子，而是以装药形式存在的大量分子。而炸药发生爆炸又恰恰是以能量层层传递的方式沿着整个装药自行传播的。因此，炸药的敏感度是由一系列物理化学因素决定的，键能的大小仅仅是这些因素之一。

② 分子结构　炸药的敏感度除了决定于键能的大小外，还与炸药的分子结构和成分有关。单质炸药的分子中都含有各种不稳定的原子团或基团，这些原子团亦可称为爆炸原子团。炸药分子中所含不稳定原子团的性质、所在的位置和数量都影响着炸药的敏感度。一般情况下，所含原子团的稳定性越小、数量越多则敏感度越高。如含有 —C≡C—C 的乙炔衍生物、—O—N≡C（雷酸盐）等，

这些不稳定原子团分解时，能释放出大量热能，会很快转为爆轰。一般情况下，在起爆药分子中含有相同的不稳定原子团时，其敏感度随键能的减少而增高。表 6-7 给出了常见含有不稳定原子团的爆炸性化合物。

表 6-7　常见含有不稳定原子团的爆炸性化合物

序号	爆炸性混合物	爆炸性原子团	举例
1	硝基化合物	—N(=O)(=O)	四硝基甲烷、三硝基甲苯
2	硝酸酯	—O—N(=O)(=O)	硝化甘油、硝化棉
3	硝胺	N—N(—)(=O)	黑索金,特屈儿
4	叠氮化合物	—N=N=N	叠氮化铅、叠氮化钠
5	重氮化合物	—N=N—	二硝基重氮酚
6	雷酸盐	—O—N=C	雷汞,雷酸银
7	乙炔化合物	—C≡C—	乙炔银,乙炔铜
8	过氧化物和臭氧化物	—O—O—、—O—O—O—	过氧化氢、臭氧
9	氮的卤化物	—NX	氯化氮、溴化氮
10	氯酸盐和高氯酸盐	—O—Cl(=O)、—Cl(=O)(=O)(=O)	氯酸铵、高氯酸铵

③ 活化能　炸药的活化能实际上就是爆炸的一个能栅。这个能栅越高，越不易跨过这个能栅而爆炸，也就是敏感度越低；相反，活化能越小，其敏感度也就越高。应当指出，活化能受外界影响较大，所以不是所有情况都遵守这一规律。

④ 其他因素　炸药的爆热、热容量与导热性等都对敏感性有影响。

（2）温度

介质温度的高低，对炸药的敏感度也有显著影响。通常温度高敏感度高。当药温接近爆发点时，则给以很小的能量即能引爆，这是炸药在储运过程中必须注意的一个问题。如硝化甘油在 16℃时，其起爆能为 0.28kgm/cm²，在 94℃时其起爆能为 0.1kgm/cm²，到 182℃时，极微小的震动也会引起爆炸。这是因为随着温度的升高，炸药本身的能量也会激增，对起爆所需外界供给的能量即相应地减少，从而敏感度升高。因此，爆炸品在储运过程中一定要远离火种和热源，在夏季注意通风和降温。

低温对炸药的影响，表现为个别炸药在低温条件下可生成不安定的晶体而影响其敏感度。如：硝化甘油混合炸药（爆胶）在低温条件下可生成呈三斜晶系的晶体，这种结晶体对摩擦非常敏感，甚至微小的外力作用就足以引起爆炸。所以普通爆胶储存温度不得低于 10℃，耐冻爆胶也不得低于 -20℃。

（3）杂质

砂粒、石子、水、金属、酸、碱等杂质对炸药的敏感度有很大影响，而且不同的杂质所产生的影响也不同。在一般情况下，砂粒、石子等固体杂质，尤其是硬度高、有尖棱的杂质，能增加炸药的敏感度。因为这些杂质能使冲击能集中在尖棱上，产生许多高能中心，促使炸药爆炸，如 TNT 炸药混进砂粒后，敏感度显著提高。炸药还能与很多金属杂质反应生成更易爆炸的物质，特别是铅、银、铜、锌、铁等金属，与苦味酸、TNT、三硝基苯甲醚等炸药反应的生成物，都是敏感度极高的爆炸物，大多轻微的摩碰都会即行起爆；强酸、强碱与苦味酸、爆胶、雷汞、黑索金、无烟火药等许多炸药接触能发生剧烈反应或生成敏感度极高的爆炸物，一经摩碰即起爆。例如，硝化甘油遇浓硫酸会发生不可控制的反应。相反，石蜡、沥青、糊精、水等松软的或液态的物质掺入炸药后，往往会降低其敏感度。如：硝化棉含水量大于 32%，对摩擦、撞击等机械敏感度大为降低；苦味酸含水量大于 35% 时、硝铵炸药含水量大于 3% 时就不会爆炸。这是因为水能够在炸药结晶表面形成一层可塑性柔软薄膜，将结晶包围起来，当受到外界机械作用时，可减少结晶颗粒的摩擦，使得冲击作用变得较弱，故使炸药钝感。几种炸药失去爆炸性的湿度见表 6-8。

表 6-8　炸药失去爆炸性的湿度

炸药名称	湿度/%	炸药名称	湿度/%
六硝基二苯胺	＞75	TNT	＞30
苦味酸	＞35	黑火药	＞15
硝化棉	＞32	硝铵炸药	＞3

由此可见，炸药在储存和运输过程中，特别是在撒漏时，要防止砂粒、石子、尘土等杂质混入，避免与酸、碱接触。对于能受金属激发的炸药，应禁止用金属容器盛装，也不得用金属工具进行作业。同时还可以根据水对炸药的钝化作用和冷却作用，在着火时用水灭火。但含湿的炸药再次受热后将会导致爆炸。

（4）结晶

不同结晶形态具有不同的敏感度。炸药的晶体结构与敏感度的关系是，结晶形状不同，其敏感性也不同，这主要是由它们晶格能量的不同决定的。例如氮化铅有 α 型与 β 型两种晶格体，α 型为棱柱状，β 型为针状。由于 β 型氮化铅具有的晶格能量较低，所以比 α 型氮化铅的机械敏感性高，在其晶粒破碎时可发生自爆现象；又如，硝化甘油炸药在凝固时，结晶呈斜方晶系的属于定安型、呈三斜晶系的属于不安定型。呈不安定型的结晶敏感度较高。随着近代固体物理学的发展，对炸药的晶体结构与敏感度的关系提出了很多论证，诸如晶格的缺陷、晶体的位错等，这些因素部可以使炸药处于一种"介稳状态"，所以对机械或外界能量表现出敏感性。

关于结晶颗粒的大小与敏感度的关系，一般认为炸药的大粒结晶是比较敏感的，即炸药的敏感度随结晶颗粒的加大而提高；反之则降低。此看法被一些试验结果所证实，但亦有某些试验也与此相反，应该将晶体颗粒的棱角多少、锋利程度、晶体表面上存在的缺陷和位错等因素联系起来分析。如果晶体表面的棱角较少，晶体表面缺陷和位错不显著，对机械作用可能钝感；反之小结晶也会出现敏感。一般说来，较大结晶容易出现表面缺陷和位错，或可能出现尖锐的棱角，多数表现比较敏感，这就是说炸药结晶过程不同，可能结晶为不同晶形，而晶形不同会影响炸药的敏感度。

（5）密度

通常密度增大，敏感度有所降低。炸药承装密度的增大，通常使敏感度均有所降低，但粉碎疏松的炸药，其敏感度较致密的炸药高。因为炸药的密度不仅直接影响冲力、热量等外界能在炸药中的传播，而且对炸药颗粒之间的相互摩擦也有很大影响，因此，储运过程中包装完好的炸药其敏感度比包装破裂的炸药要低。所以要注意包装完好，一般情况下不允许在松散状态下储运。

6.9.4.2 化学不稳定性

① 遇酸分解　叠氮铅遇浓硫酸或浓硝酸能引起爆炸；

② 受光照射分解　TNT 受日光照射，敏感度会增高，容易引起爆炸等；

③ 受热辐射分解　与某些金属接触生成不稳定盐类；雷汞遇浓硫酸会发生猛烈的分解而爆炸；苦味酸能与金属反应生成苦味酸盐，其对摩擦、冲击的敏感度比苦味酸还高，因此苦味酸不能用金属容器盛放。

6.9.4.3 殉爆

如图 6-1 所示，殉爆是指炸药 A 爆炸后，受到外界能量激发起爆后，能够引起与其相隔一段距离的炸药 B 也爆炸，这种现象叫做炸药的殉爆。

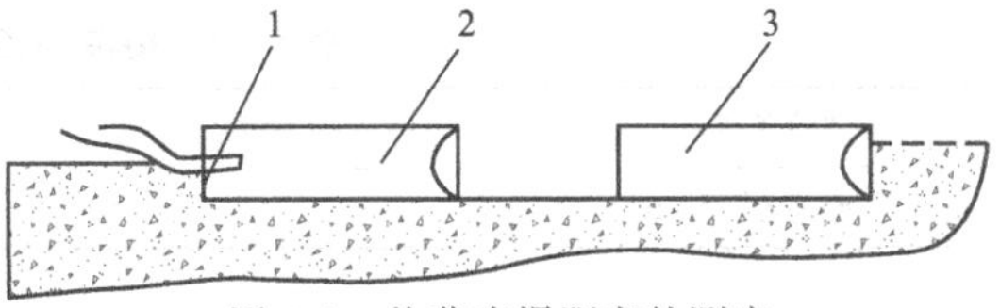

能引起从爆炸药百分之百爆炸的两炸药间最大距离为殉爆距离；百分之百不能引起从爆炸药殉爆的两炸药间最小距离为最小不殉爆距离，也叫做殉爆安全距离。

图 6-1　炸药殉爆距离的测定
1—雷管；2—主发药包；3—被发药包

主爆炸药爆炸后，其爆炸能量通过介质传递给从爆炸药而引起爆炸。由于下列原因，可能引起从爆药殉爆。

ⅰ. 主爆药的爆轰产物直接冲击从爆药。从爆药在炽热爆轰气团和冲击波的作用下达到起爆条件，于是发生殉爆。

ⅱ. 冲击波冲击从爆药。在两炸药相距较远或从爆药装在某种外壳内，从爆药主要受到主爆药爆炸冲击波作用的情况下，若作用在从爆药的冲击波速大于或等于从爆药的临界爆速时，就可能引起殉爆。

ⅲ. 主爆药爆炸时，抛掷出的固体破片（如炮弹弹片或包装材料破片等）冲击从爆药，也可引起从爆药的殉爆。

炸药的殉爆一般要经历"燃烧—加速燃烧—爆轰"的反应过程。当从爆药受到主爆药的上述作用时，其表面温度升高，局部发生分解；分解热引起高速化学反应，炸药开始燃烧；燃烧放出的热量进一步提高自身温度使燃速加快，并沿着炸药孔隙进入内部。此外，在冲击波的作用下，孔隙内的空气因受到绝热压缩形成热点，急剧的化学反应从热点开始，形成燃烧和加速燃烧。这两种情况最后都会导致整个炸药的爆炸。例如，1964 年英国某采石场为了改建炸药库房，采用爆破法拆除旧库房，他们在墙壁上挖了几个洞，装进炸药爆破。引爆后竟将附近一个临时堆放炸药场地上的炸药堆殉爆，殉爆药量734kg，造成附近建筑物破坏，1人死亡，多人受轻伤。事后分析原因，可能是爆炸冲击波或抛出的高速破片使炸药堆发生殉爆。从这次事故可以得出教训，作业现场堆放炸药应有限制，并应严格管理。进行爆破作业的地点离堆放炸药的场所必须有足够的安全距离。

影响炸药殉爆的主要因素有以下几点。

ⅰ.主爆炸药的爆炸能量愈大，引起殉爆的能力愈大。主爆药的爆炸能量与药量、爆炸威力、密度等有关。高威力、大药量炸药的爆炸，其殉爆距离较远。为了尽量减少殉爆危险，加工或储存爆炸品的建筑物需限定存药量，任何人都要遵守有关工房、库房的定员和定量的规定。

ⅱ.从爆药的敏感度越高，其殉爆的可能性越大。凡是影响从爆药爆轰感应的因素（密度、装药结构、粒度大小、化学性质等），都影响殉爆距离。

ⅲ.两炸药间介质的种类不同，其殉爆情况也不同。例如炸药苦味酸（药量50g，主爆药密度1.25g/cm³，从爆药密度1.0g/cm³，均为纸外壳），其殉爆距离随介质不同而变化的情况如表6-9所示。

表6-9　殉爆距离与介质的关系

两炸药间的介质	空气	水	黏土	钢	砂
殉爆距离/cm	28	4.0	2.5	1.5	1.2

ⅳ.两炸药之间的连接方式不同，其殉爆情况也不同。如两炸药之间用管子连接时，爆轰产物和冲击波能集中地沿着管子传播，增大了殉爆的能力，使殉爆距离增大很多。以苦味酸为例试验，主爆药50g，密度为1.25g/cm³，从爆药密度为1.0g/cm³，试验数据如表6-10所示。

表6-10　殉爆距离与连接方式的关系

试验条件	无管道	内径32mm、壁厚1mm纸管	内径32mm、壁厚5mm钢管
50%殉爆距离/cm	19	59	125

从表6-10中数据可以看出，即使采用壁厚仅1mm、强度很低的纸管，其殉爆距离也比无管道时大3倍多，当管道为5mm厚的钢管时，殉爆距离增大到6倍多，可见管道的作用非常显著。由于炸药在制造和加工过程中常采用管道输送，故应在炸药及其原料的输送管道上设置隔火、隔爆装置，以避免引起殉爆。

ⅴ.主爆药的引爆方向不同，对殉爆距离也有影响。这主要是由于引爆方向不同时，其冲击波在各个方向上的分布不均匀造成的。图6-2是圆柱形药柱从一端中心引爆和从斜对角线上引爆时，其殉爆范围的试验结果。试验中，主爆药和从爆药柱都使用φ32mm×50mm的胶质硝化甘油炸药。

由图6-2可知，在设计炸药工房、库房时，应避免两个危险建筑物长面相对，尽量减少殉爆危险性。

6.9.5　典型爆炸品

（1）苦味酸

危险货物编号：11057，第1类爆炸品。

苦味酸学名为2,4,6-三硝基苯酚（干的或含水<30%）。分子式是(NO$_2$)$_3$C$_6$H$_2$OH，分子量229.11。相对密度：晶体1.763（20℃/4℃）；液态1.589（124℃）。熔点122℃，爆热

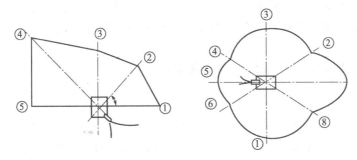

图 6-2 主炸药的引爆方向与殉爆距离的关系
"①"等代表不同的方向和角度

4396.14kJ/kg，爆温 3570K。

苦味酸为黄色块状或针状结晶，无臭，有毒，味极苦。加热至 32℃（或重大撞击）能发生剧烈爆炸。与金属（除锡外）或金属氧化物作用生成盐类（当有水分时，苦味酸很易与金属及其氧化物起反应生成盐类），此种盐类极敏感，摩擦、震动都能发生剧烈爆炸（苦味酸铁、苦味酸铅具有最大的敏感度）。苦味酸燃烧后生成有刺激性和毒性的二氧化氮和一氧化碳等气体。苦味酸在水中的溶解度随温度升高而加大，苦味酸亦能溶于乙醇、苯及乙醚；浓溶液能使皮肤起泡。其爆炸性比 TNT 强 5%～10%。

苦味酸用于炸药、火柴、染料、制药和皮革等工业。

（2）黑索金（RDX）

危险货物编号：11041，第 1 类爆炸品。

黑索金学名是环三亚甲基三硝胺，分子式 $C_3H_6N_3(NO_2)_3$，分子量 222.3，密度 $1.816g/cm^3$，熔点 204～205℃。

黑索金是无臭、有甜味的白色结晶物品，不吸湿，难溶于水、乙醇、四氯化碳和二硫化碳，微溶于甲醇和乙醚，易溶于热苯胺、酚、丙酮和浓硝酸中。黑索金具有很高的化学稳定性，50℃下储存数月而不分解，对阳光作用是稳定的。它是中性物品，不与稀酸发生作用，能溶于浓硫酸并发生反应。少量的黑索金在露天能迅速点燃，并发出明亮的火焰。本品的爆炸性能、威力、猛度都比较高，是 TNT 的 1.5 倍。快速加热时分解爆炸，燃点为 230℃。本品对冲击、摩擦很敏感，冲击感度为（80±8）%，摩擦感度为（76±8）%，爆速为 8640m/s，爆热为 5526.58kJ/kg，密度为 1 时的铅柱压缩值为 24.9mm。本品虽毒性不大，但长期吸入粉尘，可引起慢性中毒。

（3）TNT

危险货物编号：11035，第 1 类爆炸品。

TNT（梯恩梯）别名褐色炸药，学名是 2,4,6-三硝基甲苯（干的或含水<30%），分子式为 $C_6H_2(NO_2)_3 \cdot CH_3$，分子量 227.10，凝固点 80.85℃，密度 $1.663g/cm^3$。

本品为淡黄色针状结晶，纯净的 TNT 是一种无色（见光后变成淡黄色）的柱状或针状结晶物质。工业用 TNT 为鳞片状或块状固体。在 0～35℃间很脆，在 35～40℃时逐渐过渡为可塑体。在 50℃以上时能塑制成型，吸湿性很小，一般约为 0.05%。在水中溶解度很小，易溶于苯、甲苯、丙酮、乙醇、硝酸、硝-硫混酸中。TNT 在这些物质中的溶解度随温度增高而递增。它的机械感度较低，安定性能好，生产使用比较安全。便于长期储运和长途运输。本品在军事上广泛用于装填各种炮弹及各种爆破器材，也常与其他炸药混合制成多种混合作药。在工业中多用于采矿、筑路、疏通河道等。

本品有大的爆炸威力，当温度达 90℃ 左右时，能与铅、铁、铝等金属作用，其生成物受冲击、摩擦时很容易发生爆炸，受热易燃烧。本品有毒，多数通过皮肤沾染和呼吸道吸入而中毒。

着火时主要用水扑救，不可用砂土等物覆盖。

（4）雷汞

危险货物编号：11025。

雷汞别名雷酸汞、白药，分子式 $Hg(CNO)_2$，分子量 284.62，相对密度 4.42，爆燃点 165℃，爆速 5400m/s，爆温 4810℃，爆热 1486.31kJ/kg，爆轰气体体积 304L/kg，撞击感度 0.1～0.2kg·m，氧平衡 -11.2%。

雷汞是汞与硝酸作用制得硝酸汞 $Hg(NO_3)_2$ 后，再与乙醇作用而制得。粗制品为灰色至暗褐色的晶体或粉末，主要用于制造雷管。精制品为白色有光泽的针状结晶体。

本品有毒，能溶于温水、乙醇及氨水中，不溶于冷水。与铜作用生成碱性雷汞铜，具有更大的敏感度。遇盐酸或硝酸能分解，遇硫酸则爆炸。极易爆炸，在干燥状态时，即使是极轻的摩擦、冲击也会引起爆炸。

（5）硝化甘油

危险货物编号：11033，第 1 类爆炸品。

硝化甘油别名甘油三硝酸酯，分子式 $C_3H_5(ONO_2)_3$，分子量 227。淡黄色稠厚液体，几乎不溶于水，有毒。是以甘油滴入冷却的浓硝酸、浓硫酸的混酸中反应后生成的。凝固点：安定型为 13.2℃；不安定型为 2.8℃。

当硝化甘油完全冻结成安定型后，其敏感度降低；但若处于半冻结（或半熔化）状态时，则敏感度极高。因为此时已经冻结部分的针状结晶，会像带尖刺的杂质一样，使其敏感度上升。在 65% 的相对湿度下，吸湿 0.17%。它对冲击的敏感度甚至接近于起爆药叠氮化铅，加之为液态，使用不方便，因而硝化甘油很少单独用作炸药，都是在其中加入吸收剂，使之成为固态或胶质的混合炸药（如爆胶炸药等）。但是这种混合炸药在遇热后，硝化甘油又常常会从吸收剂中渗出（叫做"出汗"），渗透出的硝化甘油具有极高的冲击敏感度，所以硝化甘油混合炸药是一种对温度要求很严格的炸药。此类炸药在气温低于 10℃，以及耐冻的气温低于 -20℃ 时不予运输。

（6）硝铵炸药

危险货物编号：11084，第 1 类爆炸品。

硝铵炸药别名铵梯炸药、阿莫特，是硝酸铵与 TNT 等猛炸药的混合物，其机械敏感度大于 TNT，各组成物质按作用可分为：氧化剂（主要为 NH_4NO_3，国产硝铵炸药的硝酸铵的含量一般在 60%～90% 之间）、可燃剂（TNT 等猛性炸药，它的加入可以在一定程度上提高炸药的敏感度，增加爆炸威力）、消焰剂（食盐等，它的加入可防止矿井中可燃气体或可燃粉尘的爆炸）、防潮剂（主要为石蜡等，目的是防止炸药的吸潮结块）。

硝铵炸药按其用途的不同，上述各物质的含量也不相同，通常又把含有 TNT 的炸药叫铵梯炸药；含有轻柴油的硝铵炸药叫铵油炸药；而含有沥青、石蜡等的硝铵炸药叫铵沥蜡炸药。

硝铵炸药在工业炸药中虽然是一种比较稳定的炸药，但在受到强烈的撞击、摩擦时仍能发生爆炸。在空气中，少量的硝铵炸药遇火虽然燃烧而不爆炸，但在量大或在密闭的条件下，硝铵炸药遇火则会猛烈爆炸。因此，在装卸搬运作业中仍应注意轻拿轻放，远离热源火源。

硝铵炸药因含有易吸潮的硝酸铵与食盐，在包装破损后从空气中吸收水分而受潮。受潮的硝铵炸药使用时不仅威力降低，而且易造成瞎炮，在使用中造成事故。故在储运过程中应当注意包装完好，防止受潮。

（7）导火索

危险货物编号：14007，第 1 类爆炸品。

导火索是以麻线或棉线等包缠黑火药品和心线，外部涂以防湿剂沥青或树脂而制成的，通常用火柴或接火管点燃，用来引爆雷管或黑火药等。

（8）导爆索和雷管

危险货物编号：11007（外包金属的导爆索）；11008（柔性的导爆索）；11001（爆破用电雷管）；11002（爆破用非电雷管）。

导爆索是以棉线或麻线包缠猛性炸药和心线，外涂防湿剂而制成。雷管是装有起爆药（有的还装有猛性炸药）的金属或纸质、塑料等的小管，因最初装的是雷汞，所以叫雷管。

（9）铵油、铵松蜡炸药

危险货物编号：15003（铵油炸药）；15004（铵松蜡炸药）。第 1 类爆炸品。

以硝酸铵为主要成分，与柴油和木粉（或不加木粉）所组成的混合炸药，称为铵油炸药；以硝酸铵为主要成分，与松香、木粉、石蜡（或加少量柴油）所组成的混合炸药称为铵松蜡炸药。

（10）E 型爆破用炸药

危险货物编号：15002。

① 浆状炸药　以硝酸铵为主要成分，以水作分散介质，加入可燃剂、猛炸药（或其他可燃剂）等多组分混合制成。浆状炸药呈均匀黏稠胶状，似浆状体。其密度可调，产品价格较低，有较好的抗水性能，但其起爆感度较差，雷管不易直接起爆。浆状炸药适用于无沼气、无矿尘爆炸危险的中硬岩石爆破工程，特别适用于露天爆破工程，可用于水下爆破。

② 乳化炸药　以硝酸盐水溶液与油类经乳化而成的油包水型膏状含水炸药，按其用途分为煤矿许用乳化炸药、岩石乳化炸药和露天乳化炸药 3 类。

③ 水胶炸药　以硝酸甲胺为主要敏化剂的含水炸药。它是将硝酸甲胺、氧化剂（以硝酸铵为主）、辅助敏化剂、辅助可燃剂、密度调节剂等材料溶解、悬浮于有凝胶的水溶液中，再经化学交联而制成的一种凝胶状炸药。水胶炸药按其用途可分为煤矿许用水胶炸药和岩石水胶炸药两种。前者用于有沼气或煤尘爆炸危险矿井的爆破工程；后者用于无沼气或无煤尘爆炸危险的井下和露天爆破工程。

6.10　混合危险物质

两种或两种以上物质单独存放并无燃爆危险，但一旦混合或接触就会发生燃爆，这样一些物质称为混合危险性物质。

根据混合后的危险状态可以分为如下几种情况。

（1）混合后立即燃烧或爆炸

混合后立即燃烧或爆炸物品的实质是氧化剂和还原剂的混合。

常见的氧化剂有：硝酸盐、亚硝酸盐、氯酸盐、高氯酸盐、亚氯酸盐、过氧化物、发烟硫酸、浓硫酸、浓硝酸、发烟硝酸、氧气（包括液氧）、液氯、溴、氟、氧化氮等。

还原剂即可燃物，常见的有苯胺类、醇类、醛类、醚类、有机酸、石油产品、木炭、金属粉以及其他有机高分子化合物。

（2）物质混合后生成不安定化合物

物质混合后生成的不安定化合物有极强的氧化性，若遇到还原剂，即会燃爆。如强酸（硫酸）和氯酸盐，过氯酸盐混合时，会生成有强氧化性的 $HClO_3$、$KClO_4$ 或无水的 Cl_2O_5、

Cl_2O_7 等。

$$KClO_3 + H_2SO_4 =\!=\!= KHSO_4 + HClO_3$$
$$3HClO_3 =\!=\!= HClO_4 + 2ClO_2\uparrow + H_2O$$
$$2ClO_2 =\!=\!= Cl_2 + 2O_2$$

在火柴头上滴一滴浓硫酸，火柴头自己燃烧起来，发生的就是上面的反应。

（3）物质混合后生成爆炸性物质

乙炔与铜、银、汞盐反应能生成敏感易爆的乙炔铜（或银、汞）。氯酸钾与氨、铵盐、银盐、铅盐接触会生成爆炸性物质氯酸铵、氯酸铅等。

（4）混合后生成可燃性高压气体

如电石和水混合后生乙炔。

$$CaC_2 + 2H_2O =\!=\!= Ca(OH)_2 + C_2H_2$$

（5）物质混合后生成有毒、有害或腐蚀性物质

如某工厂用稀硝酸销毁叠氮化钠时，由于放出有毒的氢氰酸气体而造成中毒事故。

（6）混合后反应放出热量引起自燃

热量为反应物或生成物或邻近物品吸收，引起这些物质自燃。

如浓硝酸泄漏到木屑上时，由于这两种物质发生化学反应所放的热，足以引起木屑自燃。

硝酸＋木屑→二氧化氮(棕色)＋二氧化碳＋水

7　燃烧、爆炸事故后果分析

事故是指造成主观上不希望出现的结果意外发生的事件，其发生的后果可以为死亡，疾病，伤害，财产损失或其他损失共五类。

事故后果分析的目的是定量描述一个可能发生的事故将造成的人员伤亡、财产损失和环境污染情况。分析结果为企业或企业主管部门提供关于重大事故后果的信息，为企业决策者和设计者提供关于采取何种防护措施的信息，如防火系统、报警系统或减压系统等的信息，以达到减轻事故影响的目的。另外，事故后果分析是安全评价的组成部分，也是编制应急响应预案的依据。

火灾、爆炸、中毒是常见的重大事故，可能造成严重的人员伤亡和巨大的财产损失，影响社会安定。本章重点介绍有关火灾、爆炸和中毒事故后果分析（热辐射、爆炸波、中毒），在分析过程中要运用数学模型。通常一个复杂的问题或现象用数学来描述，模型往往是在一系列的假设前提下按理想的情况建立的，有些模型经过小型试验的验证，有的则可能与实际情况有较大出入，但对事故后果评价来说是可参考的。

7.1　后果分析的一般程序

7.1.1　后果分析程序

① 划分独立功能单元　划分原则：①包含重大危险源；⑪空间上相对独立；⑪泄漏物料与其他单元隔离，如有紧急切断阀、有液位或压力控制的自动阀、有清晰明确信号遥控的阀、同一堤坝内的储罐应作为一个单元考虑。

② 计算单元中有害物质存量　根据工艺流程和设备参数计算单元中有害物质的存量，并记录物质的种类、相态、温度、压力、体积或质量等。对于连续的流动系统需要估算。

③ 找出设备的典型故障　将设备划分为 10 类，分析可能存在的典型故障，每种设备只考虑少数几种情况。

④ 计算泄漏量　分析故障可能造成瞬时的或连续的泄漏，计算泄漏量或泄漏流量。

⑤ 计算后果　分析泄漏后可能造成的火灾、爆炸等后果，选择合适的模型计算事故对生产现场内或现场外的影响。

⑥ 整理结果　将计算结果整理成表格，并在单元平面图上划出影响范围。

7.1.2　后果分析所需参数

① 有害物质的参数　包括有害物质的相态、最大质量或体积、温度、压力、密度，热力学性质如沸点、蒸发热、燃烧热、热容等，有害与毒性参数等。

② 设备的参数　工艺流程、设备类型、设备的可能故障与泄漏位置、泄漏口形状尺寸等。

③ 现场情况与气象情况　设备布置、人员分布、资金密度，设备地理位置，堤坝高度面积，常年主导风向、平均风速、大气稳定情况、日照情况，地形情况，地面粗糙度、建筑、树木高度等。

并不是所有参数都与模型计算有关，但关注这些情况有助于使分析结果更符合实际。

7.1.3　后果分析模式选择

泄漏后果与泄漏物质的相态、压力、温度、可燃性、毒性等性质密切相关。在后果分析中考虑的泄漏物质主要有四种类型：①常压液体；Ⅱ加压液化气体；Ⅲ低温液化气体；Ⅳ加压气体。

危险物质的性质不同，其泄漏后果也不相同，分析过程见图 7-1。

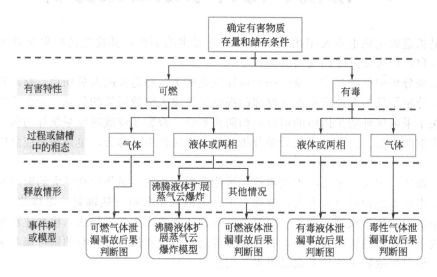

图 7-1 泄漏事故后果判断图

（1）可燃气体泄漏

可燃气体泄漏后与空气混合达到燃烧极限，遇到点火源就会发生燃烧或爆炸。泄漏后发火时间不同，泄漏后果也不相同。

① 立即发火 可燃气体泄漏后立即被点燃，发生扩散燃烧，产生喷射性火焰或形成火球，影响范围较小。

② 滞后发火 可燃气体泄漏后与周围空气混合形成可燃云团，遇到点火源发生爆燃或爆炸，破坏范围较大。

可燃气体泄漏事故后果判断见图 7-2。

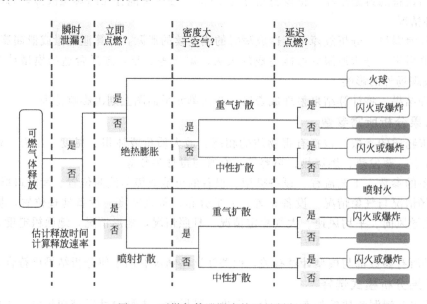

图 7-2 可燃气体泄漏事故后果判断图

（2）有毒气体泄漏

有毒气体泄漏后形成云团，在空气中扩散，有毒气体形成的浓密云团将笼罩很大范围，所以影响范围大。有毒气体泄漏事故后果判断见图 7-3。

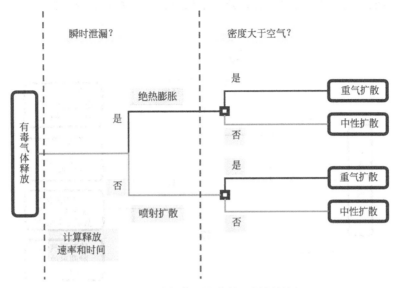

图 7-3　有毒气体泄漏事故后果判断图

（3）液体泄漏

一般情况下，泄漏的液体在空气中蒸发而形成气体。泄漏后果取决于液体蒸发生成的气体量，液体蒸发生成的气体量与泄漏液体种类有关。

① 常温常压液体泄漏　液体泄漏后聚集在防火堤内或地势低洼处形成液他，液体表面发生缓慢蒸发。

② 加压液化气体泄漏　液体在泄漏瞬间迅速气化蒸发。没来得及蒸发的液体形成液池，吸收周围热量继续蒸发。

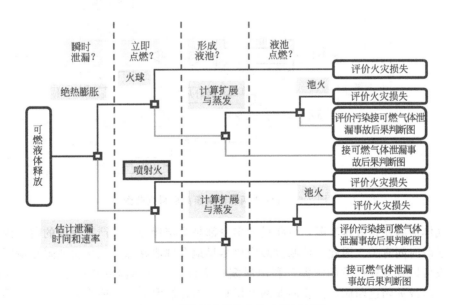

图 7-4　可燃液体泄漏事故后果判断图

③ **低温液体泄漏** 液体泄漏后形成液池，吸收周围热量蒸发，液体蒸发速度低于液体泄漏速度。

可燃液体泄漏事故后果判断见图7-4；有毒液体泄漏事故后果判断见图7-5；气体或两相泄漏事故后果判断见图7-6；可燃与有毒液体泄漏事故后果判断见图7-7。

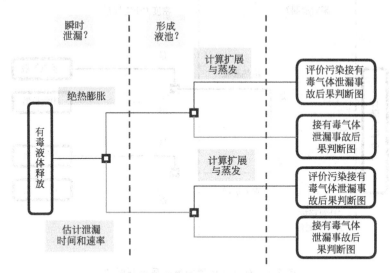

图 7-5　有毒液体泄漏事故后果判断图

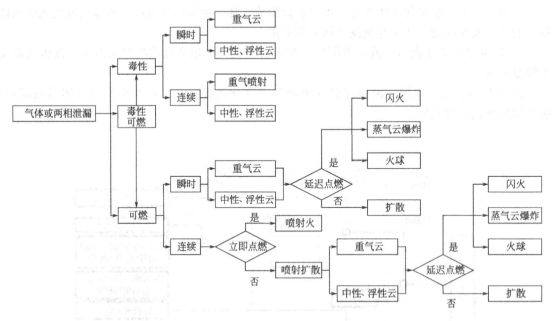

图 7-6　气体或两相泄漏事故后果判断图

无论气体泄漏还是液体泄漏，泄漏量的多少都是决定泄漏后果严重程度的主要因素，而泄漏量又与泄漏时间有关。因此，控制泄漏应该尽早地发现泄漏源并且尽快地阻止泄漏。通过人员巡回检查可以发现较严重的泄漏；利用泄漏检测仪器、气体泄漏检测系统可以发现各种泄漏。利用停车或关闭遮断阀，停止向泄漏处供料可以控制泄漏。一般来说，与监控系统联锁的自动停车速度快；仪器报警后由人工停车的速度较慢，大约需 3～15min。

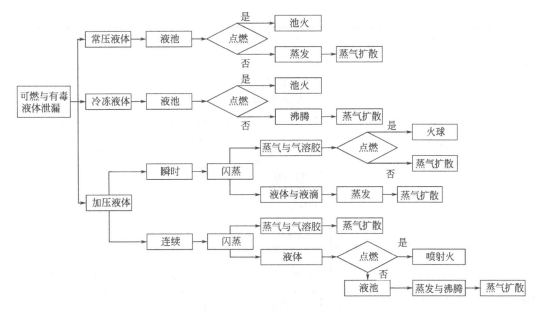

图 7-7 可燃与有毒液体泄漏事故后果判断图

7.2 泄漏

7.2.1 泄漏设备及损坏尺寸

泄漏指装有介质的密闭容器、管道或装置,因密封性破坏,出现的非正常的介质向外泄放或渗漏的现象。火灾和因有毒气体引起的中毒事故都与物质的泄漏有着直接的关系。按泄漏介质的性质不同可分为气体泄漏、液体泄漏和固体泄漏;按泄漏机理的不同可分为界面泄漏、渗透泄漏和破坏性泄漏;按泄漏部位的不同可分为密封体泄漏、关闭体泄漏和本体泄漏。造成泄漏的原因有以下两点。

ⅰ. 由于机械加工的结果,机械产品的表面存在各种缺陷和形状及尺寸偏差,因此,在机械零件连接处不可避免地会产生间隙。

ⅱ. 密封体两侧存在压力差,工作介质就会通过间隙而泄漏。

消除或减少任一因素就可以阻止或减少泄漏。就一般设备而言,减小或消除间隙是阻止泄漏的主要途径。

根据各种设备泄漏情况分析,可将工厂(特别是化工厂)中易发生泄漏的设备概括为表 7-1 所示的十类典型设备泄漏情况。

表 7-1 典型设备泄漏情况

典型设备	附件	图例	典型损坏	可能损坏尺寸
管道的泄漏	管道,法兰,焊接,弯管		①法兰泄漏 ②管道泄漏 ③焊缝失效	20%管径 100%或20%管径 100%或20%管径

续表

典型设备	附件	图例	典型损坏	可能损坏尺寸
挠性连接器的泄漏	软管,波纹管,铰接器		①破裂泄漏 ②接头泄漏 ③连接装置损坏	100%或20%管径 20%管径 100%管径
过滤器的泄漏	滤器,滤网		①破裂泄漏 ②接头泄漏 ③连接装置损坏	100%或20%管径 20%管径 100%管径
阀的泄漏	球阀,闸阀,球形阀,塞阀,针阀,蝶阀,阻气阀,泄压阀,紧急切断阀		①阀室泄漏 ②阀盖泄漏 ③阀杆损坏	100%或20%管径 20%管径 20%管径
压力容器及反应器的泄漏	分离器,气体洗涤器,混合器,反应器,热交换器,火加热器,塔,管道清洗发射/接受器,再沸器		①容器破裂 ②容器泄漏 ③人孔盖泄漏 ④喷嘴损坏 ⑤仪表管道破裂 ⑥内部爆炸	全部破裂 100%最大管径 20%开口直径 100%管径 100%或20%管径 全部破裂
泵的泄漏	离心泵,往复泵		①泵壳损坏 ②密封泄漏	100%或20%管径 20%管径

典型设备	附件	图例	典型损坏	可能损坏尺寸
压缩机的泄漏	离心式压缩机,轴流式压缩机,往复式压缩机		①泵壳损坏 ②密封泄漏	100%或20%管径 20%管径
贮罐的泄漏	所有常压贮罐(管道连接和堤坝也应作为设备的一部分考虑)		①容器损坏 ②连接泄漏	100% 100%或20%管径
加压或冷冻贮槽的泄漏	加压贮罐或运输容器,冷冻贮罐或运输容器,地埋或非地埋容器		①沸腾液体扩展蒸汽云爆炸(仅非地埋情况) ②破裂 ③焊缝失效	全部破裂(点燃) 全部破裂 100%或20%管径
放空燃烧管和排气管的泄漏	所有放空燃烧管或排气管(歧管、洗气放空装置、分离鼓应作为设备的一部分考虑)		①歧管或分离鼓泄漏 ②超规范排放	100%或20%管径 估算

7.2.2 泄漏量的计算

计算泄漏量是泄漏分析的重要内容，根据泄漏量可以进一步研究泄漏物质情况。

当发生泄漏的设备的裂口规则、裂口尺寸已知，泄漏物的热力学、物理化学性质及参数可查到时，可以根据流体力学中有关方程计算泄漏量。当裂口不规则时，采用等效尺寸代替，考虑泄漏过程中压力变化等情况时，往往采用经验公式计算泄漏量。

7.2.2.1 液体泄漏量

单位时间内液体泄漏量，即泄漏速度，可根据伯努利（Bernoulli）方程计算：

$$q_m = C_d A \rho \sqrt{\frac{2(p-p_0)}{\rho} + 2gh} \tag{7-1}$$

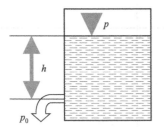

图 7-8　液体泄漏流量
计算示意图

式中　q_m——液体泄漏质量流量，kg/s；

C_d——液体排放系数，按表 7-2 取值；

A——泄漏口面积，m^2；

ρ——泄漏液体密度，kg/m^3；

p——容器内介质压力，Pa；

p_0——环境压力，Pa；

g——重力加速度，$9.8 m/s^2$；

h——泄漏口上液位高度（见图 7-8），m。

式(7-1)表明，常压下液体泄漏速度取决于裂口之上液位的高低；非常压下液体泄漏速度主要取决于设备内物质压力与环境压力之差。通常按式(7-1)计算的为初始流量，也是最大流量。

液体排放系数 C_d 为实际流量与理想理论流量的比，用于补偿公式推导中忽略了的摩擦损失、因惯性引起的截面收缩等因素。

C_d 的影响因素：泄漏口形状（见表 7-2）；泄漏口位置；泄漏介质的状态等。

C_d 的取值：薄壁（壁厚≤孔半径）小孔泄漏，其值约为 0.62；厚壁（孔半径＜壁厚≤8 倍孔半径）小孔或通过一短管泄漏，其值约为 0.81；通过修圆小孔排放，则排放系数为 1.0；保守估计，取 1.0。

表 7-2　液体泄漏系数 C_d

雷诺数 Re $Re = du\rho/\mu$	泄漏口形状		
	圆形（多边形）	三角形	长条形
＞100	0.65	0.60	0.55
≤100	0.50	0.45	0.40

7.2.2.2 过热液体泄漏量

当设备中液体是过热液体，即液体沸点低于周围环境温度时，液体从裂口喷出后部分液体闪蒸，汽化热来自液体本身，剩余液体将降温至其常压沸点。这种情况下，泄漏时直接蒸发的液体所占分数，即闪蒸液体分数 F 为：

$$F_V = \frac{C_p(T - T_b)}{H_V} \tag{7-2}$$

式中　F_V——闪蒸液体分数（F_V 大于 0.2，不形成液池；F_V 小于 0.2 时，可以假定带走液体与 F_V 成线性关系；$F_V = 0$，无液体被带走；$F_V = 0.1$，50%液体被带走。）

C_p——液体比定压热容，J/(kg·K)；

T——液体温度，K；

T_b——液体常压沸点，K；

H_V——常压沸点下的汽化热，J/kg。

7.2.2.3 气体泄漏

气体从设备的裂口泄漏时，其泄漏速度与空气的流动状态有关，因此，首先要判断泄漏时气体流动属于亚声速流动还是声速流动，前者称为次临界流，后者称为临界流。

当式(7-3)成立时，气体流动属于亚声速流动

$$\frac{p_0}{p} > \left(\frac{2}{\kappa+1}\right)^{\frac{\kappa}{\kappa-1}} \tag{7-3}$$

当有式(7-4)成立时，气体流动必属于声速流动

$$\frac{p_0}{p} \leqslant \left(\frac{2}{\kappa+1}\right)^{\frac{\kappa}{\kappa-1}} \tag{7-4}$$

式中，κ 为比热容比，即比定压热容 c_p 与比定容热容 c_V 之比。

$$\kappa = \frac{c_p}{c_V} \tag{7-5}$$

气体符合理想气体状态方程，则根据伯努利方程可推导出气体泄漏公式(7-6)

$$q_V = C_d p A \sqrt{\frac{2\kappa}{\kappa-1}\frac{M}{RT}\left[\left(\frac{p_0}{p}\right)^{\frac{2}{\kappa}} - \left(\frac{p_0}{p}\right)^{\frac{\kappa+1}{\kappa}}\right]} \tag{7-6}$$

式中 C_d——排放系数，通常取 1.0；

     κ——等熵指数，是比定压热容与比定容热容的比值；

     M——气体的分子量，kg/mol；

     R——摩尔气体常数，8.314J/(mol·K)；

     T——容器内气体温度，K。

① 气体流动的阻塞   气体内部压力增大，气体泄漏流速加快；一般情况，泄漏气体的运动速度只能达到声速。

② 临界压力   泄漏气体的运动速度达到声速时的压力。

$$p_c = p_0\left(\frac{\kappa+1}{2}\right)^{\frac{\kappa}{\kappa-1}} \tag{7-7}$$

③ 声速流   压力高于临界压力。

$$q_V = C_d p A \sqrt{\frac{\kappa M}{RT}\left(\frac{2}{\kappa+1}\right)^{\frac{\kappa+1}{\kappa-1}}} \tag{7-8}$$

④ 亚声速流   压力低于临界压力。用式(7-6)计算。

许多气体的等熵指数在 1.1 到 1.4 之间（见表 7-3），则相应的临界压力只有约 1.7～1.9atm，因此多数事故的气体泄漏是声速流。

表 7-3   几种气体的等熵指数和临界压力   atm

物质	丁烷	丙烷	二氧化硫	甲烷	氨	氯	一氧化碳	氢
κ	1.10	1.13	1.29	1.31	1.31	1.36	1.40	1.41
p_c	1.71	1.73	1.83	1.84	1.84	1.87	1.90	1.90

注：泄漏流量仍然随容器中介质压力的增加而增加。

7.2.2.4 两相泄漏

如果容器中的过热液体泄漏前通过较长的管道（$L/D > 12$）就会产生两相泄漏。可用下述简化方法计算。

假设系统中出口临界压力和上游压力比为 0.55，则

$$p_c = 0.55p \tag{7-9}$$

泄漏两相中蒸发液体分数 F_V 按式(7-10) 计算：

$$F_V = \frac{c_p(T - T_b)}{H_V}$$
(7-10)

两相流中气相和液相混合物的平均密度：

$$\rho = \frac{1}{\dfrac{F_V}{\rho_g} + \dfrac{1 - F_V}{\rho_l}}$$
(7-11)

则两相流排放泄漏流量为：

$$q_m = C_d A \sqrt{2\rho(p - p_c)}$$
(7-12)

C_d——两相流泄漏系数，一般取 0.8。

闪蒸比例可按式(7-10) 计算：

$F_V > 1$，应按气体泄漏计算；

F_V 较小，可以简单地按液体泄漏计算。

7.3 蒸发与绝热膨胀

7.3.1 液体的扩展与蒸发

液体泄漏后沿地面一直流到低洼处或人工边界，如堤坎、岸墙，形成液池。如果泄漏的液体挥发度较低，则液池中液体蒸发量较少，不易形成气团。如果是挥发性的液体或低沸点的液体，泄漏后液体蒸发量大，大量蒸气在液池上面形成蒸气云。

液体离开裂口后不断蒸发，当液体蒸发速度与泄漏速度相等时，液池中的液体量将维持不变。

7.3.1.1 液体的扩展

（1）液池形状

物质泄漏后在地面上形成液池。由于液体的自由流动特性，液池会在地面上蔓延。图 7-9 显示了周围不存在任何障碍物时，液池在地面上的蔓延过程。在这种情况下，液池起初是以圆形在地面上蔓延。但是，即使泄漏点周围不存在任何障碍物，液池也不会永远蔓延下去，而是存在一个最大值，即液池有一个最小厚度。对于低黏性液体，不同的地面类型，液池的最小厚度是不一样的。表 7-4 给出了最小液池厚度和地面类型之间的关系。

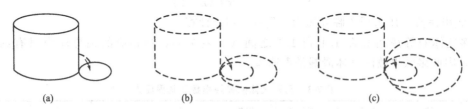

(a)   (b)   (c)

图 7-9 泄漏源周围不存在任何障碍物时液池在地面上的蔓延

表 7-4 不同地面的最小液层厚度

地面性质	草地	粗糙地面	平整地面	混凝土地面	平静的水面
最小液层厚度/m	0.020	0.025	0.010	0.005	0.0018

液池面积与最小液层厚度的关系如式(7-13) 所示。

$$S = \frac{V}{H_{\min}} = \frac{m}{H_{\min}\rho}$$
(7-13)

而实际情况下，泄漏点周围都或多或少地存在着障碍物，如防火堤。如果周围存在障碍物，则液池在地面上的蔓延要复杂一些。开始阶段，液池如同周围不存在防火堤一样以圆形向周围蔓延。遇到防火堤后，液池停止径向蔓延，同时液池形状发生改变。之后，随着泄漏的不断进行，液池周围围绕储罐蔓延，直至包围整个储罐，随后液面开始上升，其蔓延的动态过程如图 7-10 所示。

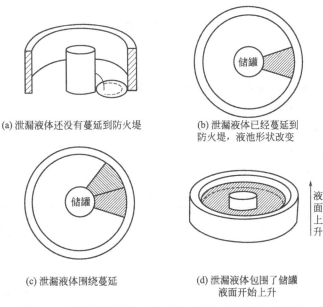

(a) 泄漏液体还没有蔓延到防火堤

(b) 泄漏液体已经蔓延到防火堤，液池形状改变

(c) 泄漏液体围绕蔓延

(d) 泄漏液体包围了储罐液面开始上升

图 7-10　泄漏源周围存在防火堤时液池在地面上的蔓延

（2）液池面积

如果泄漏的液体已经达到人工边界，则液池面积即为人工边界围成的面积。如果泄漏的液体没有到达人工边界，可以假定液体以泄漏点为中心呈扁圆形沿光滑的地表向外扩散，这时液池半径 r 可按式(7-14)和式(7-16)计算：

瞬间泄漏（泄漏时间不超过 30s）时

$$r = \left(\frac{t}{\beta}\right)^{\frac{1}{2}} \tag{7-14}$$

$$\beta = \left(\frac{\pi\rho}{8gm}\right)^{\frac{1}{2}} \tag{7-15}$$

连续泄漏（泄漏持续 10min 以上）时

$$r = \left(\frac{t}{\beta}\right)^{\frac{3}{4}} \tag{7-16}$$

$$\beta = \left(\frac{\pi\rho}{32gm}\right)^{\frac{1}{3}} \tag{7-17}$$

式中　r——液池半径，m；

　　　t——泄漏时间，s；

　　　ρ——液体密度，g/m^3；

　　　g——重力加速度，m/s^2；

　　　m——泄漏质量，kg。

其他形状液池应化为等面积圆，其等效直径为：

$$D = \left(\frac{4S}{\pi}\right)^{\frac{1}{2}} \tag{7-18}$$

式中 S——其他形状液池面积，m^2。

7.3.1.2 液体的蒸发

（1）吸收地面热蒸发

液体泄漏后，在地面上边蔓延变蒸发。低温液体或闪蒸后剩余的液体，主要吸收地面热量进行蒸发，蒸发速率：

$$m=\frac{\lambda_s(T_a-T_b)}{H_v(\pi\alpha_s t)^{\frac{1}{2}}}\tag{7-19}$$

式中 m——蒸发速率，$kg/(m^2 \cdot s)$；

λ_s——表面热导率，可参考表 7-5，$W/(m \cdot K)$；

α_s——热扩散率，可参考表 7-5，m^2/s；

T_a——环境温度，K；

T_b——液体沸点，K；

t——蒸发时间，s。

表 7-5　不同表面的热导率及热扩散率

表面	热导率/[W/(m·K)]	热扩散率/(m²/s)
混凝土	1.1	1.29×10^{-7}
土地(8%水)	0.9	4.3×10^{-7}
干沙	0.3	2.3×10^{-7}
湿沙土地	0.6	3.3×10^{-7}
沙砾地	2.5	11.0×10^{-7}

（2）风引起质量转移

根据扩散通量正比于液池表面饱和蒸气浓度与其在大气中的本体浓度之差，忽略本体浓度并结合理想气体状态方程，可以得到液体蒸发速度公式（7-20）。

$$m=\frac{kp_sM}{RT_a}\tag{7-20}$$

式中 m——蒸发速度，$kg/(m^2 \cdot s)$；

k——扩散传质系数，m/s；

p_s——液体饱和蒸气压，Pa；

M——分子量，kg/mol。

传质系数也可简单计算：

$$k=0.002u\tag{7-21}$$

式中 u——1m 高处风速，m/s。

（3）考虑了大气稳定度的蒸发计算公式

$$m=a\left(\frac{p_sM}{RT_a}\right)u^{\frac{2-n}{2+n}}r^{\frac{4+n}{2+n}}\tag{7-22}$$

式中，n，a 取值可参考表 7-6。

表 7-6　n，a 取值

稳定条件	n	a
不稳定	0.2	3.846×10^{-3}
中性	0.25	4.685×10^{-3}
稳定	0.3	5.285×10^{-3}

（4）美国环保署使用的蒸发计算公式

$$m = \frac{10.40 u^{0.78} M^{0.667} p}{RT} \qquad (7\text{-}23)$$

式中　p——液体在池温度下的蒸气压，kPa；

　　　T——池中液体温度，K；

　　　R——气体常数，82.05atm·cm³/(mol·K)。

7.3.2　喷射扩散

气体泄漏时从裂口射出形成气体射流。一般情况下，泄漏的气体的压力将高于周围环境大气压力，温度低于环境温度。在进行射流计算时，应该以等效裂口直径来计算。等效裂口直径与实际裂口直径的关系为：

$$D_{eq} = D \sqrt{\frac{\rho_0}{\rho}} \qquad (7\text{-}24)$$

式中　D_{eq}——等效裂口直径，m；

　　　D——实际裂口直径，m；

　　　ρ_0——气体刚流出时对环境空气的相对密度；

　　　ρ——气体在环境条件下对环境空气的相对密度。

如果气体泄漏瞬间便达到周围环境的温度、压力，即 $\rho_0 = \rho$，则等效裂口直径等于实际裂口直径，$D = D_{eq}$。喷射轴线上距喷射孔 x 处的体积分数 $\varphi(x)$ 为

$$\varphi(x) = \left(\frac{\frac{b_1 + b_2}{b_1}}{0.32 \frac{x}{D_{eq} \rho_0^{1/2}} + 1 - \rho} \right) \qquad (7\text{-}25)$$

式中　b_1、b_2——分布函数。

$$b_1 = 50.5 + 48.2\rho - 9.95\rho^2 \qquad (7\text{-}26)$$
$$b_2 = 23.0 + 41.0\rho \qquad (7\text{-}27)$$

如果把上式写成 x 是 $\varphi(x)$ 的函数形式，则给定某体积分数值 $\varphi(x)$，可以计算出具有该体积分数的点到孔口的距离 x。垂直于喷射轴的水平面上的体积分数分布由式(7-28)给出：

$$\frac{\varphi(x, y)}{\varphi} = e^{-b_2 \left(\frac{y}{x}\right)^2} \qquad (7\text{-}28)$$

随着距孔口距离的增加，射流轴线上的一点的气体运动速度减少，直到等于周围的风速时为止，此后的气体运动就不再符合射流规律了。在后果分析时需要计算出射流轴线上速度等于周围风速的临界点以及该点处的气体体积分数（临界体积分数）。射流轴线上沿轴的喷射速度分布由式(7-29)计算：

$$\frac{u_x}{u_0} = \frac{\rho_0}{\rho} \frac{b_1}{4} \left(0.32 \frac{x}{D_{eq}} \frac{\rho}{\rho_0} + 1 - \rho \right) \left(\frac{D_{eq}}{x} \right)^2 \qquad (7\text{-}29)$$

式中　u_x——喷射轴上距喷射孔 x 处的喷射速度，m/s；

　　　u_0——喷射初速度，m/s，等于气体泄漏时流经裂口时的速度，可按式（7-30）计算

$$u_0 = \frac{q_V}{C_d \rho_0 \pi \left(\frac{D}{2} \right)^2} \qquad (7\text{-}30)$$

当临界点处的临界体积分数小于允许速度时，只需要按射流扩散分桥泄漏扩散；当临界点处临界体积分数大于允许体积分数时，还需要进一步研究泄漏气体此后在大气中扩散的情况。

7.3.3　绝热膨胀

闪蒸的液体或压缩气体瞬时释放后，假定泄漏物与周围环境之间没有热交换，属于绝热扩

散过程。泄漏的气体（或蒸气）呈半球形向外扩散，假定气云是呈包含两个区间的半球状，内层"核"具有均匀的浓度，包含 50％的泄漏质量，外层浓度呈高斯分布，具有另外 50％的泄漏量。

这种双层云团扩散假定分两步：

第一步，气体或气溶胶膨胀到压力降至大气压，在膨胀过程中气团获得动能，称为膨胀能；

第二步，在膨胀能作用下气团进一步扩张，推动空气紊流混合进入气团。假设第二阶段持续到核的扩张速度降到某给定值时结束。

第一步膨胀到大气压，膨胀能是始态能量和末态能量的差，减去对大气所做的功：

$$E = c_V(T_1 - T_2) - p_a(V_2 - V_1) \tag{7-31}$$

式中　c_V——比定容热容，J/(kg·K)；

　　　T_1——始态温度，℃；

　　　T_2——末态温度，℃；

　　　p_a——大气压力，Pa；

　　　V_2——末态体积，m³；

　　　V_1——始态体积，m³。

第二步空气紊流混合，紊流扩散系数就按式(7-32)计算。

$$K_d = 0.0137 V_{g0}^{1/3} E^{1/2} \left[\frac{V_{g0}^{1/3}}{tE^{1/2}} \right]^{1/4} \tag{7-32}$$

式中　V_{g0}——标准状态下气体的体积，m³。

内核半径和内核体积分数随时间的变化可按式(7-33)和式(7-34)计算。

$$r_c = 1.36(4K_d t)^{1/2} \tag{7-33}$$

$$c_c = \frac{0.0478 V_{g0}}{[4K_d t]^{3/2}} \tag{7-34}$$

当内核扩张速度（dr_c/dt）降至给定值时，第二阶段结束。临界速度的选择是任意的，通常的推荐值是 1m/s。

选定此速度再结合扩散能以及内核半径、内核浓度与时间的关系，可以得到第二阶段结束时的内核半径和浓度：

$$r_{ce} = 0.08837 E^{0.3} V_{g0}^{1/3} \tag{7-35}$$

$$c_{ce} = 172.95 E^{-0.9} \tag{7-36}$$

扩散第二阶段结束时，半球形气团的半径按式(7-37)计算。

$$r_{pe} = 1.456 r_{ce} \tag{7-37}$$

计算气团密度时，需先计算气团中空气质量。根据气团半径可知气团体积，根据式(7-38)求气团中空气质量：

$$V_c = \frac{m_a}{\rho_a} + \frac{m}{\rho_g} \tag{7-38}$$

则气团密度为：

$$\rho_c = \frac{m_a + m}{V_c} \tag{7-39}$$

7.4　气云在大气中的扩散

液体、气体泄漏后在泄漏源附近扩散，在泄漏源上方形成气云，气云将在大气中进一步扩散，影响广大区域。因此，气云在大气中的扩散成为重大事故后果分析的重要内容。

气云在大气中的扩散情况与气云自身性质有关。当气云密度小于空气密度时，气云将向上扩散而不会影响下面的居民；当气云密度大于空气密度时，气云将沿着地面扩散，给附近人员带来严重的危害。如果泄漏物质易燃、易爆，则局部空间的体积分数很容易达到燃烧、爆炸范围之内，且维持时间较长，增大了发生燃烧、爆炸的可能性。

根据物质泄漏后所形成的气云的物理性质的不同，可以将描述气云扩散的模型分为重气扩散模型和非重气扩散模型两种。

7.4.1 重气扩散

危险物质泄漏后会由于以下三个方面的原因而形成比空气重的气体：①泄漏物质的分子量比空气大，如氯气等物质；②由于储存条件或者泄漏的温度比较低，泄漏后的物质迅速闪蒸，而来不及闪蒸的液体泄漏后形成液池，其中一部分液态介质以液滴的方式雾化在蒸气介质中，达到气液平衡，因此泄漏的物质在泄放初期，形成夹带液滴的混合蒸气云团，使蒸气密度高于空气密度，如液化石油气等；③由于泄漏物质与空气中的水蒸气发生化学反应导致生成物质的密度比空气大。

判断泄漏后的气体是否为重气，可以用 Ri 来判断，它表示质点的湍流作用导致的重力加速度的变化值与高度为 h 的云团由于周围空气对其剪切作用而产生的加速度的比值，其表达式为

$$Ri = (\rho - \rho_a)gh/(\rho_a^2 \cdot v) \tag{7-40}$$

式中　ρ，ρ_a——云团和空气的密度，kg/m^3；

　　　　g——重力加速度，m/s^2；

　　　　v——空气对云团的剪切力产生的摩擦速度，m/s。

通常定义一个临界 Ri_0，当 Ri 超过 Ri_0 时，即认为该扩散物质为重气。Ri_0 的选取具有很大的不确定性，其取值一般取 10。

7.4.1.1 重气扩散模型研究

（1）经验模型

经验模型即 BM 模型，它是根据一系列重气扩散的实验数据绘制成的图表，Hanna 等对其进行了量纲处理并拟合成解析公式，发现能与 Britter 和 Mc-Quaid 绘制的试验曲线吻合得较好。该模型具有简单、易用的特点。

（2）一维模型

一维模型主要包括用于重气瞬时泄漏的箱模型和用于连续泄漏的板块模型，重气形成后会由于重力的作用在近地面扩散，一维模型认为其扩散过程包括如下几个阶段。

① 重力沉降阶段　重气泄漏后由于其密度比周围空气的密度大，云团的顶部会由于重力的作用而下陷，从而导致云团径向尺寸增大，高度降低。

② 重气扩散向非重气扩散转换阶段　在此阶段云团会发生空气卷吸，空气卷吸的过程就是云团稀释冲淡的过程，空气卷吸分为顶部空气卷吸和侧面空气卷吸，总的空气卷吸质量等于两者之和，试验以及模型的预测结果表明：与顶端空气卷吸质量比较，侧面空气卷吸的质量可以忽略，在此阶段除了由于卷吸空气的进入而导致云团的体积、质量发生变化外，云团还会与周围环境发生热量交换从而导致云团温度的变化。

③ 被动扩散阶段　此阶段由于云团的密度接近或者小于空气，受浮力的影响，云团向高处扩散。判断的准则为前述的 Ri 准则。此后其扩散模拟采用高斯模型进行计算。

（3）三维流体力学模型

三维流体力学模型是基于计算流体力学的数值方法，以纳维方程为理论依据，结合一些初

始和边界条件，加上数值计算理论和方法，从而实现预报真实过程各种场的分布。该方法在原理上具有可以模拟任何复杂情况下的重气扩散过程的能力，用这种方法就克服了一维模型中辨识和模拟重气的下沉、空气的卷吸等各种物理效应时所遇到的许多问题。目前计算流体力学的数值方法主要是对重气扩散的湍流模拟，由于重气扩散过程发生在大气边界层内，尤其是靠近地面的底层，即近地层，而大气边界层研究的主要是湍流输送的问题，比较成熟的湍流模拟模型有 $k\varepsilon$ 模型，国内外不同的学者对该模型均做过不同的修正。

（4）浅层模型

由于一维模型基于很多理想化的假设导致结果不能够很好地反映重气扩散的动态过程，而三维模型计算又过于复杂，因此产生了浅层模型。该类模型克服了一维模型的缺点，同时保留了三维模型能够准确模拟扩散过程中各种场变化的优点，典型的浅层模型为 SLAB、TWODEE 模型，它们能够模拟连续泄漏以及瞬时泄漏的重气扩散过程。

7.4.1.2 重气扩散影响因素

影响重气扩散的因素很多，根据其泄漏的实际情况以及国内外的研究现状，归纳如下。

① 初始释放状态　初始释放状态包括泄漏物质的存储相态、存储的压力及温度、存储容器的填充程度、泄漏源在存储容器上的位置、泄漏的面积、泄漏形式（瞬时泄漏或连续泄漏）、泄漏物质的密度等，这些因素均会影响重气在大气中的扩散。如泄漏物质是加压液化储存还是常态储存直接决定了泄漏物质在扩散过程中与外界环境的热量交换；泄漏形式是瞬时泄漏还是连续泄漏导致所使用的重气扩散的模型不同；泄漏物质的密度直接影响泄漏物质是否为重气的判断，同时影响由重气转变为非重气的时间。

② 环境风速与风向　风速对重气扩散的影响是复杂的，不同高度的风速是不断变化的，风速的增大会加剧重气和空气之间的传热和传质，使得重气的扩散加剧，风速对扩散气云的迎风面和背风面的影响也不一样。风速越大，风对重气云团的平流输送作用加剧，同时紊流扩散作用增大，导致重气云团的体积分数下降，下风向处气体体积分数降低，重气与周围空气的热量交换加剧。实验结果表明：风速较大时，下风向各处气体体积分数较小，风速较小时，下风向各处气体体积分数较大。对于倾斜表面的重气扩散，风向平行于斜面与风向平行于水平地面时的扩散情况也是不一样的。

③ 地表粗糙度　重气在扩散过程中，若遇到障碍物，风场结构会发生变化，使重气扩散情况复杂，特别是当泄漏源在障碍物的背风面时，由于低压会发生回流，导致重气在泄漏源附近的体积分数高，不利于其扩散。研究表明，不同类型的障碍物导致地表粗糙度不同，对重气扩散的影响也不同。

④ 空气湿度　空气湿度对扩散的影响主要表现在两个方面：Ⅰ空气湿度影响空气的密度进而影响扩散气云转变为重气的时间；Ⅱ空气湿度影响气云与外界环境之间的热量交换。

⑤ 大气温度与稳定度　重气扩散过程中会卷吸大量的空气，因此存在其与空气之间的热量交换，空气的温度直接影响了重气云团的温度以及其转变为非重气的时间。大气稳定度与气温的垂直分布有关，不同温度层的重气云团的状态不同，一般来说，对于近地源，不稳定条件是有利的，可以加速重气的扩散；而对于高架源，不稳定条件是不利的，因为重气容易扩散到地面附近积聚。

⑥ 地面坡度　当重气在有坡度的斜面上扩散时，其情况比平坦地形上的重气扩散要复杂得多。实验结果表明：坡度对重气扩散具有重要的影响，不同的坡度对扩散的影响不同。对于瞬时扩散，坡度越大，云团到达同一地点的时间越短，云团在斜面上的停留时间越短。同时气云在斜坡上顺风和逆风扩散的状态也是不同的，关于斜坡上重气扩散的风向问题目前国内外对此没有研究，多数情况只是假设重气在斜坡上顺风扩散。

⑦ 太阳辐射 重气在扩散过程中不仅与卷吸的空气和地面发生热量的交换，同时太阳的热辐射也对其产生影响。太阳热辐射影响泄漏物质的蒸发量进而影响重气扩散时的体积分数，太阳辐射强，蒸发量多，重气体积分数高，扩散所需要的时间长。

7.4.2 非重气扩散

根据气云密度与空气密度的相对大小，将气云分为重气云、中性气云和轻气云三类。如果气云密度显著大于空气密度，气云将受到方向向下的重力作用，这样的气云称为重气云。如果气云密度显著小于空气密度，气云将受到方向向上的浮力作用，这样的气云称为轻气云。如果气云密度与空气密度相当，气云将不受明显的浮力作用，这样的气云称为中性气云。轻气云和中性气云统称为非重气云。非重气云的空中扩散过程可用众所周知的高斯模型描述。

高斯（GAUSS）模型包括高斯烟羽模型和高斯烟团模型。烟羽模型适用于连续点源的泄漏扩散，而烟团模型适用于瞬时点源的泄漏扩散。

高斯扩散模型建立较早，模型简单，实验数据充分，应用非常广泛。在重气泄漏场合，可以先使用重气模型，当湍流扩散起主要作用时，再改用高斯扩散模型。

7.4.2.1 扩散方程和基本条件

（1）扩散基本方程

在均匀流场中，根据菲克定律和质量守恒，可以建立有害气体的三维扩散基本方程：

$$\frac{\partial C}{\partial t}=E_{t,x}\frac{\partial^2 C}{\partial x^2}+E_{t,y}\frac{\partial^2 C}{\partial y^2}+E_{t,z}\frac{\partial^2 C}{\partial z^2}-u_x\frac{\partial C}{\partial x}-u_y\frac{\partial C}{\partial y}-u_z\frac{\partial C}{\partial z}-KC \tag{7-41}$$

式中　　　　C——有害物质质量浓度，kg/m^3；

　　　　　　t——扩散时间，s；

$E_{t,x}$、$E_{t,y}$、$E_{t,z}$——x、y、z方向上的湍流扩散系数，常数；

u_x、u_y、u_z——x、y、z方向上的平均风速，m/s；

　　　　　　K——衰减系数，常数。

（2）瞬时泄漏扩散方程

$$\frac{\partial C}{\partial t}+u_x\frac{\partial C}{\partial x}=E_{t,x}\frac{\partial^2 C}{\partial x^2}+E_{t,y}\frac{\partial^2 C}{\partial y^2}+E_{t,z}\frac{\partial^2 C}{\partial z^2} \tag{7-42}$$

在大气场中，只考虑 x 方向风速，风向与 x 轴一致，即 $u_x=0$、$u_y=0$；

忽略地面吸收等造成的有害物质衰减，即 $K=0$；

有风时：

$$\frac{\partial C}{\partial t}=E_{t,x}\frac{\partial^2 C}{\partial x^2}+E_{t,y}\frac{\partial^2 C}{\partial y^2}+E_{t,z}\frac{\partial^2 C}{\partial z^2} \tag{7-43}$$

无风时：

$$u_x\frac{\partial C}{\partial x}=E_{t,y}\frac{\partial^2 C}{\partial y^2}+E_{t,z}\frac{\partial^2 C}{\partial z^2} \tag{7-44}$$

式(7-43)说明有风条件下稳态时某位置的质量浓度不随时间变化；在风向上的湍流扩散可以忽略。

7.4.2.2 无边界点源模型

（1）瞬时点源扩散

无风条件下的瞬时点源扩散模型为：

$$\frac{\partial C}{\partial t}=E_{t,x}\frac{\partial^2 C}{\partial x^2}+E_{t,y}\frac{\partial^2 C}{\partial y^2}+E_{t,z}\frac{\partial^2 C}{\partial z^2} \tag{7-45}$$

先考虑沿 x 方向的一维扩散：

$$\frac{\partial C}{\partial t} = E_{t,x} \frac{\partial^2 C}{\partial x^2} \tag{7-46}$$

初始条件：$t=0$ 时，$x=0$ 处，$C \to \infty$；$x \neq 0$ 处，$C \to 0$。

边界条件为：$t \to \infty$ 时，$C \to 0$，$-\infty < x < +\infty$。

解得

$$C(x,t) = \frac{1}{2(\pi E_{t,x} t)^{1/2}} \exp\left(-\frac{x^2}{4E_{t,x} t}\right) \tag{7-47}$$

源强为 Q_m 时的浓度分布为：

$$C(x,t) = \frac{Q_m}{2(\pi E_{t,x} t)^{1/2}} \exp\left(-\frac{x^2}{4E_{t,x} t}\right) \tag{7-48}$$

三维时：

$$C(x,y,z,t) = \frac{Q_m}{8(\pi^3 E_{t,x} E_{t,y} E_{t,z} t^3)^{1/2}} \exp\left[-\frac{1}{4t}\left(\frac{x^2}{E_{t,x}} + \frac{y^2}{E_{t,y}} + \frac{z^2}{E_{t,z}}\right)\right] \tag{7-49}$$

令

$$\sigma_x^2 = 2E_{t,x} t$$

则

$$C(x,y,z,t) = \frac{Q_m}{(2\pi)^{3/2} \sigma_x \sigma_y \sigma_z} \exp\left[-\left(\frac{x^2}{2\sigma_x^2} + \frac{y^2}{2\sigma_y^2} + \frac{z^2}{2\sigma_z^2}\right)\right] \tag{7-50}$$

式中　σ_x，σ_y，σ_z——下风向、横风向和竖直风向的扩散系数，m。

有风时，气云中心按风速运动，做坐标变换即得：

$$C(x,y,z,t) = \frac{Q_m}{(2\pi)^{3/2} \sigma_x \sigma_y \sigma_z} \exp\left[-\left(\frac{(x-\bar{u}_x t)^2}{2\sigma_x^2} + \frac{y^2}{2\sigma_y^2} + \frac{z^2}{2\sigma_z^2}\right)\right] \tag{7-51}$$

式中　$\bar{u}_x$——环境平均风速，m/s。

（2）连续点源

有风条件下连续点源扩散的浓度分布为：

$$C(x,y,z) = \frac{Q_m}{4\pi x(E_{t,y} E_{t,z})^{1/2}} \exp\left[-\frac{\bar{u}_x}{4x}\left(\frac{y^2}{E_{t,y}} + \frac{z^2}{E_{t,z}}\right)\right] \tag{7-52}$$

令

$$\sigma_x^2 = 2E_{t,x} t = \frac{2E_{t,x} x}{\bar{u}_x}$$

$$\sigma_y^2 = 2E_{t,y} t = \frac{2E_{t,y} x}{\bar{u}_x}$$

$$\sigma_z^2 = 2E_{t,z} t = \frac{2E_{t,z} x}{\bar{u}_x}$$

则

$$C(x,y,z) = \frac{Q_m}{2\pi \bar{u}_x \sigma_y \sigma_z} \exp\left[-\left(\frac{y^2}{2\sigma_y^2} + \frac{z^2}{2\sigma_z^2}\right)\right] \tag{7-53}$$

7.4.2.3　有界点源扩散

一般把地面作为镜子一样可以完全反射有害物质，见图 7-11。有害物质的实际浓度为由真实源计算的浓度和由与真实源对称的虚源计算的浓度之和。

（1）高架连续点源

设泄漏源有效高度为 H，取其在地面投影为坐标原点，x 轴指向风向，如图 7-12 所示。考虑地面反射作用，可得高架连续点源泄漏的浓度分布：

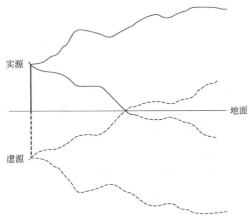

图 7-11 有界点源反射图

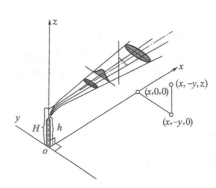

图 7-12 坐标示意图

$$C(x,y,z,H)=\frac{Q_m}{2\pi\bar{u}\sigma_y\sigma_z}\exp\left(-\frac{y^2}{2\sigma_y^2}\right)\left\{\exp\left[-\frac{(z-H)^2}{2\sigma_z^2}\right]+\exp\left[-\frac{(z+H)^2}{2\sigma_z^2}\right]\right\} \qquad (7\text{-}54)$$

高架连续源地面浓度，即当 $z=0$ 时：

$$C(x,y,0,H)=\frac{Q_m}{\pi\bar{u}\sigma_y\sigma_z}\exp\left(-\frac{y^2}{2\sigma_y^2}\right)\exp\left(-\frac{H^2}{2\sigma_z^2}\right) \qquad (7\text{-}55)$$

高架连续点源地面轴向浓度，即当 $y=0$，$z=0$ 时：

$$C(x,0,0,H)=\frac{Q_m}{\pi\bar{u}\sigma_y\sigma_z}\exp\left(-\frac{H^2}{2\sigma_z^2}\right) \qquad (7\text{-}56)$$

高架连续点源的地面最大浓度

$$C_{\max}=\frac{2Q_m}{\pi e\bar{u}H^2}\cdot\frac{\sigma_z}{\sigma_y} \qquad (7\text{-}57)$$

即当 $y=0$，$z=0$ 时，假设 $\sigma_y/\sigma_z=a=$ 常数时，对 σ_z 求导并令其等于 0，可得：

$$\sigma_z\mid_{x=x_{\max}}=\frac{H}{\sqrt{2}} \qquad (7\text{-}58)$$

地面连续点源扩散模式，即当 $H=0$ 时：

$$C(x,y,z,0)=\frac{Q_m}{\pi\bar{u}\sigma_y\sigma_z}\exp\left(-\frac{y^2}{2\sigma_y^2}\right)\exp\left(-\frac{z^2}{2\sigma_z^2}\right) \qquad (7\text{-}59)$$

地面连续点源轴线的浓度，即当 $y=0$，$z=0$，$H=0$ 时：

$$C(x,0,0,0)=\frac{Q_m}{\pi\bar{u}\sigma_y\sigma_z} \qquad (7\text{-}60)$$

（2）高架瞬时点源

设释放源有效高度为 H，取释放源在地面投影为坐标原点，进行坐标变换并考虑地面的反射作用，则可将无边界瞬时点源扩散模型转换为高架瞬时点源模型。

无风时

$$C(x,y,z,t)=\frac{Q_m}{(2\pi)^{3/2}\sigma_x\sigma_y\sigma_z}\exp\left(-\frac{x^2}{2\sigma_x^2}-\frac{y^2}{2\sigma_y^2}\right)\left(-\exp\frac{(z-H)^2}{2\sigma_z^2}-\exp\frac{(z-H)^2}{2\sigma_z^2}\right)$$

$$(7\text{-}61)$$

有风时

$$C(x,y,z,t)=\frac{2Q_m}{(2\pi)^{3/2}\sigma_x\sigma_y\sigma_z}\exp\left[-\left(\frac{(x-\bar{u}_xt)^2}{2\sigma_x^2}+\frac{y^2}{2\sigma_y^2}+\frac{z^2}{2\sigma_z^2}\right)\right] \qquad (7\text{-}62)$$

（3）地面源（$H=0$）

$$C(x,y,z,t) = \frac{2Q_m}{(2\pi)^{3/2}\sigma_x\sigma_y\sigma_z}\exp\left[-\left(\frac{x^2}{2\sigma_x^2}+\frac{y^2}{2\sigma_y^2}+\frac{z^2}{2\sigma_z^2}\right)\right] \tag{7-63}$$

7.4.2.4 大气稳定度与扩散参数

(1) 大气稳定度分级

① 帕斯奎尔分级法 帕斯奎尔根据观测天空中的风速、云量、云状和日照等天气资料，将大气的扩散能力分为六个稳定度级别，见表 7-7。吉福德在此基础上建立了扩散参数与下风向距离的函数关系，并绘成 P-G 曲线图。根据大气稳定度级别查图即可知道扩散参数。

表 7-7 大气稳定度级别划分

地面风速 /(m/s)	白天太阳辐射			阴天的白天或夜间	有云的夜间	
	强	中	弱		薄云遮天或低云≥5/10	云量≤4/10
<2	A	A-B	B	D	—	—
2～3	A-B	B	C	D	E	F
3～5	B	B-C	C	D	D	E
5～6	C	C-D	D	D	D	D
>6	C	D	D	D	D	D

注：1. A—极不稳定，B—不稳定，C—弱不稳定，D—中性，E—弱稳定，F—稳定；

2. A-B—按 A、B 数据内插；

3. 规定日落前 1h 至日出后 1h 为夜间；

4. 不论什么天气状况，夜晚前后各 1h 算中性；

5. 仲夏晴天中午为强日照，寒冬中午为弱日照（中纬度）；

6. 云量，目视估计云蔽天空的分数，观测时，将天空划分 10 份，为之遮蔽的份数即为云量，无云则为零。

这种稳定度的方法不很严格，对同一天气状况，不同的人可能选用不同的稳定度级别。因此，不少人提出了改进方法，如我国的 GB/T 13201—1991。

② P-T 法 特纳尔提出的一套根据太阳高度角和云高、云量确定太阳辐射等级，再由辐射等级和 10m 高处风速确定稳定度级别的方法。

(2) 扩散参数的表示

扩散参数和下风向距离的关系以函数形式表示，使用比较方便，幂函数形式是一种常用的表示方法：

$$\sigma_y = ax^b \qquad \sigma_z = cx^d \tag{7-64}$$

式中的扩散参数系数见表 7-8。

表 7-8 世界银行推荐的扩散参数系数表

稳 定 度	扩散参数系数			
	a	b	c	d
A	0.527	0.865	0.28	0.90
B	0.371	0.866	0.23	0.85
C	0.209	0.897	0.22	0.80
D	0.123	0.905	0.20	0.76
E	0.098	0.902	0.15	0.73
F	0.065	0.902	0.12	0.67

7.4.2.5 虚拟点源

(1) 点源

释放源的几何尺寸为 0，相应的浓度为无穷大。一般的小尺寸泄漏可采用式(7-65)计算。

$$\sigma_y = ax^b \qquad \sigma_z = cx^d \tag{7-65}$$

(2) 虚拟点源（见图 7-13）

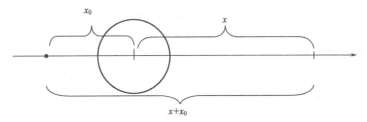

图 7-13 虚拟点源示意图

（3）各情形的虚拟点源

① 重气云或重气云羽 在转变点，重气云团是高度为 H、半径为 R 的圆柱体，重气云羽的截面是高为 H 半宽为 L 的矩形。

设想在转变点，风向上某点有一虚拟点源，该点源按高斯模型处理，在转变点处中心线的浓度等于转变点处云团或云羽的浓度，水平扩散参数为 σ_{y0}，垂直扩散参数为 σ_{z0}，令

$$\sigma_{y0} = \frac{R}{2.14} \text{或} \frac{L}{2.14} \tag{7-66}$$

$$\sigma_{z0} = \frac{H}{2.14} \tag{7-67}$$

根据扩散系数与下风向距离的关系可以反算出转变点到虚拟点源的距离 xy 和 xz。xy 和 xz 可以不相等。

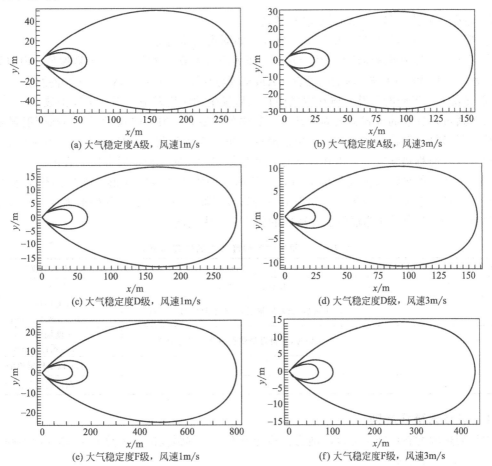

图 7-14 丙烷蒸气扩散等浓度图

液池蒸发,蒸发的气体呈密度均匀的圆柱体,处理方法与重气扩散相同。

② 闪蒸与绝热扩散气云 气云瞬时绝热膨胀,采用绝热扩散模型处理,可得到扩散结束后半球形气云的半径和密度。

将气云半径作为该点的高斯扩散的水平和垂直扩散参数,根据扩散参数与距离的关系计算虚拟点源的位置,然后按高斯点源模型处理。

③ 喷射扩散 喷射扩散的转变点处,浓度为中轴线浓度10%的圆的直径,作为高斯扩散在此点的扩散参数,用它来计算虚拟点源的位置。

由于喷射扩散的稀释速度比高斯扩散快,所以虚拟点源在泄漏口的上风方向。

7.4.2.6 计算示例

用高斯连续地面点源模型计算丙烷泄漏扩散情况,泄漏质量流量1kg/s。

将扩散系数代入高斯连续地面点源模式,得到下风向任意点浓度的计算式,给定浓度可求相应坐标。图7-14是采用mathematic绘制的等浓度图,图中三条曲线从内到外依次为爆炸下限（41g/m³）、中度危害浓度（18g/m³）和最高允许浓度（1g/m³）。

7.5 火灾事故后果分析

易燃、易爆的液体、气体泄漏后遇到点火源就会被点燃而燃烧。它们被点燃后的燃烧方式如下。

① 池火 液体泄漏后在地面或水面燃烧。

② 喷射火 气体从裂口喷出后立即燃烧,如同火焰喷射器。

③ 火球 又称沸腾液体扩展蒸气云爆炸,压力容器内液化气体过热使容器爆炸,内容物泄漏并被点燃,产生强大的火球;泄漏的可燃气云或蒸气与空气混合后被点燃,发生预混燃烧。

④ 突发火 泄漏的可燃气体在空气中扩散后发生的滞后燃烧,不产生冲击波。

火灾通过热辐射的方式影响周围环境。热辐射的后果一般用热辐射通量与热辐射强度来衡量。热辐射通量（简称热通量）是指单位时间、单位面积发射或接收的热量,通常以 q 表示。热辐射强度（简称热强度）是指热通量与热通量作用时间的乘积,通常以 I 表示。

当火灾产生的热辐射强度足够大时,可使周围的物体燃烧或变形。强烈的热辐射可能烧伤、烧死人员,造成财产损失。热辐射造成伤害或损坏的情况取决于热辐射强度,并有相应的损失等级。表7-9为不同热辐射强度造成的伤害和损失情况。

表 7-9 不同热辐射强度造成的伤害和损失

热辐射通量/(kW/m²)	对设备的损坏	对人的损害
37.5	操作设备全部损坏	1%死亡/10s
25	在无火焰、长时间辐射,木材燃烧的最小能量	重大损伤/10s 100%死亡/1min
12.5	有火焰时,木材燃烧塑料熔化的最低能量	一度烧伤/10s 1%死亡/1min
4.0		20s以上感觉疼痛
1.5		长期辐射无不舒服

7.5.1 热辐射破坏准则

常见的热辐射破坏准则可以归纳为:热通量准则、热强度准则及热通量-热强度准则。

7.5.1.1 热通量准则

以热通量作为衡量目标是否被破坏的参数;目标接受到的热通量大于或等于临界热通量,

目标被破坏；否则，目标不被破坏。

适用范围为热通量作用的时间比目标达到热平衡所需的时间长。

7.5.1.2　热强度准则

以目标接收到的热强度作为目标是否被破坏的唯一参数；目标接收到的热强度大于或等于临界热强度时，目标被破坏；否则，目标不被破坏。

适用范围为作用于目标的热通量持续时间非常短、以至于目标接收到的热量来不及散失掉。

7.5.1.3　热通量-热强度准则

当热通量准则或热强度准则的适用条件均不具备时，应该使用热通量-热强度准则。

热通量-热强度准则认为，目标能否被破坏不能由热通量或热强度一个参数决定，而必须由它们的组合来决定。

如果以热通量 q 和热强度 I 分别作为纵坐标和横坐标，那么，目标破坏的临界状态对应 qI 平面有一条临界曲线，见图 7-15。

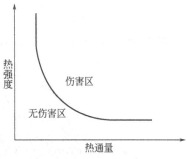

图 7-15　热通量-热强度曲线

7.5.2　池火

7.5.2.1　池火概述

可燃性液体泄漏后流到地面形成液池，或流到水面并覆盖水面，遇到点火源而形成池火。如泄漏到地面上、堤坝内液体的燃烧；敞开的容器内液体的燃烧；水面上液体燃烧等。

池火模型一般按圆形液面计算，所以其他形状的液池应换算为等面积的圆池。

无边界阻挡的连续泄漏，随着液池面积扩大燃烧速度加快，当燃烧速度等于泄漏速度时，液池直径达到最大。

最大直径可按式(7-68)计算：

$$D=2\sqrt{\frac{q_m}{\pi m_f}} \tag{7-68}$$

式中　D——液池直径，m；

　　　q_m——液体泄漏质量流量，kg/s；

　　　m_f——液体单位面积燃烧速率，kg/(m²·s)。

7.5.2.2　液体燃烧速率

不考虑液池大小对燃烧速率的影响时，常采用式(7-69)和式(7-70)计算液体单位面积燃烧速率。

当液池中可燃物沸点高于环境温度时：

$$m_f=\frac{cH_c}{c_p(T_b-T_a)+H_v} \tag{7-69}$$

液体沸点低于环境温度时：

$$m_f=\frac{cH_c}{H_v} \tag{7-70}$$

式中　m_f——液体单位面积燃烧速率，kg/(m²·s)；

　　　c——常数，0.001kg/(m²s)；

　　　H_c——液体燃烧热，J/kg；

　　　H_v——液体在常压沸点下的蒸发热，J/kg；

c_p——液体的比定压热容，$J/(kg \cdot K)$；

T_b——液体的沸点，K；

T_a——环境温度，K。

7.5.2.3 池火高度

无风时：
$$H = 42D \left[\frac{m_f}{\rho_a \sqrt{gD}} \right]^{0.61} \tag{7-71}$$

有风时：
$$H' = 55D \left[\frac{m_f}{\rho_a \sqrt{gD}} \right]^{0.67} \left(\frac{u}{u_c} \right)^{-0.21} \tag{7-72}$$

式中　ρ_a——空气密度，kg/m^3；

g——重力加速度，$9.8m/s^2$；

u——10m 高处风速，m/s；

u_c——特征风速，m/s。

如果 $u < u_c$，则 u/u_c 取 1。式(7-71) 和式(7-72) 表明，液池直径越大火焰越高；有风时火焰高度有所减少，但是，火焰向下风方向倾斜，加重了下风方向的热辐射危害，还可能危及附近高大设备。

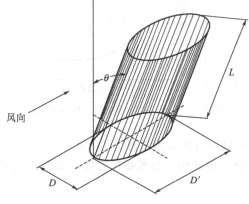

如图 7-16 所示，火焰在风作用下向下风扩展，风向上直径为：
$$D' = 1.5D \left[u^2/(gD) \right]^{0.069} \tag{7-73}$$

与原液池直径之差称为后拖量。火焰倾斜角可以按式(7-74) 计算：
$$\frac{\tan\theta}{\cos\theta} = 0.666 \left(\frac{u}{gD} \right)^{0.333} \left(\frac{uD}{v} \right)^{0.117} \tag{7-74}$$

式中　v——空气动力黏度，m^2/s；

θ——火焰倾角，(°)。

图 7-16　火焰在风作用下扩展示意

计算火焰倾角的式(7-74) 中，简单关系式(7-75) 被认为能给出最好效果：
$$\cos(\theta) = \begin{cases} 1 & u/u_c < 1 \\ (u/u_c)^{-0.5} & u/u_c \geqslant 1 \end{cases} \tag{7-75}$$

7.5.2.4 热辐射通量

液池周围距池中心 x 处的热辐射通量为：
$$q_{点} = q_{表面} v_F \tau \tag{7-76}$$

式中　$q_{点}$——接受点热辐射通量，W/m^2；

$q_{表面}$——池火表面热辐射通量，W/m^2；

v_F——几何视角因子；

τ——大气透射率。

① 表面热辐射通量 $q_{表面}$　假设燃料燃烧的能量从圆柱状池火焰的侧面和上面均匀向外辐射，则池火焰表面热辐射通量为：
$$q_{表面} = \frac{0.25\pi D^2 f m_f H_c}{0.25\pi D^2 + \pi DL} \tag{7-77}$$

式中　f——热辐射系数，范围从 0.13 到 0.35，保守取值 0.35。

考虑黑烟以及一氧化碳、水蒸气等，火焰表面热辐射通量可按式(7-78) 计算：
$$q_{表面} = q_f e^{-0.12D} + q_s (1 - e^{-0.12D}) \tag{7-78}$$

式中 q_f——火焰可见部分最大发射能量，取 140kW/m^2；

$\qquad q_s$——火焰黑烟部分最大发射能量，取 20kW/m^2；

式(7-78) 适用于含大量黑烟的碳氢化合物燃烧。

② 几何视角因子 v_F　是指辐射接受面从辐射表面接收到的辐射量占总辐射量的比率，图 7-17 显示了 dA1 及 dA2 两个微面之间的辐射关系。

$$v_{F\text{d}A_1 \to \text{d}A_2} = \int_{A_1} \frac{\cos\beta_1 \cos\beta_2}{\pi r^2} \text{d}A_1 \tag{7-79}$$

$$v_F = \frac{1}{\pi} \frac{a}{b} \frac{a^2 + b^2 + 1}{\sqrt{a^2 + (b+1)^2} \sqrt{a^2 + (b-1)^2}} \times \arctan\left[\frac{a^2 + (b+1)^2}{a^2 + (b-1)^2}\right]^{1/2} \left(\frac{b-1}{b+1}\right)^{1/2} +$$

$$\frac{1}{b}\arctan\frac{a}{b^2-1} - \frac{a}{b}\arctan\left(\frac{b-1}{b+1}\right)^{1/2} \tag{7-80}$$

式中

$$a = 2L/D$$
$$b = 2x/D$$

L、x、D 之间的关系见图 7-18。

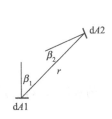

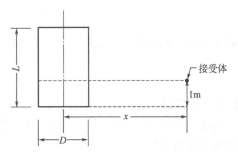

图 7-17　dA1 及 dA2 之间的辐射交换示意图　　　　图 7-18　L、x、D 关系图

③ 大气透射率 τ

考虑水蒸气、二氧化碳等对热辐射的吸收，常用的一种计算方法是：

$$\tau = 1 - 0.058\ln x \tag{7-81}$$

另一种常用计算公式：

$$\tau = 1.11 x^{-0.09} \tag{7-82}$$

式(7-81) 和式(7-82) 的计算结果非常接近。作为保守的估计，取 $\tau = 1$ 也可。

④ 点源模型

假设全部热量由池中心点发出：

$$q = \frac{f m_f H_c \tau}{4\pi x^2} \tag{7-83}$$

使用式(7-83) 时通常可假定大气透射率为 1。

7.5.2.5　液体燃烧时的总热通量

$$q_总 = (\pi r^2 + 2\pi r H)(m_f)\eta H_c / [72(m_f)^{0.61} + 1] \tag{7-84}$$

式中 $q_总$——总热通量，W；

$\qquad r$——液池半径，m；

$\qquad \eta$——效率因子，一般可取 0.35；

$\qquad H$——火焰高度，m。

$$H = 84r\left[\frac{m_f}{\rho_a (2gr)^{\frac{1}{2}}}\right]^{0.61} \tag{7-85}$$

式中　ρ_a——周围空气的密度，kg/m³，一般可取 1.29；

　　　g——重力加速度，9.8m/s²。

7.5.2.6　热辐射强度为 I 处距中心位置

$$x=\sqrt{\frac{t_c Q}{4\pi I}}\qquad\qquad(7-86)$$

式中　I——热辐射强度，W/m²；

　　　t_c——空气导热系数，没有具体数值时，可取 1。

死亡区（辐射热强度 $I>37.5\text{kW/m}^2$）半径：

$$R_{死亡}=\sqrt{\frac{t_c Q}{4\pi\times 37.5\times 10^3}}\qquad\qquad(7-87)$$

重伤区（辐射热强度 $I>25\text{kW/m}^2$）半径：

$$R_{重伤}=\sqrt{\frac{t_c Q}{4\pi\times 25\times 10^3}}\qquad\qquad(7-88)$$

轻伤区（辐射热强度 $I>12.5\text{kW/m}^2$）半径：

$$R_{轻伤}=\sqrt{\frac{t_c Q}{4\pi\times 12.5\times 10^3}}\qquad\qquad(7-89)$$

感觉区（辐射热强度 $I>4\text{kW/m}^2$）半径：

$$R_{感觉}=\sqrt{\frac{t_c Q}{4\pi\times 4\times 10^3}}\qquad\qquad(7-90)$$

7.5.3　喷射火

高压气体从裂口高速喷出后被点燃，就形成喷射火。喷射火的长度可以认为等于喷口到燃烧浓度下限的长度。

喷射火的热量认为是从中心轴线上一系列相等的辐射源发出，每一点源的热通量为：

$$q_i=fq_m H_c/n\qquad\qquad(7-91)$$

式中　f——燃烧效率因子，取 0.35；

　　　n——假设的点源数；

　　　q_m——泄漏质量流量，kg/s。

则距离点源 x_i 处某点接受的热辐射通量为：

$$q_i=\frac{X_p E}{4\pi x_i^2}\qquad\qquad(7-92)$$

式中　X_p——发射因子，取 0.2。

总热通量是各点辐射的和

$$q_{总}=\sum_{i=1}^{n}q_i\qquad\qquad(7-93)$$

注意：

ⅰ. 辐射点源的数目可以任意选取，但对于后果分析来说，取 5 点即可，如图 7-19 所示。

ⅱ. 该模型没有考虑风的影响，因为一般喷射速度比风速大得多。

ⅲ. 在低压喷射时，风速的影响比较明显，在下风向接受热量会更多。

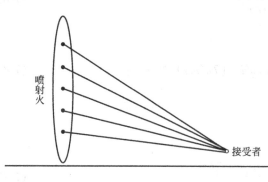

图 7-19　喷射火辐射点源示意图

ⅳ. 如果风使喷射火焰偏离了轴线，则该模型不适用。

7.5.4　火球

当压力容器受外界热量的作用使槽壁强度下降并突然破坏，储存的过热液体或液化气体突然释放并被点燃，形成巨大火球。火球也称为沸腾液体扩展蒸气爆炸。火球的危害主要是热辐射而不是爆炸冲击波，强烈的热辐射可能造成严重的人员伤亡和财产损失。

火球直径：
$$D = 5.8W^{1/3} \tag{7-94}$$

火球持续时间：
$$t = 0.45W^{1/3} \tag{7-95}$$

式中　W——火球中消耗的可燃物的质量，kg。

对于单罐储存，W 取罐容量的 50%；对于双罐储存，W 取罐容量的 70%；对于多罐储存，W 取罐容量的 90%。

火球在燃烧时一般会升离地面，其高度也有模型描述，保守的估计可以认为火球没有离开地面。其他常见火球模型见表 7-10。

表 7-10　常见火球模型

模　型	$D = aM^b$		$t = cM^d$	
	a	b	c	d
Lihou 和 Maund	3.51	0.33	0.32	0.33
Roberts	5.8	0.33	0.45	0.33
Pietersen，TNO	6.48	0.325	0.825	0.26
Williamson 和 Mann	5.88	0.333	1.09	0.167
Moorhouse 和 Pritchard	5.33	0.327	1.09	0.327
Hasegawa 和 Sato	5.28	0.277	1.1	0.097
Fay 和 Lews	6.28	0.33	2.53	0.17
Lihou 和 Maund	6.36	0.325	2.57	0.167
Raj P K	5.45	0.333	1.34	0.167

距火球在地面投影处 x 的热辐射通量为：$q = q_{表面}v_F\tau$ 　(7-96)

火球表面热辐射通量为：
$$q_{表面} = \frac{fWH_c}{\pi D^2 t} \tag{7-97}$$

式(7-97) 实际是假定火球在持续时间内辐射热量恒定不变。

f 是燃烧辐射分数，是容器压力的函数：
$$f = f_1 p^{f_2} \tag{7-98}$$

式中　f_1，f_2——常数 $f_1 = 0.27$，$f_2 = 0.32$；

　　　p——容器内压力，MPa。

在没有可靠数据时 f 可取 0.3。

视角因子 v_F（见图 7-20），考虑最简单最保守的情况：

$$v_F = \frac{D^2}{4l^2} \tag{7-99}$$

所以

$$q = \frac{fWH_c\tau}{4\pi t(h^2 + x^2)} \tag{7-100}$$

忽略火球高度

$$q = \frac{fWH_c\tau}{4\pi t x^2} \tag{7-101}$$

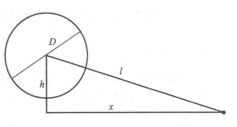

图 7-20　视角因子示意图

7.5.5 闪火

闪火是可燃蒸气云的非爆炸燃烧；燃烧速度虽然很快但比爆炸慢得多；危害主要是热辐射而没有冲击波。

有关闪火的后果分析研究还很不充分，一般可以认为蒸气云浓度在气体爆炸上、下限之间的范围为闪火范围。

闪火的热辐射也可以采用适当的模型描述，但考虑到蒸气云本身的形状已经难于确定，而闪火持续时间又很短，因此一般后果分析可不考虑其热辐射效应，只考虑闪火范围内的伤害。一般可认为闪火范围内的室外人员将全部烧死，建筑物内将有部分人被烧死。在缺乏资料时，可以认为室内的死亡率为 0。

7.5.6 热辐射伤害概率模型

热辐射伤害也常用概率模型描述。概率与伤害百分率的关系为：

$$D = \int_{\infty}^{Pr-5} \exp\left(-\frac{u^2}{2}\right) \mathrm{d}u \tag{7-102}$$

具体应用时，可参考表 7-11 进行换算。

表 7-11 概率与中毒死亡的换算

死亡率% \ 概率Y	0	1	2	3	4	5	6	7	8	9
0		2.67	2.95	3.12	3.25	3.36	3.45	3.52	3.59	3.66
10	3.72	3.77	3.82	3.87	3.92	3.96	4.01	4.05	4.08	4.12
20	4.16	4.19	4.23	4.26	4.29	4.33	4.26	4.39	4.42	4.45
30	4.48	4.50	4.53	4.56	4.59	4.61	4.64	4.67	4.69	4.72
40	4.75	4.77	4.80	4.82	4.85	4.87	4.90	4.92	4.95	4.97
50	5.00	5.03	5.05	5.08	5.10	5.13	5.15	5.18	5.20	5.23
60	5.25	5.28	5.31	5.33	5.36	5.39	5.41	5.44	5.47	5.50
70	5.52	5.55	5.58	5.61	5.64	5.67	5.71	5.74	5.77	5.81
80	5.84	5.88	5.92	5.95	5.99	6.04	6.08	6.13	6.18	6.23
90	6.28	6.34	6.41	6.48	6.55	6.64	6.75	6.88	7.05	7.33
99	7.33	7.37	7.41	7.46	7.51	7.58	7.58	7.65	7.88	8.09

当 $Pr=5$ 时，伤害百分率为 50%。

(1) 皮肤裸露时的死亡概率

$$Pr = -36.38 + 2.56\ln(tq^{4/3}) \tag{7-103}$$

(2) 有衣服保护时（20% 皮肤裸露）的死亡概率

$$Pr = -37.23 + 2.56\ln(tq^{4/3}) \tag{7-104}$$

(3) 有衣服保护时（20% 皮肤裸露）的二度烧伤概率

$$Pr = -43.14 + 3.0188\ln(tq^{4/3}) \tag{7-105}$$

(4) 有衣服保护时（20% 皮肤裸露）的一度烧伤概率

$$Pr = -39.83 + 3.0188\ln(tq^{4/3}) \tag{7-106}$$

后果分析时取值：

① 暴露时间 对于火球，采用火球持续时间；对于池火和喷射火，可取 30 秒或 40 秒；

② 伤害率 通常都按 50% 伤害率计算。例如按 50% 死亡率划定死亡范围。该范围表明范围内、外死亡人数各占一半；也可以认为死亡范围内人员全部死亡，范围外无一人死亡。

7.6 爆炸后果分析

7.6.1 爆炸伤害准则

7.6.1.1 超压准则

超压准则认为，爆炸波是否对目标造成伤害是由爆炸波超压唯一决定的，只有当爆炸波超压大于某一临界值时，才会对目标造成一定伤害。很明显，超压准则没有考虑超压持续时间。理论和实验都表明，爆炸破坏效应不仅与爆炸超压有关，也与超压持续时间有关，持续时间长则破坏更大。尽管如此，由于爆炸波超压容易测量和估计，所以超压准则是衡量爆炸破坏效应最常用的准则。

7.6.1.2 冲量准则

冲量准则是指爆炸波能否对目标造成伤害，完全取决于爆炸波冲量大小，如果冲量大于临界值，则目标被破坏。但是，有一点是明显的，对于一个很小的超压，作用时间再长也不会产生任何伤害。因此，仅考虑冲量也是不完全的。

7.6.1.3 超压-冲量准则

超压-冲量准则综合考虑了超压和冲量两个方面，如果超压和冲量的共同作用满足某一临界条件，目标就被破坏。超压-冲量准则可以用式(7-107) 表示。

$$(\Delta p - p_{cr})(I - I_{cr}) = C \tag{7-107}$$

式中　Δp——超压，MPa；

　　　p_{cr}——临界超压，MPa；

　　　I——冲量，Pa·s；

　　　I_{cr}——临界比冲量，Pa·s；

　　　C——常数。

7.6.2 凝聚相爆炸伤害模型

冲击波波阵面上的超压与产生冲击波的能量有关，同时也与距离爆炸中心的远近有关。冲击波的超压与爆炸中心距离的关系为：

$$\Delta p \propto R^{-n} \tag{7-108}$$

式中　Δp——冲击波波面上的超压，MPa；

　　　R——距爆炸中心的距离，m；

　　　n——衰减系数。

衰减系数在空气中随着超压的大小而变化，在爆炸中心附近内为 2.5～3；当超压在 0.1～1MPa 时 $n=2$；小于 0.1MPa 时，$n=1.5$。

实验数据表明，不同数量的同类炸药发生爆炸时，如果距离爆炸中心的距离 R 之比与炸药量 q 三次方根之比相等，则所产生的冲击波超压相同，用式(7-109) 表示

即若　　　　　　　　　　　$R/R_0 = (q/q_0)^{1/3} = \alpha \tag{7-109}$

　　则　　　　　　　　　　　$\Delta p = \Delta p_0 \tag{7-110}$

式中　R——目标与基准爆炸中心的距离，m；

　　　R_0——目标与基准爆炸中心的相当距离，m；

　　　Δp——目标处的超压，MPa；

　　　Δp_0——基准目标处的超压，MPa；

　　　q——爆炸时产生冲击波所消耗的能量折合为能释放相同能量的 TNT 炸药的质量，kg；

q_0——基准爆炸能量折合为能释放相同能量的 TNT 炸药的质量，kg；

α——炸药爆炸试验的模拟比。

则式(7-110)也可写为：

$$\Delta p(R)=\Delta p_0(R/\alpha) \tag{7-111}$$

如 $q_0=1000$kgTNT 炸药爆炸时，超压为 0.018MPa 的距离 $R_0=60$m。则 $q=1$kgTNT 炸药爆炸时，超压 0.018MPa 的距离 $R=6$m。

将爆炸物换算为具有相等能量的 TNT（q），TNT 能量按 4500kJ/计算。

求 R 处超压：由 $R_0=R/\alpha$ 查 R_0 相应的超压即得。

求给定超压的 R 值：查表 7-12 得超压相应的 R_0，则 $R=R_0\alpha$。

破坏后果可从超压破坏表 7-13 和表 7-14 中查得。

表 7-12　1000kgTNT 爆炸时的冲击波超压

R_0/m	5	6	7	8	9	10	12
Δp_0/MPa	2.94	2.06	1.67	1.27	0.95	0.76	0.50
R_0/m	14	16	18	20	25	30	35
Δp_0/MPa	0.33	0.235	0.17	0.126	0.079	0.057	0.043
R_0/m	40	45	50	55	60	65	70
Δp_0/MPa	0.033	0.027	0.0235	0.0205	0.018	0.016	0.0143

表 7-13　不同超压对建筑物的伤害作用

Δp/MPa	伤害作用
0.02~0.03	轻微损伤
0.03~0.05	听觉器官损伤或骨折
0.05~0.10	内脏严重损伤或死亡
>0.10	大部分人员死亡

表 7-14　不同超压对建筑物的破坏作用

Δp/MPa	伤害作用	Δp/MPa	伤害作用
0.005~0.006	门窗玻璃部分破碎	0.06~0.07	木柱折断
0.006~0.015	门窗玻璃人部分破碎	0.07~0.10	砖墙倒塌
0.015~0.02	窗框损坏	0.10~0.20	钢筋混凝土破坏
0.02~0.03	墙裂缝	0.20~0.30	大型钢结构破坏
0.03~0.05	墙大裂缝，屋瓦掉下	—	—

7.6.3　蒸气云爆炸伤害模型——TNT 当量法

原理：将参与爆炸的可燃气体释放的能量折合为能释放相同能量的 TNT 炸药的量，这样，就可以利用有关 TNT 爆炸效应的实验数据预测蒸气云爆炸效应。

$$W_{TNT}=\frac{\alpha\beta W_f Q_f}{Q_{TNT}} \tag{7-112}$$

式中　W_{TNT}——蒸气云的 TNT 当量，kg；

α——蒸气云爆炸的效率因子，表明参与爆炸的可燃气体的分数，一般取 3% 或 4%；

β——常数，地面爆炸时取 1.8；

W_f——蒸气云中燃料的总质量，kg；

Q_f——蒸气的燃烧热，MJ/kg；

Q_{TNT}——TNT 的爆热，一般取 4.52MJ/kg。

爆炸中心与给定超压间的距离可以按式(7-113) 计算：

$$x = 0.3967 W_{TNT}^{1/3} \exp[3.5031 - 0.7241\ln\Delta p + 0.0398(\ln\Delta p)^2] \quad (7\text{-}113)$$

式中 x——距离，m；

Δp——超压，psi，1psi=6.9kPa。

TNT 当量法的缺陷：爆炸性蒸气体积很大，显然不能用点源描述，因此，TNT 当量法产生误差是很自然的。

TNT 当量法的主要限制是：高估了近场处的超压；低估了远场的破坏效应。

7.6.4 爆炸伤害概率模型

超压致死的概率模型：

$$Pr = 2.47 - 1.37\ln\Delta p \quad (7\text{-}114)$$

式中 Pr——概率；

Δp——超压，psi。

$Pr=5$ 时的死亡率为 50%，根据式(7-114) 可求出相应的超压是 13.1psi（90.4kPa）。

下面是常用的一个根据超压-冲量准则和概率模型得到的死亡半径公式：

$$R_{0.5} = 13.6 \left(\frac{W_{TNT}}{1000}\right)^{0.37} \quad (7\text{-}115)$$

财产损失半径可按式(7-116) 计算：

$$R = \frac{4.6 W_{TNT}^{1/3}}{\left[1 + \left(\frac{3175}{W_{TNT}}\right)^2\right]^{1/6}} \quad (7\text{-}116)$$

7.6.5 物理爆炸后果分析

物理爆炸如压力容器破裂时，气体膨胀所释放的能量（即爆破能量）不仅与气体压力和容器的容积有关，而且与介质在容器内的物性相态有关。有的介质以气态存在，如空气、氧气、氢气等，有的以液态存在，如液氨、液氯等液化气体、高温饱和水等。容积与压力相同而相态不同的介质，在容器破裂时产生的爆破能量也不同，爆炸过程也不完全相同，其能量计算公式也不同。

7.6.5.1 压缩气体与水蒸气容器爆破能量

当压力容器中介质为压缩气体，即以气态形式存在而发生物理爆炸时，其释放的爆破能量为：

$$E_g = \frac{pV}{\kappa-1}\left[1 - \left(\frac{0.1013}{p}\right)^{\frac{\kappa-1}{\kappa}}\right] \times 10^3 \quad (7\text{-}117)$$

式中 E_g——气体爆破能量，kJ；

p——容器内气体的绝对压力，MPa；

V——容器的容积，m³；

κ——气体的等熵指数，即气体的比定压热容与比定容热容的比值。

常用气体的等熵指数数值如表 7-15 所示。

表 7-15 常用气体的等熵指数

气体名称	空气	氮	氧	氢	甲烷	乙烷	乙烯	丙烷	一氧化碳
κ 值	1.4	1.4	1.397	1.412	1.316	1.18	1.22	1.13	1.395
气体名称	二氧化碳	一氧化氮	二氧化氮	氨气	氯气	过热蒸汽	饱和蒸汽	氢氰酸	
κ 值	1.295	1.4	1.31	1.32	1.35	1.3	1.135	1.31	

从表7-15可看出，空气、氮、氧、氢、一氧化碳、一氧化氮等气体的等熵指数均为1.4或近似1.4，如用 $\kappa=1.4$ 代入式(7-118)中，得到气体的爆破能量为：

$$E_g=2.5pV\left[1-\left(\frac{0.1013}{p}\right)^{0.2857}\right]\times10^3 \tag{7-118}$$

令

$$C_g=2.5p\left[1-\left(\frac{0.1013}{p}\right)^{0.2857}\right]\times10^3$$

则可简化为：
$$E_g=C_gV \tag{7-119}$$

式中　C_g——常用压缩气体爆破能量系数，kJ/m³。

压缩气体爆破能量系数 C_g 是压力 p 的函数，各种常用压力下的气体爆破能量系数如表7-16所示。

表7-16　常用压力下的气体容器爆破能量系数（$\kappa=1.4$ 时）

表压力 p/MPa	0.2	0.4	0.6	0.8	1.0	1.6	2.5
爆破能量系数 C_g/(kJ/m³)	2×10^2	4.6×10^2	7.5×10^2	1.1×10^3	1.4×10^3	2.4×10^3	3.9×10^3
表压力 p/MPa	4.0	5.0	6.4	15.0	32	40	
爆破能量系数 C_g/(kJ/m³)	6.7×10^3	8.6×10^3	1.1×10^4	2.7×10^4	6.5×10^4	8.2×10^4	

如将 $\kappa=1.135$ 代入式(7-117)，可得干饱和蒸气容器爆破能量为：

$$E_g=7.4pV\left[1-\left(\frac{0.1013}{p}\right)^{0.1189}\right]\times10^3 \tag{7-120}$$

用式(7-120)计算水蒸气的爆炸能量，因为没有考虑蒸气干度的变化及其他的一些影响，所以存在较大的误差，但它可以不用查对热力学性质而直接进行计算，对危险性评价可提供参考。

各种常用压力下的干饱和水蒸气容器爆破能量系数如表7-17所示，对于常压下的干饱和蒸气容器的爆破能量可按式(7-121)计算：

$$E_s=C_sV \tag{7-121}$$

式中　E_s——水蒸气的爆破能量，kJ；
　　　V——水蒸气的体积，m³；
　　　C_s——干饱和水蒸气爆破能量系数，kJ/m³。

表7-17　常用压力下干饱和水蒸气容器爆破能量系数

表压力 p/MPa	0.3	0.5	0.8	1.3	2.5	3.0
爆破能量系数 C_s/(kJ/m³)	4.37×10^2	8.31×10^2	1.5×10^3	2.75×10^3	6.24×10^3	7.77×10^3

7.6.5.2　介质全部为液体时的爆破能量

通常用液体加压时所做的功作为常温液体压力容器爆炸时释放的能量。

$$E_L=\frac{(p-1)^2V\beta_t}{2} \tag{7-122}$$

式中　E_L——常温液体压力容器爆炸时释放的能量，kJ；
　　　p——液体的压力（绝），Pa；
　　　V——容器的容积，m³；
　　　β_t——液体在压力 p 和温度 T 下的压缩系数，Pa^{-1}。

7.6.5.3　液化气体与高温饱和水的爆破能量

液化气体和高温饱和水一般在容器内以气液两态存在，当容器破裂发生爆炸时，除了气体的急剧膨胀做功外，还有过热液体激烈的蒸发过程。在大多数情况下，这类容器内的饱和液体占容器介质重量的绝大部分，它的爆破能量比饱和气体要大得多，一般计算时不考虑气体膨胀做的功。过热状态下液体在容器膨胀破裂时释放出爆破能量可以按式(7-123)计算：

$$E_{爆破} = [(H_1 - H_2) - (S_1 - S_2)T_1]W \tag{7-123}$$

式中　E——过热状态下液体的爆破能量，kJ；

　　　H_1——爆炸前液化液体的焓，kJ/kg；

　　　H_2——在大气压力下饱和液体的焓，kJ/kg；

　　　S_1——爆炸前液化液体的熵，kJ/kg·℃；

　　　S_2——在大气压力下饱和液体的熵，kJ/kg·℃；

　　　T_1——介质在大气压力下的沸点，K；

　　　W——饱和液体的质量，kg。

高温饱和水容器的爆破能量按式(7-124)计算：

$$E_w = C_w V \tag{7-124}$$

式中　E_w——高温饱和水容器的爆破能量，kJ；

　　　V——容器内饱和水所占的容积，m³；

　　　C_w——高温饱和水爆破能量系数，kJ/m³，其值如表 7-18 所示。

表 7-18　常用压力下饱和水爆破能量系数

表压力 p/MPa	0.3	0.5	0.8	1.3	2.5	3.0
能量系数 C_w/(kJ/m³)	2.38×10^4	3.25×10^4	4.56×10^4	6.35×10^4	9.56×10^4	1.06×10^5

7.6.5.4　物理爆炸后果计算

压力容器爆破时，爆破能量在向外释放时以冲击波能量、碎片能量和容器残余变形能量三种形式表现出来。根据介绍，后两者所消耗的能量只占总爆破能量的 3%～15%，也就是说大部分的能量是产生空气冲击波。

冲击波的超压：计算压力容器爆破时对目标的伤害/破坏作用，可按下列程序进行。

ⅰ. 先根据容器内所装介质的特性，算出其爆破能量 E。

ⅱ. 将爆破能量 E 转化为 TNT 当量 W_{TNT}，其关系为：

$$q = E/W_{TNT} = E/4520 \tag{7-125}$$

ⅲ. 求出爆炸的模拟比，即

$$\alpha = 0.1q^{1/3} \tag{7-126}$$

ⅳ. 求出在 1000kgTNT 爆炸试验中的相当距离 R_0，即 $R_0 = R/\alpha$。

ⅴ. 根据 R_0 在表 7-12 中找出距离为 R_0 处的超压 Δp_0（中间值用插入法），此即所求距离为 R 处的超压。

ⅵ. 根据超压 Δp，从表 7-13 和表 7-14 中找出对人员和建筑物的伤害和破坏作用。

或者比较粗略地计算物理危害半径。

重大死亡半径：$R_{重死} = 2.28\left(\dfrac{E}{Q_{TNT}}\right)^{\frac{1}{3}}$；　$\tag{7-127}$

死亡半径：$R_{死亡} = 3.25\left(\dfrac{E}{Q_{TNT}}\right)^{\frac{1}{3}}$；　$\tag{7-128}$

重伤半径：$R_{重伤} = 4.25\left(\dfrac{E}{Q_{TNT}}\right)^{\frac{1}{3}}$；　$\tag{7-129}$

轻伤半径：$R_{轻伤} = 5.6 \left(\dfrac{E}{Q_{TNT}} \right)^{\frac{1}{3}}$。 （7-130）

7.7 中毒

有毒物质泄漏后生成有毒蒸气云，它在空气中飘移、扩散，直接影响现场人员并可能波及附近居民区。大量毒物短时间内经皮肤、呼吸道、消化道等途径进入人体，使机体受损并发生功能障碍，称之为急性中毒。慢性中毒是指毒物在不引起急性中毒的剂量条件下，长期反复进入机体所引起的机体在生理、生化及病理学方面的改变，出现临床症状、体征的中毒状态或疾病状态。事故后果分析中一般只考虑急性中毒。

急性中毒表现在 4 个方面。

① 刺激　呼吸系统、皮肤、眼睛等可以感觉到刺激，一些物质在体积分数较低时就产生刺激，这样可以提醒人们寻求防护。

② 麻醉　有些物质能影响人的反应能力，使采取防护措施或提醒别人时反应迟钝。

③ 窒息　大多数气体由于取代了空气中的氧气而造成窒息。有些物质，如一氧化碳，可以置换血液中的氧从而阻止氧进入人体组织。

④ 系统损害　有些物质能损害人体器官，其损害可能是暂时的、也可能是永久的。

毒物对人员的危害程度取决于毒物的性质、浓度和人员与毒物接触的时间等因素。有毒物质泄漏初期，其毒气形成气团密集在泄漏源周围，随后由于环境温度、地形、风力和湍流等影响使气团漂移、扩散，扩散范围变大，浓度减小。在后果分析中，往往不考虑毒物泄漏的初期情况，即工厂范围内的情况，而主要计算毒气团在空气中飘移、扩散的范围、浓度和接触毒物的人数等。其计算方法常用概率函数法。

7.7.1　描述毒物泄漏后果的概率函数法

概率函数法是通过人们在一定时间内接触一定浓度毒物造成影响的概率来描述毒物泄漏后果的一种方法。概率与中毒死亡率有直接关系，二者可以互相换算，见表 7-11，概率值在 0～9 之间。

概率值 Y 与接触毒物浓度及接触时间的关系如下：

$$Y = A + B\ln(c^n t)$$　（7-131）

式中　A、B、n——取决于毒物性质的常数，表 7-19 中列出了一些常见的有关参数；

　　　c——接触毒物的浓度，$\times 10^{-6}$；

　　　t——接触毒物的时间，min。

表 7-19　一些常见毒物性质的有关参数

物　质　名　称	A	B	n
氯	−5.3	0.5	2.75
氨	−9.82	0.71	2.0
丙烯醛	−9.93	2.05	1.0
四氯化碳	0.54	1.01	0.5
氯化氢	−21.76	2.65	1.0
甲基溴	−19.92	5.16	1.0
光气（碳酸氯）	−19.27	3.69	1.0
氢氟酸（单体）	−26.4	3.65	1.0

使用概率函数表达式时，必须计算评价点的毒性负荷（$c^n \cdot t$），因为在一个已知点，其毒

性、浓度随着气团的稀释而不断变化，瞬时泄漏就是这种情况。确定毒物泄漏范围内某点的毒性负荷，可把气团经过该点的时间划分为若干区段，计算每个区段内该点的毒物浓度，得到各时间区段的毒性负荷，然后再求出总毒性负荷。

$$总毒性负荷 = \sum 时间区段内毒性负荷 \tag{7-132}$$

通常，接触毒物的时间不会超过 30min，因为在这段时间里人员可以逃离现场或采取保护措施。

当毒物连续泄漏时，某点的毒物浓度在整个云团扩散期间没有变化。当设定某死亡率时，由表 7-11 查出相应的概率 Y 值，根据式(7-133) 可计算出 c 值：

$$c^n t = e^{\frac{Y-A}{B}} \tag{7-133}$$

按扩散公式可以进一步算出中毒范围。

如果毒物泄漏是瞬时的，则有毒气团通过某点的毒物浓度是变化的。此时，考虑浓度的变化情况，计算出气团通过该点的毒性负荷及该点的概率值 Y，然后查表 7-11 就可得出相应的死亡率。

7.7.2 有毒液化气体容器破裂时的毒害区估算

液化介质在容器破裂时会发生蒸气爆炸。当液化介质为有毒物质（如液氯、液氨、二氧化硫、氢氰酸等）时，爆炸后若不完全燃烧，便会造成大面积的毒害区域。

设有毒液化气体质量为 W(kg)，容器破裂前器内温度为 t(℃)，液体介质比定压热容为 c_p [kJ/(kg·℃)]。当容器破裂时，若全部液体降温至标准沸点 t_0(℃)，则放出热量为：

$$Q_{放热} = W c_p (t - t_0) \tag{7-134}$$

设这些热量全部用于容器内液体的蒸发，且汽化热为 $q_{汽化}$ (kJ/kg)，则蒸发量为：

$$W' = \frac{Q}{q} = \frac{W c_p (t - t_0)}{q} \tag{7-135}$$

若介质的相对分子质量为 M，则在沸点下蒸气的体积 V_g(m³) 为：

$$V_g = \frac{22.4 W'}{M} \cdot \frac{273 + t_0}{273} = \frac{22.4 W c_p (t - t_0)}{Mq} \cdot \frac{273 + t_0}{273} \tag{7-136}$$

为便于计算，现将压力容器最常用的液氨、液氯、氢氟酸等有毒物质的有关物理化学性能列于表 7-20 中。关于一些有毒气体的危险体积分数见表 7-21。

表 7-20 一些有毒物质的有关物理化学性能

物质名称	相对分子质量 M	沸点 t_0/℃	液体平均比热容 c_p/(kJ/kg·℃)	汽化热 q/(kJ/kg)
氨	17	−33	4.6	1.37×10^3
氯	71	−34	0.96	2.89×10^2
二氧化硫	64	−10.8	1.76	3.93×10^2
丙烯醛	56.06	52.8	1.88	5.73×10^2
氢氟酸	27.03	25.7	3.35	9.75×10^2
四氯化碳	153.8	76.8	0.85	1.95×10^2

表 7-21 有毒气体的危险体积分数

物质名称	吸入 5~10min 致死的体积分数/%	吸入 0.5~1h 致死的体积分数/%	吸入 0.5~1h 致重病的体积分数/%
氨	0.5		
氯	0.09	0.0035~0.005	0.0014~0.0021
二氧化硫	0.05	0.053~0.065	0.015~0.019
氢氟酸	0.027	0.011~0.014	0.01
硫化氢	0.08~0.1	0.042~0.06	0.036~0.05
二氧化氮	0.05	0.032~0.053	0.011~0.021

若已知某种有毒物质的危险浓度，则可求出其在危险浓度下的有毒空气体积。如二氧化硫在空气中的体积分数达到 0.05% 时，人吸入 5~10min 即致死，则 V_g 的二氧化硫可以产生令人致死的有毒空气体积为：

$$V = V_g \times 100/0.5 = 2000V_g \tag{7-137}$$

假设这些有毒空气以半球形向地面扩散，则可求出该有毒气体扩散半径为：

$$R = 3\sqrt{\frac{V_g/c}{(1/2) \times (4/3)\pi}} = 3\sqrt{\frac{V_g/c}{2.0944}} \tag{7-138}$$

式中　R——有毒气体扩散半径，m；

　　　c——有毒介质在空气中的危险体积分数，%。

7.8　事故后果分析应用实例

7.8.1　泄漏事故后果分析

7.8.1.1　液氨储罐泄漏速率模拟计算

某 100m³ 卧式液氨储罐一焊接管断裂，泄漏口直径 1cm，分别按照气体、液体和两相泄漏计算最大泄漏质量流量。

已知　温度为 303K，压力为 1.17MPa，密度为 1070kg/m³。按液体泄漏，液位高度 $h=1.5$m，且 C_d 取 0.6；按气体泄漏，按声速流，且 C_d 取 1；按两相流泄漏，C_d 取 0.8。氨的常压沸点是 240K，$c_p=4.6$J/(kg·K)，$H_v=1367$J/kg，等熵指数为 1.31。气相密度为 5.48kg/m³。

解　(1) 按液体泄漏，$h=1.5$m

泄漏口面积：　　　　　$A = (0.01/2)^2 \times 3.14 = 7.85 \times 10^{-5}$（m²）

$$q_m = C_d A \rho \sqrt{\frac{2(p-p_0)}{\rho} + 2gh}$$

$$= 0.6 \times 7.85 \times 10^{-5} \times 1070 \sqrt{\frac{2 \times (1.17-0.1) \times 10^6}{1070} + 2 \times 9.8 \times 1.5} = 2.46 \text{（kg/s）}$$

(2) 气体泄漏，按声速流

$$q_V = C_d PA \sqrt{\frac{\kappa M}{RT}\left(\frac{2}{\kappa+1}\right)^{\frac{\kappa+1}{\kappa-1}}} = 1 \times 1.17 \times 10^6 \times 7.85 \times 10^{-5} \sqrt{\frac{1.31 \times 0.017}{8.314 \times 303}\left(\frac{2}{1.31+1}\right)^{\frac{1.31+1}{1.31-1}}}$$

$$= 0.16 \text{（m³/s）}$$

(3) 两相流泄漏

$$p_c = 0.55p = 0.55 \times 1.17 \times 10^6 = 643500 \text{（Pa）}$$

$$F_V = \frac{c_p(T-T_b)}{H_V} = \frac{4.6 \times (303-240)}{1367} = 0.21$$

两相流中气相和液相混合物的平均密度为

$$\rho = \frac{1}{\dfrac{F_V}{\rho_g} + \dfrac{1-F_V}{\rho_1}} = \frac{1}{\dfrac{0.21}{5.48} + \dfrac{1-0.21}{1070}} = 25.6 \text{（kg/m³）}$$

则两相流排放泄漏量为

$$Q = C_d A\sqrt{2\rho(p-p_c)} = 0.8 \times 7.85 \times 10^{-5}\sqrt{2 \times 25.6 \times (1170000-643500)} = 0.33 \text{（kg/s）}$$

7.8.1.2　液氯储罐（Φ2000mm×3000mm）泄漏速率模拟计算

液氯储存主要设备为液氯储罐，储罐易发生泄漏部位主要有储罐的各种阀门（安全阀、截止阀、角阀、压力表阀、人孔盖垫片、卸车阀）和储罐罐体等。当液氯储罐存在质量缺陷、罐体内超高温高压使用、人员操作失误、发生意外事故、遭遇自然灾害等情况时，就可引起液氯泄漏甚至爆炸事故。

请选取下述小、中、大 3 种典型泄漏事故作评价对象，对泄漏速率进行模拟计算。

ⅰ.小型泄漏事故：出现孔径为 1mm 的泄漏孔，连续泄漏。

ⅱ.中型泄漏事故：出现孔径为 10mm 的泄漏孔，连续泄漏。

ⅲ.大型泄漏事故：出现孔径为 100mm 的泄漏孔，连续泄漏。

已知 C_d 取值 0.65（裂口形状为圆形），环境压力取 1.01×10^5Pa，泄露口上液位高度取 1.5m。

解 以液氯储罐出现泄漏孔径为 1mm 的小型泄漏事故进行计算：

$$q_m=C_dA\rho\sqrt{\frac{2(p-p_0)}{\rho}+2gh}$$

$$=0.65\times(0.001^2\pi/4)\times1.47\times10^3\times\sqrt{\frac{2\times(0.7\times10^6-1.01\times10^5)}{1.47\times10^3}+2\times9.8\times1.5}$$

$$=0.0218\ (\text{kg/s})$$

同理，当泄漏孔径为 10mm 时，液氯泄漏质量流量为 2.18kg/s；当泄漏孔径为 100mm 时，液氯泄漏质量流量为 218kg/s。

7.8.1.3 盐酸泄漏事故

20m^3 盐酸储罐接口 DN50 管道断裂，造成盐酸持续泄漏 10min 的泄漏事故。请计算泄漏量。

已知 泄漏系数 C_d，取 0.65；裂口面积 A，取 0.0019m^2；泄漏液体密度 ρ，取 1200kg/m^3；设备内物质压力 p，按 1.5m 盐酸柱高计算；环境压力 p_0，取 0Pa（表）；裂口之上液位高度 h，取 1.5m。

解 $Q_0=C_dA\rho\sqrt{2(p-p_0)/\rho+2gh}$

$$=0.65\times0.0019\times1200\times[2\times9.8\times1.5+2\times9.8\times1.5]^{0.5}=11.36\ (\text{kg/s})$$

则 10min 的泄漏量为：$11.36\times60\times10=6816$（kg）

7.8.2 池火灾事故后果分析

以某甲醇罐区发生池火灾为例，对甲醇的燃烧速度、火焰高度、热辐射能量等数值进行模拟计算。已知液池半径为 32.6m。

已知 液体燃烧热 H_c，20×10^6J/kg；液体等压比热 C_p，2516J/(kg·K)；液体沸点 T_b，363.15K；环境温度 T_0，298.15K；液体蒸发热 H_v，1.1×10^6J/kg；周围空气的密度 ρ_a，可取 1.29kg/m^3。

解 （1）甲醇的燃烧速度计算

$$m_f=\frac{0.001H_c}{c_p(T_b-T_0)+H_v}=\frac{0.001\times20\times10^6}{2516\times(363.15-298.15)+1.1\times10^6}=0.016\ [\text{kg/(m}^2\cdot\text{s})]$$

（2）池火灾火焰高度

$$H=42D\left[\frac{m_f}{\rho_a\sqrt{gD}}\right]^{0.61}=42\times2\times11.3\times\left[\frac{0.016}{1.29\times(2\times9.8\times11.3)^{\frac{1}{2}}}\right]^{0.61}=12.56\ (\text{m})$$

（3）甲醇燃烧时的总热通量

$$q_{总}=(\pi r^2+2\pi rH)(m_f)\eta H_c/[72(m_f)^{0.61}+1]$$

$$=(11.3^2+2\times11.3\times12.56)\times0.016\times3.14\times0.35\times45.12\times10^6/[72\times(0.016)^{0.61}+1]$$

$$=48.5\times10^6\ (\text{W})$$

（4）热辐射强度为 I 处距中心位置

$$x=\sqrt{\frac{t_c q_{总}}{4\pi I}}$$

其中　I——热辐射强度，W/m^2；

　　　t_c——空气导热系数，没有具体数值时，可取 1。

死亡区（辐射热强度 $I>37.5kW/m^2$）半径：

$$R_{死亡}=\sqrt{\frac{t_c q_{总}}{4\pi\times37.5\times10^3}}=\sqrt{\frac{48.5\times10^6}{4\pi\times37.5\times10^3}}=10.1\ (m)$$

重伤区（辐射热强度 $I>25kW/m^2$）半径：

$$R_{重伤}=\sqrt{\frac{t_c q_{总}}{4\pi\times25\times10^3}}=\sqrt{\frac{48.5\times10^6}{4\pi\times25\times10^3}}=12.4\ (m)$$

轻伤区（辐射热强度 $I>12.5kW/m^2$）半径：

$$R_{轻伤}=\sqrt{\frac{t_c q_{总}}{4\pi\times12.5\times10^3}}=\sqrt{\frac{48.5\times10^6}{4\pi\times12.5\times10^3}}=17.6\ (m)$$

感觉区（辐射热强度 $I>4kW/m^2$）半径：

$$R_{感觉}=\sqrt{\frac{t_c q_{总}}{4\pi\times4\times10^3}}=\sqrt{\frac{48.5\times10^6}{4\pi\times4\times10^3}}=31\ (m)$$

综上所述，池火灾的伤害破坏范围见表 7-22。

表 7-22　池火灾的伤害破坏范围　　　　　　　　　　　　　m

名　称	伤害破坏范围	名　称	伤害破坏范围
死亡半径	10.1	轻伤半径	17.6
重伤半径	12.4	临界半径	31

7.8.3　化学性爆炸事故后果分析

7.8.3.1　蒸气云爆炸事故模拟评价

【案例 1】　液氨蒸汽云爆炸

某企业罐区有一个液氨储罐发生破损，有 50% 液氨泄漏，请对该液氨储罐泄漏事故后果进行分析。

解　当大量液氨泄漏到敞开空间后，如果没有立即点火，而是在空中扩散，与空气混合形成爆炸混合物，然后发生延迟点火，那么就会发生蒸气云爆炸。下面计算蒸气云爆炸伤害、破坏范围。

（1）TNT 当量计算

$$W_{TNT}=\alpha W_f \beta Q_f/Q_{TNT}=4\% \times 2550 \times 1.8 \times 18.6/4.520=755\ (kg)$$

（2）爆炸影响区域

① 死亡区半径：

$$R_{死}=13.6\times(W_{TNT}/1000)^{0.37}=13.6\times(755/1000)^{0.37}=12.3\ (m)$$

② 重伤区半径：引起人员重伤冲击波 Δp 峰值约为 $44000Pa(0.449kgf/cm^2)$；环境压力 p_0 为 $101325Pa$。

$$\Delta p=0.137Z^{-3}+0.119Z^{-2}+0.269Z^{-1}-0.019$$

得

$$Z=0.996$$

$$E=W_{TNT}\times Q_{TNT}$$

所以，$R_{重伤}=Z_{重伤}(E/p_0)^{1/3}=Z_{重伤}(W_{TNT}\times Q_{TNT}/p_0)^{1/3}$

$$=0.966\times(755\times4520000/101325)^{1/3}=31.2\ (m)$$

③ 轻伤区半径：引起人员重伤冲击波峰值大约为 17000Pa（0.173kgf/cm²）。

$$\Delta p = 0.137Z^{-3} + 0.119Z^{-2} + 0.269Z^{-1} - 0.019$$

得

$$Z = 1.672$$

$$E = W_{TNT} \times Q_{TNT}$$

所以

$$R_{轻伤} = Z_{轻伤}(E/p_0)^{1/3} = Z_{轻伤}(W_{TNT} \times Q_{TNT}/p_0)^{1/3}$$
$$= 1.672 \times (755 \times 4520000/101325)^{1/3} = 54 \ (m)$$

④ 财产损失半径：

$$R = \frac{K(W_{TNT})^{1/3}}{\left[1 + \left(\frac{3175}{W_{TNT}}\right)^2\right]^{1/6}} = \frac{4.6 \times 755^{1/3}}{\left[1 + \left(\frac{3175}{755}\right)^2\right]^{1/6}} = 68.2 \ (m)$$

【案例 2】 丁二烯储罐蒸气云爆炸

计算 100t 丁二烯储罐蒸气云爆炸伤害区。

① TNT 当量计算

$$W_{TNT} = \frac{1.8\alpha W_f Q_f}{Q_{TNT}} = \frac{1.8 \times 0.03 \times 100 \times 10^3 \times 50409}{4.52 \times 10^3} = 60223 \ (kg)$$

② 根据伤害的超压计算伤害半径：

死亡半径按超压 90kPa 计算；重伤半径按 44kPa 计算；轻伤半径按 17kPa 计算；财产损失半径按 13.8kPa 计算。

$$x = 0.3967(W_{TNT})^{1/3} \exp[3.5031 - 0.7241\ln\Delta p + 0.0398(\ln\Delta p)^2]$$

得死亡半径：$x = 104m$；重伤半径：$x = 155m$；轻伤半径：$x = 278m$；财产损失半径：$x = 319m$。

按照下式计算的死亡半径为：

$$R_{0.5} = 13.6\left(\frac{W_{TNT}}{1000}\right)^{0.37}$$

得

$$x^* = 62m$$

按下式计算的财产损失半径为：

$$R = \frac{4.6W_{TNT}^{1/3}}{\left[1 + \left(\frac{3175}{W_{TNT}}\right)^2\right]^{1/6}}$$

得

$$x^* = 180m$$

7.8.3.2 火球事故后果分析

计算 100t 丁二烯储罐沸腾液体扩展蒸气云爆炸（火球）伤害区。

解

火球直径： $\quad D = 5.8W^{1/3} = 5.8 \times (0.5 \times 100000)^{1/3} = 213.7 \ (m)$

火球持续时间： $\quad t = 0.45W^{1/3} = 0.45 \times (0.5 \times 100000)^{1/3} = 16.6 \ (s)$

根据死亡概率与热辐射计量的关系：

$$q = \left[\frac{1}{t}\exp\left(\frac{Pr + 37.23}{2.56}\right)\right]^{3/4} = 28710.5 \ (W/m^2)$$

伤害半径按 50% 伤害率计算。$Pr = 5$ 时，代入火球持续时间，计算热辐射通量 q：

$$q = \frac{fWH_c\tau}{4\pi t x^2}$$

其中 f 取 0.3，$\tau = 1 - 0.058\ln x$，$H_c = 50409kJ/kg$，

解得：死亡半径 $x = 291m$。

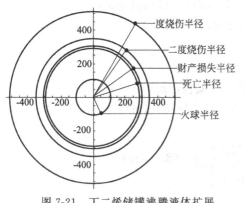

图 7-21 丁二烯储罐沸腾液体扩展
蒸气爆炸伤害范围图

同理：

二度烧伤 $q=19551.3\mathrm{W/m^2}$，伤害半径：$x=350\mathrm{m}$。
一度烧伤 $q=8574.5\mathrm{W/m^2}$，伤害半径：$x=519\mathrm{m}$。
财产损失 $q=26111.1\mathrm{W/m^2}$，伤害半径：$x=305\mathrm{m}$。
其中财产损失按点燃木材所需热通量计算。根据以上计算结果，绘制丁二烯储罐沸腾液体扩展蒸气爆炸伤害范围，见图 7-21。

7.8.3.3 地下储罐爆炸

某地下甲醇储罐区，每个甲醇储罐的体积为 $60\mathrm{m^3}$，请对其爆炸危害后果进行分析。

（1）爆炸能量计算

每个甲醇储罐的体积为 $60\mathrm{m^3}$，根据最大危险原则，假设 1 个储罐全部充满甲醇与空气的爆炸性混合气体，而且处于爆炸极限的上限，即混合气体中甲醇体积分数为 44%。甲醇在 25℃时的饱和蒸气压为 16830Pa，则储罐内甲醇的质量为：

$$W_f=16830\times60\times0.44\times32/(8.314\times298.15\times1000)=5.736 \text{（kg）}$$

TNT 当量 $W_{\mathrm{TNT}}=\alpha\beta W_f Q_f/Q_{\mathrm{TNT}}=4\%\times5.736\times1.8\times20000/4520=1.827 \text{（kg）}$

（2）爆炸危害后果计算

由于甲醇储罐埋地敷设，爆炸时周围土壤要吸收一部分能量，因此采用莱克霍夫计算方法进行分析。

莱克霍夫经过在沙质黏土中实验得出的冲击波超压与距离之间的关系式为：

$$\Delta p=8\left(\frac{R}{\sqrt[3]{W_{\mathrm{TNT}}}}\right)^{-3}$$

利用此公式可得到任意距离处的冲击波超压。

发生爆炸时形成强大的冲击波，冲击波的超压可造成人员伤亡和建筑物的破坏。表 7-23 和表 7-24 分别列出了不同冲击波超压下建筑物的损坏和人员的伤害程度以及利用莱克霍夫关系式得到的距离。

表 7-23 冲击波超压对人体的伤害作用

超压 Δp/MPa	伤害作用	伤害距离 R/m	超压 Δp/MPa	伤害作用	伤害距离 R/m
0.02~0.03	轻微作用	3.6~4.1	0.05~0.10	听觉器官损伤或骨折	2.4~3.1
0.03~0.05	内脏严重损伤	3.1~3.6	>0.1	大部分人员死亡	<2.4

表 7-24 冲击波超压对建筑物的破坏作用

超压 Δp/MPa	伤害作用	伤害距离 R/m	超压 Δp/MPa	伤害作用	伤害距离 R/m
0.005~0.006	门窗玻璃部分破碎	6.2~6.6	0.06~0.07	木建筑厂房房柱折断，房架松动	2.7~2.9
0.006~0.015	受压面的门窗玻璃大部分破碎	4.6~6.2	0.07~0.10	砖墙倒塌	2.4~2.7
0.015~0.02	窗框破坏	4.2~4.6	0.10~0.20	防震钢筋混凝土破坏，小房屋倒塌	1.9~2.4
0.02~0.03	墙裂缝	3.6~4.2	0.20~0.30	大型钢架结构破坏	1.7~1.9
0.04~0.05	墙大裂缝	3.1~3.3			

由表 7-23 可知，当超压小于 0.02MPa 时，人员才能免于损伤，此时的安全距离为 4.1m。根据表 7-24 可知，当超压小于 0.005MPa 时，建筑物才能免于遭受破坏，此时的安全距离

为 6.6m。

7.8.4 物理性爆炸事故后果分析

7.8.4.1 物理性爆炸品的 TNT 当量计算

请计算二氧化硫（液化的）、液氯储罐发生爆炸的 TNT 当量。

解 二氧化硫（液化的）、液氯储罐发生的爆炸属于物理性爆炸，其释放的爆炸能 E 为

$$E=\frac{pV}{\kappa-1}\left[1-\left(\frac{0.1013}{p}\right)^{\frac{\kappa-1}{\kappa}}\right]\times10^3$$

$$W_{TNT}=E/Q_{TNT}$$

液氯及液化的二氧化硫的各种参数及 TNT 当量见表 7-25。

表 7-25 物理性爆炸品的 TNT 当量

物质名称	P/MPa	V/m^3	K	E/kJ	TNT 当量/t
液氯	0.7	8.5	1.4	6312	1.42
液化的二氧化硫	0.3	8.5	1.25	2040	0.45

7.8.4.2 氮气钢瓶爆炸事故后果分析

选取 1t 氮气钢瓶发生爆炸为事故后果分析的样本。估算的数学模型为：爆破能量全部转变为冲击波能量，冲击波破坏的范围为以气瓶为球心、以 R 为半径的半圆球形区域。容器内气体的绝对压力为 15MPa，容器的容积，$0.04m^3$，气体的等熵指数为 1.4。

利用式(7-111)，就可以根据某些已知药量的实验所测的超压来确定在各种相应距离下爆炸时的超压，结果见表 7-26。

表 7-26 1000kgTNT 爆炸时冲击波超压

R_0/m	5	6	7	8	9	10	12	14	16	18	20
$\Delta p_0/MPa$	2.94	2.06	1.67	1.27	0.95	0.76	0.50	0.33	0.235	0.17	0.126
R_0/m	25	30	35	40	45	50	55	60	65	70	75
$\Delta p_0/MPa$	0.079	0.057	0.043	0.033	0.027	0.0235	0.0205	0.018	0.016	0.0143	0.013

因为充装后的气瓶压力、体积相同，爆破时的破坏作用是相同的，所以下面只对氮气单瓶爆破时的破坏作用进行计算。

已知条件：氮气瓶体积 $V=0.04m^3$，使用压力 15.0MPa，绝对压力 $p=15.0+0.1=15.1MPa$，氮气的等熵指数 $\kappa=1.397$。

解 氮气瓶爆破时的能量：

$$E_g=1.154\times106 \quad (J)$$

TNT 当量：

$$Q_{TNT}=1154\times103/4520\times103=0.255 \quad (kg)$$

与 1000kg TNT 的模拟比为：

$$\alpha=(0.255/1000)^{1/3}=0.0634$$

计算与模拟试验中的相当距离 R_0：

利用表 7-33，用内插法算出 Δp_0 等于 0.10、0.05、0.03、0.02 值时对应的 R_0 值，计算结果为：$R_{01}=22m$，$R_{02}=36m$，$R_{03}=42m$，$R_{04}=57m$。

计算 R 值：根据 $R=R_0/\alpha$ 公式计算出与各 R_0 值对应的 R 值：

$$R_1=22\times0.0634=1.4 \quad (m)$$

$$R_2 = 36 \times 0.0634 = 2 \text{ (m)}$$
$$R_3 = 42 \times 0.0634 = 2.7 \text{ (m)}$$
$$R_4 = 57 \times 0.0634 = 3.6 \text{ (m)}$$

根据以上计算，查表，可判定氮气瓶爆破时，在不同距离处的伤害、破坏作用。

ⅰ. 以爆源为中心，以 2.7m 为内半径，以 3.6m 为外半径的半球形区域间的人员受到轻微伤害，墙体出现裂缝；

ⅱ. 以爆源为中心，以 2m 为内半径，以 2.7m 为外半径的半环球形区域间的人员听觉器官损伤或骨折，墙体出现大裂缝，屋瓦掉下；

ⅲ. 以爆源为中心，以 1.4m 为内半径，以 2m 为外半径的半环球形区域间的人员内脏严重损伤或死亡，木建筑厂房房柱折断，屋架松动；

ⅳ. 以爆源为中心，以 1.4m 为半径的半球形区域内的人员大部分死亡，砖墙倒塌。

7.8.4.3　液氧储罐爆炸

试计算充装量为 80%，介质温度为 120K、压力为 1.0MPa 的 5m³ 液氧储罐的爆破能量。此时的液氧密度为 973.12kg/m³，$T_b = 90.05$K。

爆破能量为

$$E_L = \{[-79.84 - (-133.69)] - (3.44 - 2.94) \times 90.05\} \times 973.12 \times 5 \times 80\% = 34332 \text{ (kJ)}$$
$$W_{TNT} = 34332/4520 = 7.6 \text{ (kg)}$$

即相当于 7.6kg 的 TNT 爆炸能量。

7.8.4.4　压缩空气储罐爆炸

设有一压缩空气储罐，容积 15m³，压力 1MPa（表压），运行时容器破裂爆炸，试计算储气罐爆破时的能量，试估算距离为 10m 处的冲击波超压。

储气罐破裂时的能量：

$$E_g = \frac{pV}{\kappa - 1} \left[1 - \left(\frac{0.1013}{p} \right)^{\frac{\kappa-1}{\kappa}} \right] \times 10^3 = \frac{1.1 \times 15}{1.4 - 1} \left[1 - \left(\frac{0.1013}{1.1} \right)^{\frac{1.4-1}{1.4}} \right] \times 10^3 = 20.38 \times 10^3 \text{ (kJ)}$$

TNT 当量：

$$W_{TNT} = \frac{20.38 \times 10^3}{4520} = 4.51 \text{ (kg)}$$

与 1000kgTNT 的模拟比为：

$$\alpha = \left(\frac{4.51}{1000} \right)^{\frac{1}{3}} = 0.1652$$

与模拟试验中的相当距离为：

$$R_0 = \frac{R}{\alpha} = \frac{10}{0.1652} = 60.53 \text{ (m)}$$

查表 7-12，用插入法求得离爆源 10m 处的冲击波超压为 0.0178MPa。由表 7-13 和表 7-14 可查其对人员的伤害及对建筑物的破坏。

7.8.4.5　压力容器爆破时碎片能量及飞行距离计算

压力容器爆破时，壳体可能破裂为很多大小不等的碎片或碎块向四周飞散抛掷，造成人员伤亡或财产损失。

（1）碎片能量的计算

碎片飞出时具有动能，动能的大小与每块碎片的质量及速度的平方成正比，即

$$E = \frac{1}{2}mv^2 \tag{7-139}$$

式中 E——碎片的动能，J；

m——碎片的质量，kg；

v——碎片击中人或物体的速度，m/s。

根据有关研究：碎片击中人体时的动能在 26J 以上时，可致外伤；碎片击中人体时的动能在 60J 以上时，可致骨部外伤；碎片击中人体时的动能在 200J 以上时，可致骨部重伤。

（2）碎片飞行距离的计算

压力容器碎片飞离壳体时，一般具有 80～120m/s 的初速，即使在飞离容器较远的地方也常有 20～30m/s 的速度。

设爆破时压力容器或碎片离地面高度为 h，则压力容器或碎片平抛初速度 v_0 与飞行距离的关系可由下式计算：

$$v_0 = \frac{R}{\sqrt{2h/g}} \tag{7-140}$$

若压力容器爆破时碎片或容器抛出时与地面成 θ 角，则抛出初速 v_0 与飞行距离的关系为：

$$v_0 = \sqrt{\frac{Rg}{\sin 2\theta}} \tag{7-141}$$

式中 v_0——压力容器或碎片抛出的水平初速，m/s；

h——压力容器或碎片原来的离地高度，m；

g——重力加速度，m/s²；

R——抛出的水平距离，m。

（3）碎片穿透量的计算

压力容器爆破时，碎片常常会损坏或穿透邻近的设备管道，引发二次火灾、爆炸或中毒事故。

压力容器爆破时，碎片的穿透力与碎片击中时的动能成正比：

$$S = K_c \frac{E}{A} \tag{7-142}$$

式中 S——碎片对材料的穿透量，mm；

E——碎片击中物体时所具有的动能，J；

A——碎片穿透方向的截面积，mm²；

K_c——材料的穿透系数（见表 7-27）。

表 7-27 材料的穿透系数

材 料 名 称	钢 板	钢 筋 混 凝 土	木 材
穿透系数 K_c	1	10	40

例 设一压力容器爆破时有一 2kg 的碎片（截面积 400mm²），水平飞出初速为 100m/s，飞出击中邻近的一壁厚为 20mm 的钢制压力容器，试计算其穿透情况。

解 按式(7-142)及表 7-27，计算穿透厚度为：

$$S = K_c \frac{E}{A} = 1 \times \frac{\frac{1}{2} \times 2 \times 100^2}{400} = 25 \ (mm)$$

即可将邻近的壁厚为 20mm 的钢制压力容器穿透。

7.8.5 毒物泄漏事故后果分析

7.8.5.1 氯乙烯储罐泄漏事故后果分析

在某化工厂的合成工段有两个 22m³ 的氯乙烯单体中间储罐，每个储罐约存氯乙烯 20t。氯

乙烯的沸点 $t_0=-13.4℃$，储罐为常温储存，取 $t=37℃$，平均比热容 $c=1.23kJ/(kg \cdot ℃)$，平均汽化热 $q=330.25kJ/kg$。请计算一个氯乙烯储罐破裂时的毒害区。已知氯乙烯麻醉阈含量为 7.1%。

解　当一个氯乙烯储罐破裂时，其蒸发量为

$$W'=Wc(t-t_0)/q=20000×1.23×[37-(-13.4)]/330.25=3754.25 \text{（kg）}$$

蒸发后产生的蒸气体积 V_g 为

$$V_g=(22.4W'/M)[(273+t)/273]=(22.4×3754.25/62.5)×[(273-13.4)/273]=1279.5 \text{（m}^3\text{）}$$

氯乙烯麻醉阈含量为 7.1%，则氯乙烯可以产生的使人麻醉的有毒空气体积为：

$$V=V_g/C'=1279.5×100/7.1=18021 \text{（m}^3\text{）}$$

假设这些有毒空气以半球形向地面扩散，则该有毒气体的扩散半径 R 为：

$$R=(V/2.9044)^{1/3}=(18021/2.9044)^{1/3}=18.4 \text{（m）}$$

7.8.5.2　液氨储罐发生破裂泄漏的毒害区域估算

某企业有 1 台 $10m^3$ 的储氨器发生了泄漏，请估算其毒害区域。

解　储氨器充装系数 85%，则泄漏液体体积为 $8.5m^3$，储罐中液氨在 25℃ 时的密度为 $0.60×10^3 kg/m^3$，所以泄漏液体质量为 5100kg。

液氨泄漏时直接蒸发的液体所占百分比

$$F=100c_p\frac{T-T_0}{H}×100\%=100×4.6×[25-(-33.4)]/1.37×10^3=20.66\%$$

泄露时直接蒸发的液体量 w' 为：

$$5100kg×20.66\%=1053.7 \text{（kg）}$$

则在沸点下蒸发出的蒸气的初始体积 V_g 为

$$V_g=\frac{22.4W'}{M} \cdot \frac{273+t_0}{273}=\frac{22.4×1053.7}{17}×\frac{273-33}{273}=1220.6 \text{（m}^3\text{）}$$

氨吸入 5～10min 致死的体积分数 0.5%，其危险浓度下的有毒空气的体积：

$$V=V_g×100/0.5=1220.6×100/0.5=244120 \text{（m}^3\text{）}$$

假设这些有毒空气以半球形向地面扩散，则可以求出该有毒气体扩散的半径：

$$R=\sqrt[3]{\frac{V}{(1/2)×(4/3)\pi}}=\sqrt[3]{\frac{244120}{(1/2)×(4/3)\pi}}=48.84 \text{（m）}$$

8 火灾与爆炸防治技术

燃烧具有两面性：当可控制时，它能给人类带来光明和温暖，健康和智慧，促进人类物质文明不断发展；当不可控制时，它则给人类带来具有很大破坏性和多发性的灾害，对人类生命财产，生态环境构成巨大威胁。在时间或空间上失去控制，并对财产和人身造成伤害的燃烧现象，称为火灾。

火灾与爆炸都会带来生产设施的重大破坏和人员伤亡，但两者的发展过程显著不同。火灾是在起火后火场逐渐蔓延扩大，随着时间的延续，损失数量迅速增长，损失大约与时间的平方成比例，如火灾时间延长一倍，损失可能增加四倍。

爆炸则是猝不及防的。可能仅在 1s 内爆炸过程已经结束，设备损坏、厂房倒塌、人员伤亡等巨大损失也将在瞬间发生。爆炸通常伴随发热、发光、压力上升、真空和电离等现象，具有很大的破坏作用。它与爆炸物的数量和性质、爆炸时的条件以及爆炸位置等因素有关。爆炸的主要破坏形式有以下几种。

（1）直接的破坏作用

机械设备、装置、容器等爆炸后产生许多碎片，飞出后会在相当大的范围内造成危害。一般碎片在 100～500m 内飞散。

（2）冲击波的破坏作用

物质爆炸时，产生的高温高压气体以极高的速度膨胀，像活塞一样挤压周围空气，把爆炸反应释放出的部分能量传递给压缩的空气层，空气受冲击而发生扰动，使其压力、密度等产生突变，这种扰动在空气中传播就称为冲击波。冲击波的传播速度极快，在传播过程中，可以对周围环境中的机械设备和建筑物产生破坏作用和使人员伤亡。冲击波还可以在它的作用区域内产生振荡作用，使物体因振荡而松散，甚至破坏。冲击波的破坏作用主要是由其波阵面上的超压引起的。在爆炸中心附近，空气冲击波波阵面上的超压可达几个甚至十几个大气压，在这样高的超压作用下，建筑物被摧毁，机械设备、管道等也会受到严重破坏。当冲击波大面积作用于建筑物时，波阵面超压在 20kPa～30kPa 内，就足以使大部分砖木结构建筑物受到强烈破坏。超压在 100kPa 以上时，除坚固的钢筋混凝土建筑外，其余部分将全部破坏。

（3）造成火灾

爆炸发生后，爆炸气体产物的扩散只发生在极其短促的瞬间内，对一般可燃物来说，不足以造成起火燃烧，而且冲击波造成的爆炸风还有灭火作用。但是爆炸时产生的高温高压，建筑物内遗留大量的热或残余火苗，会把从破坏的设备内部不断流出的可燃气体、易燃或可燃液体的蒸气点燃，也可能把其他易燃物点燃引起火灾。当盛装易燃物的容器、管道发生爆炸时，爆炸抛出的易燃物有可能引起大面积火灾，这种情况在油罐、液化气瓶爆破后最易发生。正在运行的燃烧设备或高温的化工设备被破坏，其灼热的碎片可飞出，点燃附近储存的燃料或其他可燃物，引起火灾。

（4）造成中毒和环境污染

在实际生产中，许多物质不仅是可燃的，而且是有毒的，发生爆炸事故时，会使大量有害物质外泄，造成人员中毒和环境污染。

现代化工企业设计复杂、生产设备繁多、工艺繁杂、工艺路线交叉、明火作业和涂装作业较多，而生产原料和产品具有易燃、易爆、有毒等特性的企业，发生火灾及爆炸的危险性更大。新材料、新设备、新工艺、新技术的不断增多和进步,带来了新的火灾及爆炸危险、有害因素。

中华人民共和国消防法第二条规定:"消防工作贯彻预防为主,防消结合的方针"。"预防为主,防消结合"就是把预防火灾和扑救火灾结合起来,在消防工作中,要把火灾预防放在首位,积极贯彻落实各项防火措施,力求防止火灾的发生。无数事实证明,只要人们具有较强的消防安全意识,自觉遵守,执行消防法律、法规以及国家消防技术标准,遵守安全操作规程,大多数火灾是可以预防的。

在现实生活中各种火灾时有发生,因此,必须切实做好扑救火灾的各项准备工作,一旦发生火灾,能够及时发现,有效扑救,最大限度地减少人员伤亡和财产损失。

8.1 火灾发生的条件

8.1.1 火灾产生的原因

发生火灾事故的原因主要有以下九个方面。

ⅰ.用火管理不当。无论对生产用火(如焊接、锻造、铸造和热处理等工艺)还是对生活用火(如吸烟、使用炉灶等)的火源管理不善,都可能造成火灾。

ⅱ.对易燃物品管理不善,库房不符合防火标准,没有根据物质的性质分类储存。例如,将性质互相抵触的化学物品放在一起,遇水燃烧的物质放在潮湿地点等,都可能引起火灾。

ⅲ.电气设备绝缘不良,安装不符合规程要求,发生短路、超负荷、接触电阻过大等,都可能引起火灾。

ⅳ.工艺布置不合理,易燃易爆场所未采取相应的防火防爆措施,设备缺乏维护检修或检修质量低劣,都可能引起火灾。

ⅴ.违反安全操作规程,使设备超温超压,或在易燃易爆场所违章动火,吸烟或违章使用汽油等易燃液体,都可能引起火灾。

ⅵ.通风不良,生产场所的可燃蒸气、气体或粉尘在空气中达到爆炸浓度,遇火源引起火灾。

ⅶ.避雷设备装置不当,缺乏检修或没有避雷装置,发生雷击引起失火。

ⅷ.易燃、易爆生产场所的设备、管线没有采取消除静电措施,发生放电引起火灾。

ⅸ.棉纱、油布、沾油铁屑等,由于放置不当,在一定条件下发生自燃起火。

8.1.2 火灾事故的发展过程

通过对大量的火灾事故的研究分析得出,一般火灾事故的发展过程可分为四个阶段。

① 酝酿期 在这个阶段,可燃物质在点火源的作用下析出或分解出可燃气体,发生冒烟、阴燃等火灾苗子。

② 发展期 在这个阶段,火苗蹿起,火势迅速扩大。

③ 全盘期 在这个阶段,火焰包围所有可燃物质,使燃烧面积达到最大限度。此时,温度不断上升,气流加剧,并放出强大的辐射热。

④ 衰灭期 在这个阶段,可燃物质逐渐烧完或灭火措施奏效,火势逐渐衰落,终止熄灭。

8.1.3 火灾、爆炸事故的特点

火灾与爆炸事故往往连在一起,互相影响,它和一般发生的工伤事故(如触电、高处坠落、物体打击及车辆伤害等)相比较,有以下三个特点。

① 突发性 火灾与爆炸事故往往在人们意想不到的时候突然发生。因此,人们往往会认为是难以预防的,甚至会从而产生一种侥幸心理,面对事故险情却表现出麻痹大意。

② 复杂性　发生火灾和爆炸事故的原因往往比较复杂，例如发生火灾和爆炸事故的条件之一的点火源就有许多种；条件之二的可燃物更是种类繁多，再加上事故发生后，由于房屋倒塌、设备烧毁和人员伤亡等，也给事故原因的调查分析带来不少困难。

③ 严重性　火灾与爆炸事故都会造成巨大经济损失，打乱企业的生产秩序和造成人员的严重伤亡。例如，1979 年 12 月某煤气公司液化石油气厂发生的恶性爆炸，火灾事故，大火持续 23h，死亡 32 人，伤 54 人，耗资 600 万元，投产仅两年的新企业付之一炬。1987 年 5 月 6 日大兴安岭燃起的森林大火，足足烧了 28 天，死伤人数达 419 人，直接经济损失达 5 亿余元。

了解火灾的发展过程和特点，对于根据不同的情况，采取相应的预防火灾措施，有极其重要的现实意义。

8.2　生产过程的火灾爆炸危险性分类

在生产中，为预防火灾和爆炸事故的发生，首先应了解该生产过程存在物质的火灾爆炸危险性是属于哪一类型，存在哪些可能发生着火或爆炸的因素，发生火灾爆炸后火势蔓延扩大的条件等，从而制订出行之有效的防火与防爆措施。

8.2.1　生产的火灾危险性分类

生产的火灾危险性分类原则是在综合考虑全面情况的基础上，确定生产过程的火灾危险性类别。主要根据生产中物料的理化性质及其火灾爆炸危险程度，反应中所用物质的数量，采取的反应温度、压力以及使用密闭的还是敞开的设备进行生产操作等条件来进行分类。

生产的火灾危险性分类指生产过程中根据使用或生产物质的火灾危险性划分的类别。我国《建筑设计防火规范》根据生产中使用或产生的物质性质及其数量等因素将生产按火灾危险大小分成甲、乙、丙、丁、戊五类。这些生产类别的火灾危险性特征见表 8-1。

（1）甲类

甲类生产的火灾危险性特征是指使用或产生下列物质的生产。

ⅰ. 闪点小于 28℃ 的液体。如：闪点小于 28℃ 的油品和有机溶剂的提炼、回收或洗涤工段及其泵房，橡胶制品的涂胶和胶浆部位，二硫化碳的粗馏、精馏工段及其应用部位，青霉素提炼部位，原料药厂非纳西汀车间的烃化、回收及电感精馏部位，皂素车间的抽提、结晶及过滤部位，冰片精制部位，农药厂房，敌敌畏的合成厂房，磺化洗糖精厂房，氯乙醇厂房，环氧乙烷、环氧丙烷工段，苯酚厂房的磺化、蒸馏部位，焦化厂吡啶工段，胶片厂片基厂房，汽油加铅室，甲醇、乙醇、丙酮、丁酮、异丙醇、醋酸乙酯、苯等的合成或精制厂房，集成电路工厂的化学清洗间（使用闪点小于 28℃ 的液体），植物油加工厂的浸出厂房等。

ⅱ. 爆炸下限小于 10% 的气体。如：乙炔站，氢气站，石油气体分馏（或分离）厂房，氯乙烯厂房，乙烯聚合厂房，天然气、石油伴生气、矿井气、水煤气或焦炉煤气的净化（如脱硫）厂房，压缩机室及鼓风机室，液化石油气灌瓶间，丁二烯及其聚合厂房，醋酸乙烯厂房，电解水或电解食盐水厂房，环乙酮厂房，乙基苯和苯乙烯厂房，化肥厂的氢氮气压缩厂房，半导体材料厂使用氢气的拉晶间，硅烷热分解室、液氯灌瓶间等。

ⅲ. 常温下能自行分解或在空气中氧化即能导致迅速自燃或爆炸的物质。如：纤维素硝酸酯厂房及其应用部位，赛璐珞厂房，黄磷制备厂房及其应用部位，三乙基铝厂房，染化厂某些能自行分解的重氮化合物，甲胺厂房，丙烯腈厂房等。

表 8-1 生产的火灾危险性特征

生产类别	使用或产生下列物质生产的火灾危险性特征
甲	①闪点小于 28℃的液体 ②爆炸下限小于 10%的气体 ③常温下能自行分解或在空气中氧化能导致迅速自燃或爆炸的物质 ④常温下受到水或空气中水蒸气的作用,能产生可燃气体并引起燃烧或爆炸的物质 ⑤遇酸、受热、撞击、摩擦、催化以及遇有机物或硫黄等易燃的无机物,极易引起燃烧或爆炸的强氧化剂 ⑥受撞击、摩擦或与氧化剂、有机物接触时能引起燃烧或爆炸的物质 ⑦在密闭设备内操作温度大于等于物质本身自燃点的生产
乙	①闪点大于等于 28℃,但小于 60℃的液体 ②爆炸下限大于等于 10%的气体 ③不属于甲类的氧化剂 ④不属于甲类的化学易燃危险固体 ⑤助燃气体 ⑥能与空气形成爆炸性混合物的浮游状态的粉尘、纤维、闪点大于等于 60℃的液体雾滴
丙	①闪点大于等于 60℃的液体 ②可燃固体
丁	①对不燃烧物质进行加工,并在高温或熔化状态下经常产生强辐射热、火花或火焰的生产 ②利用气体、液体、固体作为燃料或将气体、液体进行燃烧作其他用的各种生产 ③常温下使用或加工难燃烧物质的生产
戊	常温下使用或加工不燃烧物质的生产

注:《建筑设计防火规范》第 3.1.2 条规定。

同一座厂房或厂房的任一防火分区内有不同火灾危险性生产时,该厂房或防火分区内的生产火灾危险性分类应按火灾危险性较大的部分确定。当符合下述条件之一时,可按火灾危险性较小的部分确定。

ⅰ. 火灾危险性较大的生产部分占本层或本防火分区面积的比例小于 5%或丁、戊类厂房内的油漆工段小于 10%,且发生火灾事故时不足以蔓延到其他部位或火灾危险性较大的生产部分采取了有效的防火措施;

ⅱ. 丁、戊类厂房内的油漆工段,当采用封闭喷漆工艺,封闭喷漆空间内保持负压、油漆工段设置可燃气体自动报警系统或自动抑爆系统,且油漆工段占其所在防火分区面积的比例小于或等于 20%。

ⅳ. 常温下受到水或空气中水蒸气的作用,能产生可燃气体并引起着火或爆炸的物质。如:金属钠、钾的加工厂房及其应用部位,聚乙烯厂房的一氯二乙基铝部位,三氯化磷厂房,多晶硅车间的三氯氢硅部位,五氯化磷厂房等。

ⅴ. 遇酸、受热、撞击、摩擦、催化以及遇有机物或硫黄等易燃的无机物,极易引起燃烧或爆炸的强氧化剂。如:氯酸钠、氯酸钾厂房及其应用部位,过氧化氢厂房,过氧化钠、过氧化钾厂房,次氯酸钙厂房等。

ⅵ. 受撞击、摩擦或与氧化剂、有机物接触时能引起着火或爆炸的物质。如:红磷制备厂房及其应用部位、五硫化二磷厂房及其应用部位。

ⅶ. 在密闭设备内操作温度等于或超过物质本身自燃点的生产。如:洗涤剂厂房的石蜡裂解部位、冰醋酸裂解厂房等。

(2) 乙类

乙类生产的火灾危险性特征是指使用或产生下列物质的生产。

ⅰ. 闪点大于或等于 28℃,但小于 60℃的液体。如:闪点大于或等于 28℃,但小于 60℃的油品和有机溶剂的提炼、回收、洗涤部位及其泵房,松节油或松香蒸馏厂房及其应用部位,醋酸酐精馏厂房,己内酰胺厂房,甲酚厂房,氯丙醇厂房,樟脑油提取部位,环氧氯丙烷厂房,松节油精制部位,煤油灌桶间等。

ⅱ. 爆炸下限大于或等于 10%的气体。如:一氧化碳压缩机室及其净化部位,发生炉煤气或鼓风炉煤气的净化部位，氨压缩机房等。

ⅲ.不属于甲类的氧化剂。如：发烟硫酸或发烟硝酸浓缩部位，高锰酸钾厂房，重铬酸钠厂房等。

ⅳ.不属于甲类的化学易燃危险固体。如：樟脑或松香提炼厂房，硫磺回收厂房，焦化厂精苯厂房等。

ⅴ.助燃气体。如：氧气站、空分厂房等。

ⅵ.能与空气形成爆炸性混合物的浮游状态的粉尘、纤维，闪点大于等于60℃的液体雾滴。如：铝粉或镁粉厂房，金属制品抛光部位，煤粉厂房，面粉厂的研磨部位，活性炭制造及再生厂房，谷物筒仓工作塔，亚麻厂的除尘器和过滤器室等。

（3）丙类

丙类生产的火灾危险性特征是指使用或产生下列物质的生产。

ⅰ.闪点大于等于60℃的液体。如：闪点大于等于60℃的油品和有机液体的提炼、回收工段及其抽送泵房，香料厂的松油醇、乙酸松油酯部位，苯甲醇厂房，苯乙酮厂房，焦化厂焦油厂房，甘油、桐油的制备厂房，油浸变压器室，机器油或变压器油灌桶间，柴油灌桶间，润滑油再生部位，配电室（每台装油量＞60kg的设备），沥青加工厂房，植物油加工厂的精炼部位等。

ⅱ.可燃固体。如：煤、焦炭、油母岩的筛分、运转工段和栈桥或储仓，木工厂房，竹、藤加工厂房，橡胶制品的压延、成型和硫化厂房，针织品厂房，纺织、印染、化纤生产的干燥部位，服装加工厂，棉花加工和打包厂房，造纸厂备料、干燥厂房，印染厂成品厂房、麻纺厂粗加工厂房，谷物加工厂房，卷烟厂的切丝、卷制、包装厂房，印刷厂的印刷厂房，毛涤厂选毛厂房，电视机、收音机装配厂房，显像管厂装配工段烧枪间，磁带装配厂房，集成电路工厂的氧化扩散间、光剂间，泡沫塑料厂的发泡、成型、印片、压花部位，饲料加工厂房等。

（4）丁类

丁类生产的火灾危险性特征是指具有下列情况的生产。

ⅰ.对不燃烧物质进行加工，并在高温或熔化状态下经常产生强辐射热、火花或火焰的生产。如：金属冶炼、锻造、铆焊、热轧、铸造、热处理厂房等。

ⅱ.利用气体、液体、固体作为燃料或将气体、液体进行燃烧作其他使用的各种生产。如：锅炉房，玻璃原料熔化厂房，灯丝烧拉部位，保温瓶胆厂房，陶瓷制品的烘干、烧成厂房，蒸汽机车库，石灰焙烧厂房，电石炉部位，耐火材料烧成部位，转炉厂房，硫酸车间熔烧部位，电极煅烧工段，配电室（每台装油量小于等于60kg的设备）等。

ⅲ.常温下使用或加工难燃物质的生产。如：铝塑材料的加工厂房，酚醛泡沫塑料的加工厂房，印染厂的漂炼部位，化纤厂后加工润湿部位等。

（5）戊类

戊类生产的火灾危险性特征是指常温下使用或加工不燃烧物质的生产。如：制砖车间，石棉加工车间，卷扬机室，水等不燃液体的泵房、阀门室及净化处理工段，金属（镁合金除外）冷加工车间，电动车库，钙、镁、磷肥车间（焙烧炉除外），造纸厂或化学纤维厂的浆粕蒸煮工段，仪表、器械或车辆装配车间，氟里昂厂房，水泥厂的转窑厂房，加气混凝土厂的材料准备、构件制作厂房等。

8.2.2　储存物品的火灾危险性分类

储存物品的火灾危险性应根据储存物品的性质和储存物品中的可燃物数量等因素，分为甲、乙、丙、丁、戊类，各类储存物品的火灾危险性见表8-2。

表 8-2   储存物品的火灾危险性分类及特征

仓库类别	储存物品的火灾危险性特征
甲	①闪点小于28℃的液体 ②爆炸下限小于10%的气体,以及受到水或空气中水蒸气的作用,能产生爆炸下限小于10%气体的固体物质 ③常温下能自行分解或在空气中氧化能导致迅速自燃或爆炸的物质 ④常温下受到水或空气中水蒸气的作用,能产生可燃气体并引起燃烧或爆炸的物质 ⑤遇酸、受热、撞击、摩擦以及遇有机物或硫磺等易燃的无机物,极易引起燃烧或爆炸的强氧化剂 ⑥受撞击、摩擦或与氧化剂、有机物接触时能引起燃烧或爆炸的物质
乙	①闪点大于或等于28℃,但小于60℃的液体 ②爆炸下限大于或等于10%的气体 ③不属于甲类的氧化剂 ④不属于甲类的化学易燃危险固体 ⑤助燃气体 ⑥常温下与空气接触能缓慢氧化,积热不散引起自燃的物品
丙	①闪点大于等于60℃的液体 ②可燃固体
丁	难燃烧物品
戊	不燃烧物品

注:《建筑设计防火规范》第3.1.4条规定,同一座仓库或仓库的任一防火分区内储存不同火灾危险性物品时,该仓库或防火分区的火灾危险性应按其中火灾危险性最大的类别确定。

第3.1.5条规定,丁、戊类储存物品的可燃包装重量大于物品本身重量1/4的仓库,其火灾危险性应按丙类确定。

难燃烧物品指在空气中受到火烧或高温作用时难起火、难微燃、难炭化,当火源移走后燃烧或微燃立即停止的物品。

不燃烧物品指在空气中受到火烧或高温作用时不起火,不微燃、不炭化的物品。

(1) 甲类储存物品

ⅰ. 闪点小于28℃的液体。如己烷、戊烷、石脑油、环戊烷、二硫化碳、苯、甲苯、汽油、60°以上的白酒。

ⅱ. 爆炸下限小于10%的气体,以及受到水或空气中水蒸气的作用,能产生爆炸下限小于10%气体的固体物质。如乙炔、氢、甲烷、丙烯、丁二烯、环氧乙烷、液化石油气等。

ⅲ. 常温下能自行分解或在空气中氧化即能导致迅速自燃或爆炸的物质。如纤维素硝酸酯、硝化纤维胶片、黄磷等。

ⅳ. 常温下受到水或空气中水蒸气的作用,能产生可燃气体并引起燃烧或爆炸的物质。如金属钾、钠、锂、钙、锶,氢化锂,氢化钠等。

ⅴ. 遇酸、受热、撞击、摩擦以及遇有机物或硫磺等易燃的无机物,极易引起燃烧或爆炸的强氧化剂。如氯酸钾、氯酸钠、过氧化钾、过氧化钠、硝酸铵等。

ⅵ. 受撞击、摩擦或与氧化剂、有机物接触时能引起燃烧或爆炸的物质。如红磷、五硫化磷、三硫化磷等。

(2) 乙类储存物品

ⅰ. 闪点大于或等于28℃,但小于60℃的液体。如煤油、松节油、丁烯醇、异戊醇、丁醚、醋酸丁酯、冰醋酸、樟脑油等。

ⅱ. 爆炸下限大于或等于10%的气体。如一氧化碳、氨气。

ⅲ. 不属于甲类的氧化剂。如硝酸铜、铬酸、亚硝酸钾、重铬酸钠、铬酸钾、硝酸、硝酸汞、发烟硫酸。

ⅳ. 不属于甲类的化学易燃危险固体。如硫磺、镁粉、铝粉、赛璐珞板（片）、樟脑、萘、生松香。

ⅴ. 助燃气体。如氧气、氟气。

ⅵ. 常温下与空气接触能缓慢氧化，积热不散引起自燃的物品。如漆布及其制品，油布及其制品，油脂及其制品，油绸及其制品。

（3）丙类储存物品

ⅰ. 闪点大于等于60℃的液体。如动物油、植物油、沥青、蜡、润滑油、闪点大于或等于60℃的柴油、糠醛。

ⅱ. 可燃固体。如化学、人造纤维及其织物，纸张、棉、毛、丝、麻及其织物，中药材，电视机、收录机等电子产品，计算机磁盘储存间。

（4）丁类储存物品

难燃烧物品。如自熄性塑料及其制品、酚醛泡沫塑料及其制品、水泥、刨花板。

（5）戊类储存物品

非燃烧物品。如钢材、铝材、玻璃及其制品，搪瓷制品、陶瓷制品、不燃气体、玻璃棉、岩棉、陶瓷棉、硅酸铝纤维、矿棉、石膏及其制品。

8.2.3 爆炸和火灾危险场所等级的划分

根据爆炸和火灾危险场所发生事故的可能性和后果即危险程度，爆炸和火灾危险环境电力装置设计规范（GB 50058—1992）中，将爆炸火灾危险场所划分为气体、蒸气爆炸危险环境，粉尘、纤维爆炸危险环境和火灾危险环境三种环境。

8.2.3.1 气体、蒸气爆炸危险环境

（1）爆炸危险区

根据爆炸性气体混合物出现的频繁程度和持续时间将此类危险环境分为0区、1区和2区。危险区域的大小受通风条件、释放源特征和危险物品性能参数的影响。

① 0级危险区域　指正常运行时连续出现或长时间出现或短时间频繁出现爆炸性气体、蒸气或薄雾的区域。

② 1级危险区域　指正常运行时预计周期性出现或偶然出现爆炸性气体、蒸气或薄雾的区域。

③ 2级危险区域　指正常运行时不出现，或即使出现也只可能是短时间偶然出现爆炸性气体、蒸气或薄雾的区域。

（2）非爆炸危险区域

凡符合下列条件之一者可划为非爆炸危险区域：

ⅰ. 没有释放源，且不可能有易燃物质侵入的区域；

ⅱ. 易燃物质可能出现的最大体积含量不超过爆炸下限的10%的区域；

ⅲ. 易燃物质可能出现的最大体积含量超过10%，但其年出现小时不超过图8-1限定范围的区域；

ⅳ. 在生产过程中使用明火的设备附近或使用表面温度超过该区域易燃物质点燃温度的炽热部件的设备附近；

ⅴ. 在生产装置外露天或敞开安装的输送爆炸危险物质的架空管道地带（但其阀门处需按具体情况另行考虑）。

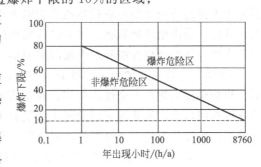

图8-1　非爆炸危险区域的划分

8.2.3.2 粉尘、纤维爆炸危险环境

根据爆炸性混合物出现的频繁程度和持续时间分为 10 级危险区域和 11 级危险区域。

① 10 级危险区域 指正常运行时连续出现或长时间出现或短时间频繁出现爆炸性粉尘、纤维的区域。

② 11 级危险区域 指正常运行时不出现，或仅在不正常运行时短时间偶然出现爆炸性粉尘、纤维的区域。

8.2.3.3 火灾危险环境

火灾危险环境分为 21 区、22 区和 23 区。

① 21 区 指在生产过程中产生、使用、加工、储存或转运闪点高于场所环境温度的可燃液体，而它们的数量和配置能引起火灾危险的环境。

② 22 区 指在生产过程中形成的悬浮状、堆积可燃粉尘或可燃纤维，它们虽然不会形成爆炸性混合物，但在数量上和配置上能引起火灾危险的环境。

③ 23 区 指有固体可燃物质，在数量上和配置上能引起火灾危险环境。

上述"正常运行"指正常的开车、运转、停车，密闭容器盖的正常开闭，产品的取出，安全阀、排放阀以及所有工厂设备都在其设计参数范围内工作的状态。"不正常运行"则包括装置损坏、误操作、维护不当及装置的拆卸、检修等。在划分一个场所是否有火灾危险时，要考虑可燃物质在场所内的数量和配置情况，以决定是否有引起火灾的可能，而不能简单地认为只要有可燃物质就属于火灾危险场所。

8.3 工业建筑的耐火等级

在世界各国的火灾中，建筑物火灾占首位。在建筑物火灾中，高层建筑火灾和公共娱乐场所火灾尤为突出。建筑防火是现代建筑设计和建设的重要内容，为保障建筑的使用安全和公民的生命财产安全，各国都制定有强制性的建筑防火法规。我国有《建筑设计防火规范》（以下简称《建规》）。耐火构件是建筑物中具有一定防火性能的材料组件或结构单元，如防火墙、梁、板、柱、屋顶和屋面等建筑物的基本构件和防火门、卷帘、防排烟及通风空调系统中的设施构件。在《建规》第七章"建筑构造"中，对各种构件的防火性能都作了明确的规定。鉴于篇幅的限制，本书只对耐火构件的耐火等级及耐火构件的分类和应用作以介绍。

8.3.1 建筑构件的耐火等级

耐火极限是指对任一建筑构件按时间-温度标准曲线进行耐火试验，从受到火的作用时起，到失去支持能力或完整性被破坏或失去隔火作用时为止的这段时间，用 h 表示。一座建筑物的耐火等级，是由组成建筑物的主要结构构件的耐火等级决定的，即由建筑物的墙、柱、梁、楼板等主要构件的燃烧性能和耐火极限决定的。

《建规》把建筑物的耐火等级分为四级。一级耐火等级建筑物的耐火性能最高，四级的最低。根据构件对建筑安全性的作用，对不同构件的耐火极限有不同的要求。承重墙和柱对建筑的支撑作用最大，因此对它们的耐火极限要求最苛刻。同时，各耐火等级的建筑物，除规定了建筑结构构件的最低耐火极限外，对其所用材料的燃烧性能也有具体的要求。以承重墙、支承多层的柱、梁、板为例，各耐火等级的建筑对它们的耐火性能和燃烧性能的要求如表 8-3 所示。

表 8-3 厂房（仓库）建筑构件的燃烧性能和耐火极限　　　　h

名称		耐火等级			
构件		一级	二级	三级	四级
墙	防火墙	不燃烧体 3.00	不燃烧体 3.00	不燃烧体 3.00	不燃烧体 3.00
	承重墙	不燃烧体 3.00	不燃烧体 2.50	不燃烧体 2.00	难燃烧体 0.50
	楼梯间和电梯井的墙	不燃烧体 2.00	不燃烧体 2.00	不燃烧体 1.50	难燃烧体 0.50
	疏散走道两侧的隔墙	不燃烧体 1.00	不燃烧体 1.00	不燃烧体 0.50	难燃烧体 0.25
	非承重外墙	不燃烧体 0.75	不燃烧体 0.50	难燃烧体 0.50	难燃烧体 0.25
	房间隔墙	不燃烧体 0.75	不燃烧体 0.50	难燃烧体 0.50	难燃烧体 0.25
柱		不燃烧体 3.00	不燃烧体 2.50	不燃烧体 2.00	难燃烧体 0.50
梁		不燃烧体 2.00	不燃烧体 1.50	不燃烧体 1.00	难燃烧体 0.50
楼板		不燃烧体 1.50	不燃烧体 1.00	不燃烧体 0.75	难燃烧体 0.50
屋顶承重构件		不燃烧体 1.50	不燃烧体 1.00	难燃烧体 0.50	燃烧体
疏散楼梯		不燃烧体 1.50	不燃烧体 1.00	不燃烧体 0.75	燃烧体
吊顶（包括吊顶搁栅）		不燃烧体 0.25	难燃烧体 0.25	难燃烧体 0.15	燃烧体

注：二级耐火等级建筑的吊顶采用不燃烧体时，其耐火极限不限。

8.3.2 厂房的耐火等级、层数和占地面积

厂房的耐火等级、层数和每个防火分区的最大允许建筑面积除《建规》另有规定者外，应符合表 8-4 的规定。

表 8-4 厂房的耐火等级、层数和防火分区的最大允许建筑面积

生产类别	厂房的耐火等级	最多允许层数	每个防火分区的最大允许建筑面积/m²			
			单层厂房	多层厂房	高层厂房	地下、半地下厂房，厂房的地下室、半地下室
甲	一级 二级	除生产必须采用多层者外，宜采用单层	4000 3000	3000 2000	— —	— —
乙	一级 二级	不限 6	5000 4000	4000 3000	2000 1500	— —
丙	一级 二级 三级	不限 不限 2	不限 8000 3000	6000 4000 2000	3000 2000 —	500 500 —
丁	一、二级 三级 四级	不限 3 1	不限 4000 1000	不限 2000 —	4000 — —	1000 — —

续表

生产类别	厂房的耐火等级	最多允许层数	每个防火分区的最大允许建筑面积/m²			
			单层厂房	多层厂房	高层厂房	地下、半地下厂房，厂房的地下室、半地下室
戊	一、二级	不限	不限	不限	6000	1000
	三级	3	5000	3000	—	—
	四级	1	1500	—	—	—

注：1. 防火分区之间应采用防火墙分隔。除甲类厂房外的一、二级耐火等级单层厂房，当其防火分区的建筑面积大于本表规定，且设置防火墙确有困难时，可采用防火卷帘或防火分隔水幕分隔。采用防火卷帘时应符合《建规》第7.5.3条的规定；采用防火分隔水幕时，应符合现行国家标准《自动喷水灭火系统设计规范》GB 50084 的有关规定。

2. 除麻纺厂房外，一级耐火等级的多层纺织厂房和二级耐火等级的单层、多层纺织厂房，其每个防火分区的最大允许建筑面积可按本表的规定增加 0.5 倍，但厂房内的原棉开包、清花车间均应采用防火墙分隔。

3. 一、二级耐火等级的单层、多层造纸生产联合厂房，其每个防火分区的最大允许建筑面积可按本表的规定增加 1.5 倍。一、二级耐火等级的湿式造纸联合厂房，当纸机烘缸罩内设置自动灭火系统，完成工段设置有效灭火设施保护时，其每个防火分区的最大允许建筑面积可按工艺要求确定。

4. 一、二级耐火等级的谷物筒仓工作塔，当每层工作人数不超过 2 人时，其层数不限。

5. 一、二级耐火等级卷烟生产联合厂房内的原料、备料及成组配方、制丝、储丝和卷接包、辅料周转、成品暂存、二氧化碳膨胀烟丝等生产用房应划分独立的防火分隔单元，当工艺条件许可时，应采用防火墙进行分隔。其中制丝、储丝和卷接包车间可划分为一个防火分区，且每个防火分区的最大允许建筑面积可按工艺要求确定。但制丝、储丝及卷接包车间之间应采用耐火极限不低于 2.00h 的墙体和 1.00h 的楼板进行分隔。厂房内各水平和竖向分隔间的开口应采取防止火灾蔓延的措施。

6. 本表中"—"表示不允许。

8.3.3 库房的耐火等级、层数和占地面积

仓库的耐火等级、层数和面积除《建规》另有规定者外，应符合表8-5的规定。

表 8-5 仓库的耐火等级、层数和面积

储存物品类别		仓库的耐火等级	最多允许层数	每座仓库的最大允许占地面积和每个防火分区的最大允许建筑面积/m²						
				单层仓库		多层仓库		高层仓库		地下、半地下仓库或仓库的地下室、半地下室
				每座仓库	防火分区	每座仓库	防火分区	每座仓库	防火分区	防火分区
甲	3、4 项	一级	1	180	60	—	—	—	—	—
	1、2、5、6 项	一、二级	1	750	250	—	—	—	—	—
乙	1、3、4 项	一、二级	3	2000	500	900	300	—	—	—
		三级	1	500	250	—	—	—	—	—
	2、5、6 项	一、二级	5	2800	700	1500	500	—	—	—
		三级	1	900	300	—	—	—	—	—
丙	1 项	一、二级	5	4000	1000	2800	700	—	—	150
		三级	1	1200	400	—	—	—	—	—
	2 项	一、二级	不限	6000	1500	4800	1200	4000	1000	300
		三级	3	2100	700	1200	400	—	—	—
丁		一、二级	不限	不限	3000	不限	1500	4800	1200	500
		三级	3	3000	1000	1500	500	—	—	—
		四级	1	2100	700	—	—	—	—	—

续表

储存物品类别	仓库的耐火等级	最多允许层数	每座仓库的最大允许占地面积和每个防火分区的最大允许建筑面积/m²						
			单层仓库		多层仓库		高层仓库		地下、半地下仓库或仓库的地下室、半地下室
			每座仓库	防火分区	每座仓库	防火分区	每座仓库	防火分区	防火分区
戊	一、二级	不限	不限	不限	不限	2000	6000	1500	1000
	三级	3	3000	1000	2100	700	—	—	—
	四级	1	2100	700	—	—	—	—	—

注：1. 仓库中的防火分区之间必须采用防火墙分隔；

2. 石油库内桶装油品仓库应按现行国家标准《石油库设计规范》GB 50074 的有关规定执行；

3. 一、二级耐火等级的煤均化库，每个防火分区的最大允许建筑面积不应大于 12000m²；

4. 独立建造的硝酸铵仓库、电石仓库、聚乙烯等高分子制品仓库、尿素仓库、配煤仓库、造纸厂的独立成品仓库以及车站、码头、机场内的中转仓库，当建筑的耐火等级不低于二级时，每座仓库的最大允许占地面积和每个防火分区的最大允许建筑面积可按本表的规定增加 1.0 倍；

5. 一、二级耐火等级粮食平房仓的最大允许占地面积不应大于 12000m²，每个防火分区的最大允许建筑面积不应大于 3000m²；三级耐火等级粮食平房仓的最大允许占地面积不应大于 3000m²，每个防火分区的最大允许建筑面积不应大于 1000m²；

6. 一、二级耐火等级冷库的最大允许占地面积和防火分区的最大允许建筑面积，应按现行国家标准《冷库设计规范》GB 50072 的有关规定执行；

7. 酒精度为体积分数 50% 以上的白酒仓库不宜超过 3 层；

8. 本表中"—"表示不允。

8.4 防火分隔与防爆泄压

8.4.1 防火墙

防火墙能在火灾初期和扑救火灾过程中，在一定的时间内，将火灾有效地限制在一定空间内，阻断在防火墙一侧而不蔓延到另一侧，从而限制了火灾事故范围。

《建规设计防火规范》中对防火墙的要求如下。

第 7.1.1 条　防火墙应直接设置在建筑物的基础或钢筋混凝土框架、梁等承重结构上，轻质防火墙体可不受此限。

防火墙应从楼地面基层隔断至顶板底面基层。当屋顶承重结构和屋面板的耐火极限低于 0.50h，高层厂房（仓库）屋面板的耐火极限低于 1.00h 时，防火墙应高出不燃烧体屋面 0.4m 以上，高出燃烧体或难燃烧体屋面 0.5m 以上。其他情况时，防火墙可不高出屋面，但应砌至屋面结构层的底面。

第 7.1.2 条　防火墙横截面中心线距天窗端面的水平距离小于 4.0m，且天窗端面为燃烧体时，应采取防止火势蔓延的措施。

第 7.1.3 条　当建筑物的外墙为难燃烧体时，防火墙应凸出墙的外表面 0.4m 以上，且在防火墙两侧的外墙应为宽度不小于 2.0m 的不燃烧体，其耐火极限不应低于该外墙的耐火极限。

当建筑物的外墙为不燃烧体时，防火墙可不凸出墙的外表面。紧靠防火墙两侧的门、窗洞口之间最近边缘的水平距离不应小于 2.0m；但装有固定窗扇或火灾时可自动关闭的乙级防火窗时，该距离可不限。

第 7.1.4 条　建筑物内的防火墙不宜设置在转角处。如设置在转角附近，内转角两侧墙上的门、窗洞口之间最近边缘的水平距离不应小于 4.0m。

第 7.1.5 条　防火墙上不应开设门窗洞口，当必须开设时，应设置固定的或火灾时能自动关闭的甲级防火门窗。

可燃气体和甲、乙、丙类液体的管道严禁穿过防火墙。其他管道不宜穿过防火墙，当必须穿过时，应采用防火封堵材料将墙与管道之间的空隙紧密填实；当管道为难燃及可燃材质时，应在防火墙两侧的管道上采取防火措施。

防火墙内不应设置排气道。

第 7.1.6 条 防火墙的构造应使防火墙任意一侧的屋架、梁、楼板等受到火灾的影响而破坏时，不致使防火墙倒塌。

8.4.2 防火间距

火灾不仅能在建筑物内部蔓延，而且还可能向四周临近建筑物蔓延。造成火灾蔓延的主要因素有以下几点。

① 热辐射 起火建筑物燃烧火焰的辐射热可以在一定距离内，把被它照射的可燃物"烤"着。

② 热对流 起火建筑物炽热的烟气由室内冲出后向上升，室外冷空气从下部进入室内，形成冷热空气的对流。炽热烟气冲出时的温度很高，能把距它很近的可燃物引燃。

③ 飞火 起火建筑物中有些尚未燃尽的物件，会在热对流的作用下被抛向空中，形成飞火。飞火落到其他建筑上，会将可燃物引燃。

在以上三种因素中，一般热辐射是最主要的。因此，为了防止火势从起火建筑物向邻近建筑物蔓延，并为消防扑救创造条件，设置防火间距是必要的。所谓防火间距就是当一幢建筑物起火时，其他建筑物在热辐射的作用下，没用任何保护措施时，也不会起火的最小距离。

为了防止明火等引燃源引燃相邻可燃物，民用建筑、明火、火花散发地距厂房、库房、设备应设置防火间距；为了阻止火灾蔓延，波及相邻可燃物，厂房、库房间，与民用建筑间应设置防火间距；为了防止火灾危及临近设备、设施，危险品库房与公路、铁路、电力设施、通信设施间也应设置防火间距。

（1）厂房之间及其与乙、丙、丁、戊类仓库、民用建筑等之间的防火间距

《建筑设计防火规范》中对防火间距有具体要求，除《规范》另有规定者外，不应小于表8-6 的规定。

表 8-6 厂房之间及其与乙、丙、丁、戊类仓库、民用建筑等之间的防火间距　　　　m

名称			甲类厂房	单层、多层乙类厂房（仓库）	单层、多层丙、丁、戊类厂房（仓库） 耐火等级			高层厂房（仓库）	民用建筑 耐火等级		
					一、二级	三级	四级		一、二级	三级	四级
甲类厂房			12.0	12.0	12.0	14.0	16.0	13.0	25.0		
单层、多层乙类厂房			12.0	10.0	10.0	12.0	14.0	13.0	25.0		
单层、多层丙、丁类厂房	耐火等级	一、二级	12.0	10.0	10.0	12.0	14.0	13.0	10.0	12.0	14.0
		三级	14.0	12.0	12.0	14.0	16.0	15.0	12.0	14.0	16.0
		四级	16.0	14.0	14.0	16.0	18.0	17.0	14.0	16.0	18.0
单层、多层戊类厂房		一、二级	12.0	10.0	10.0	12.0	14.0	13.0	6.0	7.0	9.0
		三级	14.0	12.0	12.0	14.0	16.0	15.0	7.0	8.0	10.0
		四级	16.0	14.0	14.0	16.0	18.0	17.0	9.0	10.0	12.0
高层厂房			13.0	13.0	13.0	15.0	17.0	13.0	13.0	15.0	17.0

续表

名称		甲类厂房	单层、多层乙类厂房（仓库）	单层、多层丙、丁、戊类厂房（仓库）			高层厂房（仓库）	民用建筑		
				耐火等级				耐火等级		
				一、二级	三级	四级		一、二级	三级	四级
室外变、配电站变压器总油量/t	≥5且≤10	25.0	25.0	12.0	15.0	20.0	12.0	15.0	20.0	25.0
	>10且≤50			15.0	20.0	25.0	15.0	20.0	25.0	30.0
	>50			20.0	25.0	30.0	20.0	25.0	30.0	35.0

注：1. 建筑之间的防火间距应按相邻建筑外墙的最近距离计算，如外墙有凸出的燃烧构件，应从其凸出部分外缘算起。

2. 乙类厂房与重要公共建筑之间的防火间距不宜小于50.0m。单层、多层戊类厂房之间及其与戊类仓库之间的防火间距，可按本表的规定减少2.0m。为丙、丁、戊类厂房服务而单独设立的生活用房应按民用建筑确定，与所属厂房之间的防火间距不应小于6.0m。必须相邻建造时，应符合本表注3、4的规定。

3. 两座厂房相邻较高一面的外墙为防火墙时，其防火间距不限，但甲类厂房之间不应小于4.0m。两座丙、丁、戊类厂房相邻两面的外墙均为不燃烧体，当无外露的燃烧体屋檐，每面外墙上的门窗洞口面积之和各小于等于该外墙面积的5%，且门窗洞口不正对开设时，其防火间距可按本表的规定减少25%。

4. 两座一、二级耐火等级的厂房，当相邻较低一面外墙为防火墙且较低一座厂房的屋顶耐火极限不低于1.00h，或相邻较高一面外墙的门窗等开口部位设置甲级防火门或防火分隔水幕或按《规范》第7.5.3条的规定设置防火卷帘时，甲、乙类厂房之间的防火间距不应小于6.0m；丙、丁、戊类厂房之间的防火间距不应小于4.0m。

5. 变压器与建筑之间的防火间距应从距建筑最近的变压器外壁算起。发电厂内的主变压器，其油量可按单台确定。

6. 耐火等级低于四级的原有厂房，其耐火等级应按四级确定。

（2）散发可燃气体、可燃蒸气的甲类厂房与铁路、道路等的防火间距

不应小于表8-7的规定，但甲类厂房所属厂内铁路装卸线当有安全措施时，其间距可不受表8-7规定的限制。

表8-7　甲类厂房与铁路、道路等的防火间距　　　　　　　　　　　　　　　　m

名称	厂外铁路线中心线	厂内铁路线中心线	厂外道路路边	厂内道路路边	
				主要	次要
甲类厂房	30.0	20.0	15.0	10.0	5.0

注：厂房与道路路边的防火间距按建筑距道路最近一侧路边的最小距离计算。

8.4.3　防爆泄压

为了减少建筑物因爆炸而造成的破坏，常常采用一些防爆泄压措施。防爆泄压设施包括轻质屋盖、门、窗、轻质墙体等。

泄压面积与厂房体积的比值（m²/m³）宜采用0.05～0.22。爆炸介质威力较强或爆炸压力上升速度较快的厂房，应尽量加大比值。体积超过1000m³的建筑，如采用上述比值有困难时，可适当降低，但不宜小于0.03。泄压面积的设置应避开人员集中的场所和主要交通道路，并宜靠近容易发生爆炸的部位。

《建筑设计防火规范》中有关规定。

ⅰ. 有爆炸危险的甲、乙类厂房应设置泄压设施。

ⅱ. 有爆炸危险的甲、乙类厂房，其泄压面积宜按式(8-1)计算，但当厂房的长径比大于3时，宜将该建筑划分为长径比小于或等于3的多个计算段，各计算段中的公共截面不得作为泄压面积：

$$A = 10CV^{2/3} \tag{8-1}$$

式中　A——泄压面积，m^2；

　　　V——厂房的容积，m^3；

C——厂房容积为 $1000m^3$ 时的泄压比,可按表 8-8 选取,m^2/m^3。

表 8-8　厂房内爆炸性危险物质的类别与泄压比值　　　　　　　　 m^2/m^3

厂房内爆炸性危险物质的类别	C 值
氨以及粮食、纸、皮革、铅、铬、铜等 $K_尘 < 10MPa \cdot m \cdot s^{-1}$ 的粉尘	≥0.030
木屑、炭屑、煤粉、锑、锡等 $10MPa \cdot m \cdot s^{-1} \leqslant K_尘 \leqslant 30MPa \cdot m \cdot s^{-1}$ 的粉尘	≥0.055
丙酮、汽油、甲醇、液化石油气、甲烷、喷漆间或干燥室以及苯酚树脂、铝、镁、锆等 $K_尘 > 30MPa \cdot m \cdot s^{-1}$ 的粉尘	≥0.110
乙烯	≥0.16
乙炔	≥0.20
氢	≥0.25

注:长径比为建筑平面几何外形尺寸中的最长尺寸与其横截面周长的积和 4.0 倍的该建筑横截面积之比。

ⅲ．泄压设施宜采用轻质屋面板、轻质墙体和易于泄压的门、窗等,不应采用普通玻璃。泄压设施的设置应避开人员密集场所和主要交通道路,并宜靠近有爆炸危险的部位。

作为泄压设施的轻质屋面板和轻质墙体的单位质量不宜超过 $60kg/m^2$。

屋顶上的泄压设施应采取防冰雪积聚措施。

8.5　火灾与爆炸监测

8.5.1　火灾监测仪表

火灾监测仪表是发现火灾苗头的设备。在火灾酝酿期和发展期陆续出现的火灾信息,有臭气、烟、热流、火光、辐射热等,这些都是监测仪表的探测对象。

8.5.1.1　感温报警器

感温报警器可以分为以下三种。

(1) 定温式

在安装检测器的场所温度上升至预定温度时,在感温元件的作用下发出警报。自动报警的动作温度一般采用 $65 \sim 100℃$。感温元件包括空气模盒、低熔点合金、双金属片(筒)、热敏半导体、铂电阻等。

定温式感温报警器采用低熔点合金作为感温元件的,其作用原理是低熔点的金属在达到预定温度时,感温元件熔断。采用双金属片、双金属筒作为感温元件的报警器是在达到设定温度时,元件变形达到某一限度,完成断开或接通电气回路中的触点,从而断开或接通讯号电气回路,发出警报。采用热敏半导体作感温元件的原理,是此元件对温度的变化比较敏感,在检测地点的温度发生变化时,它的电阻值将发生较大的变化。采用铂金属丝感温元件,遇温度变化时也会改变其电阻值,从而改变讯号电气回路中的电流,当达到预定温度时,讯号电气回路中的电流也变化到某一定值,即会报警。

(2) 差温式

在一定时间内的温升差超过某一限值时则报警。

由于火灾发生时,检测地点的温度在较短时间内急骤升高,根据这个特点,差动式感温报警器采用双金属片等感温元件,使得在一定时间内的温升差超过某一限值时,即发出警报。例如在 1min 内温度升高超过 10℃ 或 45s 内温度升高超过 20℃ 时即可报警。这就更接近于发生火灾的实际情况,严格限制在这样的条件下报警可以减少误报。

(3) 差定温式

具有上述定温式和差温式两种功能。为了提高自动报警器的准确性，有的感温报警器同时采用差动和定温两种感温元件。因而在检测点的温度变化时，既要达到差动式感温元件所预定时间内的温升差，又要同时达到定温式感温元件所预定的温度，才发出警报，这样就可进一步减少误报。这种报警器称为定温差动式感温报警器。

8.5.1.2 感烟报警器

感烟报警器能在事故地点刚发生阴燃冒烟还没有出现火焰时，即发出警报，所以它具有报警早的优点。根据敏感元件的不同，感烟报警器分为以下三种。

（1）离子感烟报警器

如图 8-2 所示，它是由两片镅 241 放射源片与讯号电气回路构成内电离室和外电离室。内电离室是密闭的，与安装场所内的空气不相通，场所内的空气可以在外电离室的放射源与电极间自由流通。当报警时，可燃物阴燃产生的烟雾进入报警器的外电离室，室内的部分离子被烟雾的微粒所吸附，使到达电极上的离子减少；即相当于外电离室的等效电阻值变大，而内电离室的等效电阻值不变，从而改变了内电离室和外电离室的电压分配。利用这种电讯号将烟雾信号转换为直流电压信号，输入报警器而发出声、光警报。

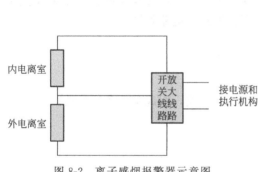

图 8-2 离子感烟报警器示意图

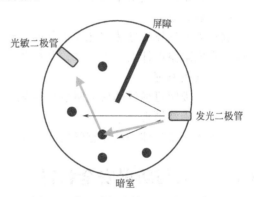

图 8-3 光电感烟式检测器原理示意图

（2）光电感烟报警器

这种报警器设有一个光电暗室（暗盒），将光电敏感元件安装在暗盒内，如图 8-3 所示。没有烟尘进入暗室时，发光二极管放出的光因有光屏障阻隔而不能投射到光敏二极管上，检测器没有电讯号输出；如有烟尘进入暗室时，发光二极管发出的光因散射作用而照射到光敏二极管上，光敏二极管工作状态发生变化，检测器发出电讯号。

采用光电感烟报警器时，可以从检测场所的各检测点设管路分别与检测器相连，再利用风机抽吸检测点的空气，使空气由光电暗盒通过。当报警时，由于空气中含有大量烟雾，检测器则发出信号。这种检测器适用于装设有排风装置的场所。

（3）红外光束感烟报警器

包括对射型和反射型两种。处于发射器和接收器之间的光路上的烟粒子吸收或散射红外光使红外光束强度发生变化而报警。具有保护面积大、安装位置较高的特点。

适宜保护较大的场所，尤其适宜保护难以使用点型探测器甚至根本不可能使用点型探测器的场所。

8.5.1.3 感光式火灾探测器

利用物质燃烧时火焰辐射的红外线和紫外线，制成红外检测器和紫外检测器。前者的敏感元件是硫化铅、硫化镉等制成的光导电池，这种敏感元件遇到红外辐射时即可产生电讯号；后者的敏感元件是紫外光敏电子管，它只对光辐射中的紫外线波段起作用。光电报警器不适于在明火作业的场所中使用，在安装检测器的场所也不应划火柴、烧纸张，报警系统未切断时也不能动火，否则易发生误报；在安装紫外线光电报警器的场所，还应避免使用氖气灯和紫外线灯，以防误报。

8.5.1.4　复合式火灾探测器

两种或两种以上火灾参数响应的探测器，它有感烟感温式、感烟感光式、感温感光式等几种形式。

8.5.2　测爆仪

爆炸事故是在具备一定的可燃气、氧气和火源这三要素的条件下出现的，其中可燃气的偶然泄漏和积聚程度，是现场爆炸危险性的主要监测指标，相应的测爆仪和报警器便是监测现场爆炸性气体泄漏危险程度的重要工具。

常用的可燃气测量仪表的原理有热催化、热导、气敏和光干涉等四种。

（1）热催化原理

可燃气体进入探测器时，在铂丝表面引起氧化反应（无焰燃烧），其产生的热量使铂丝的温度升高，铂丝的电阻率发生变化。

（2）热导原理

利用被测气体的导热与纯净空气的导热性的差异，把可燃浓度转换为加热丝温度和电路的变化，在电阻温度计上反映出来。其检测原理与热催化原理的电路相同。

（3）气敏原理

半导体吸附可燃气体后电阻发生变化。

（4）光干涉原理

根据含甲烷气体和洁净空气对光的折射率不同产生光程差，引起干涉条纹移动。

8.6　防火与防爆安全装置

阻止火焰的蔓延和爆炸是防止火灾扩大、减少火灾损失和人员伤亡必不可少的措施。人们从许多火灾爆炸事故中，总结了各方面的经验教训，并研制成了各种各样的防火防爆安全装置，在广泛的生产应用中，都取得了良好的效果。其主要装置如下。

8.6.1　阻火装置

阻火装置的作用是防止火焰窜入设备、容器与管道内，或阻止火焰在设备和管道内扩展。常见的阻火设备有安全水封、阻火器和单向阀。

（1）安全水封

一般装设在气体管线与生产设备之间，以水作为阻火介质。其作用原理是：来自气体发生器或气柜的可燃气体，经安全水封到生产设备中去。一旦在安全水封的两侧中任一侧着火，火焰至水封即被熄灭，从而阻止火势的蔓延。

安全水封的可靠性与容器内的液位直接有关，应根据设备内的压力保持一定的高度，否则起不到液封作用，运行中要经常检查液位高度。

寒冷地区为防止水封冻结，可通入蒸汽，也可加入适量甘油、矿物油、乙二醇、三甲酚磷酸酯等，或用食盐、氯化钙的水溶液等作为防冻液。

（2）阻火器

火焰在管中的蔓延速度随着管径的减少而减小。当管径小到某个极限值时，管壁的热损失大于反应热，从而使火焰熄灭。阻火器就是根据这一原理制成的。在管路上连接一个内装金属网或砾石的圆筒，则可以阻止火焰从圆筒的一端蔓延到另一端。

影响阻火器性能的因素是阻火层的厚度及其孔隙和通道的大小。某些可燃气体和蒸气阻火孔的临界直径如下：甲烷 0.4～0.5mm；氢、乙炔、汽油及天然石油气 0.1～0.2mm。

（3）单向阀

单向阀是仅允许流体向一定方向流动，遇有回流时自动关闭的一种器件。可防止高压燃烧气流逆向窜入未燃低压部分引起管道、容器、设备爆裂，或在可燃性气体管线上作为防止回头火的安全装置，如液化石油气的气瓶上的调压阀就是一种单向阀。

气体压缩机和油泵在停电、停气和不正常条件下可能倒流造成事故，应在压缩机和油泵的出口管线上设置单向阀。

8.6.2 泄压装置

泄压装置是防火防爆的重要安全装置，泄压装置包括安全阀和爆破片以及呼吸阀和放空管。

（1）安全泄压装置作用

ⅰ.设备正常工作时保持密闭不泄漏；

ⅱ.设备或容器内压力达到设定压力时，能自动开启，迅速释放部分介质，避免压力过高引起爆炸。

（2）泄压装置分类

① 阀型 安全阀，反应较慢，压力降低后可自动停止卸压。

② 断裂型 防爆膜（片、帽），反应快，一次性，需更换。

③ 熔化型 易熔合金塞，排放口小，用于小容器。

④ 组合型 阀、膜串联，阀、熔共用。

（3）各种泄压装置

① 安全阀 可设定开启压力。设备或容器内压力达到设定压力时，能自动开启，迅速释放部分介质。压力恢复正常时自动关闭。安全阀种类可分为弹簧式、静重式、先导式、杠杆式等。安全阀使用注意事项有以下几点。

ⅰ.正确选型。根据介质性质、压力、温度、容器额定压力、排放量等选型（阀型、压力、规格）。

ⅱ.合理安装。一般垂直安装；减小进气管阻力；注意出口反作用力和出口方向；用于有毒、易燃气体的处理。

ⅲ.严格调整密封性和压力。

ⅳ.定期维护。清洁、防腐、铅封、重锤移动、检验等。

② 爆破片 爆破片是压力容器、管道的重要安全装置，它能在规定的温度和压力下爆破，泄放压力。

爆破片安全装置具有结构简单、灵敏、准确、无泄漏、泄放能力强等优点。能够在黏稠、高温、低温、腐蚀的环境下可靠地工作，还是超高压容器的理想安全装置。广泛用于石油、化工、化肥、医药、冶金、空调等大型装置和设备上。

按照结构形式来分类，爆破片主要有三种，即平板型、正拱型和反拱型。平板型爆破片的综合性能较差，主要用于低压和超低压工况，尤其是大型料仓。正拱型和反拱型的应用场合较多。对于传统的正拱型爆破片，其工作原理是利用材料的拉伸强度来控制爆破压力，爆破片的拱出方向与压力作用方向一致。在使用中发现，所有的正拱型爆破片都存在相同的局限：爆破时，爆破片碎片会进入泄放管道；由于爆破片的中心厚度被有意减弱，易于因疲劳而提前爆破；操作压力不能超过爆破片最小爆破压力的 65%。由此导致了反拱型爆破片的出现。这种爆破片利用材料的抗压强度来控制其爆破压力，较之传统的正拱型爆破片，其具有抗疲劳性能优良、爆破时不产生碎片且操作压力可达其最小爆破压力 90％以上的优点。细分之下，反拱型爆破片包括反拱刻槽型、反拱腭齿型以及反拱刀架型等。

8.6.3 指示装置

指示系统的压力温度和水位，使操作者随时观察了解系统的状态，以便及时加以控制和妥善处理。常用的指示装置有压力表、温度计和水位计（或水位龙头）。

8.6.3.1 压力指示

压力采用压力表进行指示和监测。

（1）压力表中压力的概念

这里的压力概念，实际上指的是物理学上的压强，即单位面积上所承受压力的大小。

① 绝对压力　以绝对压力零位为基准，高于绝对压力零位的压力。

② 正压　以大气压力为基准，高于大气压力的压力。

③ 负压（真空）　以大气压力为基准，低于大气压力的压力。

④ 差压　两个压力之间的差值。

⑤ 表压　以大气压力为基准，大于或小于大气压力的压力。

⑥ 压力表　以大气压力为基准，用于测量小于或大于大气压力的仪表。

（2）压力表

在工业过程控制与技术测量过程中，由于机械式压力表的弹性敏感元件具有很高的机械强度以及生产方便等特性，使得机械式压力表得到越来越广泛的应用。

机械压力表中的弹性敏感元件随着压力的变化而产生弹性变形。机械压力表采用弹簧管（波登管）、膜片、膜盒及波纹管等敏感元件并按此分类。所测量的压力一般视为相对压力。一般相对点选为大气压力。弹性元件在介质压力作用下产生的弹性变形，通过压力表的齿轮传动机构放大，压力表就会显示出相对于大气压的相对值（或高或低）。

在测量范围内的压力值由指针显示，刻度盘的指示范围一般做成270℃。

（3）压力表的分类

压力表按其测量精确度，可分为精密压力表、一般压力表。精密压力表的测量精确度等级分别为 0.1、0.16、0.25、0.4 级；一般压力表的测量精确度等级分别为 1.0、1.6、2.5、4.0 级。

压力表按其指示压力的基准不同，分为一般压力表、绝对压力表、差压表。一般压力表以大气压力为基准；绝对压力表以绝对压力零位为基准；差压表测量两个被测压力之差。

压力表按其测量范围，分为真空表、压力真空表、微压表、低压表、中压表及高压表。真空表用于测量小于大气压力的压力值；压力真空表用于测量小于和大于大气压力的压力值；微压表用于测量小于 60000Pa 的压力值；低压表用于测量0～6MPa 压力值；中压表用于测量10～60MPa 压力值；高压表用于测量 100MPa 以上压力值。

耐振压力表的壳体制成全密封结构，且在壳体内填充阻尼油，由于其阻尼作用可以使用在工作环境振动或介质压力（载荷）脉动的测量场所。

带有电接点控制开关的压力表可以实现发讯报警或控制功能。

带有远传机构的压力表可以提供工业工程中所需要的电信号（比如电阻信号或标准直流电流信号）。

隔膜表所使用的隔离器（化学密封）能通过隔离膜片，将被测介质与仪表隔离，以便测量强腐蚀、高温、易结晶介质的压力。

压力表的弹性元件机械压力表中的弹性敏感元件随着压力的变化而产生弹性变形。机械压力表采用弹簧管（波登管）、膜片、膜盒及波纹管等敏感元件并按此分类。敏感元件一般是由铜合金、不锈钢或由特殊材料制成。

弹簧管（波登管）分为 C 型管、盘簧管、螺旋管等型式。一般采用冷作硬化型材料坯管，在退火态具有很高的塑性，经压力加工冷作硬化及定性处理后获得很高的弹性和强度。弹簧管在内腔压力作用下，利用其所具有的弹性特性，可以方便地将压力转变为弹簧管自由端的弹性位移。弹簧管的测量范围一般在 0.1～250MPa。

膜片敏感元件是带有波浪的圆形膜片，膜片本身位于两个法兰之间，或焊接在法兰盘上或其边缘夹在两个法兰盘之间。膜片一侧受到测量介质的压力。这样膜片所产生的微小弯曲变形可用来间接测量介质的压力。压力的大小由指针显示。膜片与波登管相比其传递力较大。由于膜片本身周围边缘固定，所以其防振性较好。膜片压力表可达到很高的过压保护（比如膜片贴附在上法兰盘上）。膜片还可以加上保护镀层以提高防腐性。利用开口法兰、冲洗、开口等措施可用膜片压力表测量黏度很大、不清洁的及结晶的介质。膜片压力表的压力测量范围在1600Pa～2.5MPa。

膜盒敏感元件由两块对扣在一起的呈圆形波浪截面的膜片组成。测量介质的压力作用在膜盒腔内侧，由此所产生的变形可用来间接测量介质的压力。压力值的大小由指针显示。膜盒压力表一般用来测量气体的微压，并具有一定程度的过压保护能力。几个膜盒敏感元件叠在一起后会产生较大的传递力来测量极微小的压力。膜盒压力表的压力测量范围在 250～60000Pa。

压力表应按规定定期校验。

8.6.3.2 温度指示

可采用温度计和热电偶监测温度参数。

温度计是测定温度的仪器之统称。它利用物质的某一物理属性随温度的变化来标志温度。根据使用目的的不同，已设计制造出多种温度计。其设计的依据有：利用固体、液体、气体受温度的影响而热胀冷缩的现象；在定容条件下，气体（或蒸气）压强因不同温度而变化；热电效应的作用；电阻随温度的变化而变化；热辐射的影响等。一般地说，任何物质的任一物理属性，只要它随温度的改变而发生单调的、显著的变化，都可用来标志温度而制成温度计。

（1）液晶温度计

用不同配方制成的液晶，其相变温度不同，当其相变时，其光学性质也会改变，使液晶看起来变了色。如果将不同相变温度的液晶涂在一张纸上，则由液晶颜色的变化，便可知道温度为何。此温度计之优点是读数容易，而缺点则是精确度不足，常用于观赏用鱼缸中，以指示水温。

（2）电阻温度计

金属的电阻会随温度增加而增加，在温度变化不大的情况下，其电阻与温度约成线性关系，在更大的温度范围，通常可用简单的二次多项式表示。透过测量金属的电阻，便可知道温度为何。此种温度计通常用铂金线制成，常用于精密的测量。由于铂金熔点高，所以可测量的温度范围更大，约在 $-250℃$ 至 $1200℃$ 左右。

（3）气体温度计

固定压力下，密度不大的气体，其体积和温度成线性关系。利用此关系制成的温度计，称为定压气体温度计。

（4）转动式温度计

转动式温度计是由一个卷曲的双金属片制成。双金属片一端固定，另一端连接着指针。两金属片因膨胀程度不同，在不同温度下，造成双金属片卷曲程度不同，指针则随之指在刻度盘上的不同位置，从刻度盘上的读数，便可知其温度。

(5) 半导体温度计

半导体的电阻变化和金属不同，温度升高时，其电阻反而减少，并且变化幅度较大。因此少量的温度变化也可使电阻产生明显的变化，所制成的温度计有较高的精密度，常被称为感温器。

(6) 热电偶温度计

热电偶温度计是由两条不同金属连接着一个灵敏的电压计所组成。金属接点在不同的温度下，会在金属的两端产生不同的电位差。电位差非常微小，故需灵敏的电压计才能测得。由电压计的读数，便可知道温度为何。

(7) 光测温度计

物体温度若高到会发出大量的可见光时，便可利用测量其热辐射的多寡以决定其温度，此种温度计即为光测温度计。此温度计主要是由装有红色滤光镜的望远镜及一组带有小灯泡、电流计与可变电阻的电路制成。使用前，先建立灯丝不同亮度所对应温度与电流计上的读数的关系。使用时，将望远镜对正待测物，调整电阻，使灯泡的亮度与待测物相同，这时从电流计便可读出待测物的温度了。

8.6.3.3 液位指示

液位计是指对容器中液体高度的变化进行实时连续检测的传感器，主要用于生产过程中对罐、釜、塔等液位或界面的检测与控制。

液位计由传感器和指示表两部分组成。浮球液位计液位传感器由装有磁簧管的不锈钢护管和装有磁钢的浮球组成。浮球液位计液位传感器的磁性浮球随着容器内液体升降而上下移动，利用感应作用使护管内的磁簧管动作，从而引起线性电阻的阻值变化，通过指示表指针变化来反映液位变化。磁翻柱液位计是根据浮力原理和磁性耦合作用原理工作的。

目前企业生产过程中所应用得液位计种类繁多，有伺服液位计、钢带液位计、浮筒液位计、磁翻板液位计、超声波液位计、磁致伸缩液位计、雷达液位计、电容液位计、玻璃板液位计、玻璃管液位计、吹气液位计、差压液位计、激光液位计和 γ 射线液位计等，用得最多的是压差液位计和浮筒液位计。

8.7 预防形成爆炸性混合物的方法

物质是燃烧的基础，设法消除或取代可燃物，限制可燃气体、蒸气或粉尘在空气中的体积分数，使性质互相抵触的物质分离等，就可以防止或减少火灾的发生。

8.7.1 以不燃或难燃材料代替可燃或易燃材料，提高耐火极限

由于工艺条件的限制，不少企业的一些生产过程仍在使用大量的可燃、易燃物料，火灾爆炸危险性很大。所以，使用不燃物料或火灾危险性较小的物料，代替易燃物料与火灾危险性较大的物料，为生产创造更为安全的条件，这是防火防爆的根本性措施。用截面 $20cm \times 20cm$ 的钢筋混凝土柱代替同样截面大小的木柱，其耐火极限可由 1h 提高到 2h；在木板和可燃的包装上涂刷用水玻璃调剂的无机防火涂料，其耐焰温度可达 1200℃；用乙酸纤维代替硝酸纤维制造电影胶片，其燃点可由 180℃ 提高到 320℃。

某制药厂的平阳霉素生产，工艺过程复杂、周期长，几十克的成品要耗掉甲醇、丙酮4000kg，且要反复二次使用，经过去杂、沉淀、过滤、精制等工序，有大量的易燃蒸气挥发在车间内，极易形成爆炸性混合物，生产工人称之为在炸弹上生产。该厂从改革生产工艺入手，经过反复调查论证，寻找代替甲醇和丙酮两种起溶媒作用的物质，又借鉴了其他抗生素的生产工艺条件，经过半年的努力，成功地采用树脂代替甲醇和丙酮作溶剂，这样整个生产过程

可以在水溶液中操作，使原来的甲类生产变为戊类生产，大大降低了生产工艺的危险性。

又如，在还原过程中，用铁粉和酸碱作用产生初生态氢使某些物质分子起还原反应，生产中有很多氢气产生，火灾危险较大。某厂经过多次试验，用多硫化钠代替了铁粉酸性还原，避免了氢气的产生，提高了还原效率98.5%，既促进了生产，又提高了生产工艺的安全度。

可燃液体在许多情况下，可以用不燃的溶剂来代替，这类物质有烷的氯衍生物，如二氯甲烷、四氯化碳、三氯甲烷及乙烷的氯衍生物（三氯乙烯）等。例如，为了溶解脂肪、油、树脂、沥青、橡胶以及制备油漆等，可用四氯化碳代替有燃烧危险的液体。又如使用汽油、丙酮、乙醇等易燃溶剂的生产可用丁醇、氯苯、四氯化碳、二氯乙烯等火灾危险性较小或不燃的溶剂代替。

在使用氯烃时必须注意，长时间吸入其蒸气有中毒的可能，在发生火灾时它们能分解而放出毒气。为了防止中毒，必须将设备密闭。在放出蒸气的地方将蒸气抽出，室内浓度不应超过规定的限度，发生事故时必须戴防毒面具。

8.7.2　密闭设备，不使可燃物料泄漏和空气渗入

许多可燃物料具有流动性和扩散性，如果盛装它们的设备和管路的密闭性不好，就会向外逸，造成"跑、冒、滴、漏"现象，以致在空间发生燃烧、爆炸事故。尤其是在负压条件操作时，如果密封不好，空气就会进入设备中，和设备中的可燃物料形成爆炸性混合物，从而有可能使设备发生严重的爆炸。通常渗漏多半发生于设备、管路及管件的各个连接处，或发生于设备的封头盖、人孔盖与主体的连接处，以及发生于设备的转轴与壳体的密封处。为保证设备系统的密闭性，通常采用下列办法。

① 尽量采用焊接接头，减少法兰连接　如用法兰连接，根据操作压力的大小，可以分别采用平面、准槽面和凹凸面等不同形状的法兰，同时衬垫要严密，螺丝要拧紧。

② 根据工艺温度、压力和介质的要求，选用不同的密封垫圈　一般工艺普遍采用石棉橡胶板（也有制成耐溶性、耐油性的石棉橡胶板）垫圈。在高温、高压或强腐蚀性介质中采用聚四氟乙烯等塑料板或金属垫圈。最近许多机泵改成端面机械密封，防漏效果较好。如果采用填料密封仍达不到要求时，有的可加水封或油封。

③ 注意检测试漏　设备系统投产前和大修后开车前应结合水压试验，用压缩氮气或压缩空气做气密性检验。即使设备内的压力升到一定数值，保持一段时间，如果压力不降低，或降低不超过规定，即可认为合格。或者向设备内充入惰性气体，受压后，再用肥皂水喷涂在焊缝、法兰等连接处，如有渗漏，即会产生泡沫。也可以针对设备内存放物质的特性，采用相应的试漏措施。例如设备内有氯气和氯化氢气，可用氨气在设备各部位试熏，产生白烟处，即为渗漏点；如设备内系酸性或碱性气体，可利用试纸试验，渗漏处能使试纸变色。

④ 正确选择操作条件　由物质的原理可知，物质爆炸极限与温度、压力有关，即爆炸浓度范围随原始温度、压力的增大而变宽，反之亦然。因此，可以在爆炸极限之外（大于上限或小于下限）的条件下，选择安全操作的温度和压力。

ⅰ. 安全操作温度的选择。消除形成爆炸浓度极限的温度有两个，一是低于闪点或爆炸下限的温度，二是高于上限的温度。如何确定其安全操作温度，应当根据物料的性质和设备条件而定。

ⅱ. 安全操作压力的选择。在温度不变的条件下，安全操作的压力亦有两个：一是高于爆炸上限的压力，二是低于爆炸下限的压力。由于负压生产不仅可以降低可燃物在设备中的浓度，而且还可以避免蒸气从不严密处逸散和防止蒸气从微隙中冲出而带静电，故对溶剂一般选择常压或负压操作。但对于某些工艺，压力太低也不好，如煤气导管中的压力应略高于大气压，若压力降低，就有空气渗入，可能会发生爆炸。通常可设置压力报警器，在设备内压力失

常时报警。

⑤ 设备在平时要注意检查、维修、保养　如发现配件、填料破损要及时维修或更换，及时紧固松弛的法兰螺丝，以切实减少和消除泄漏现象。

8.7.3　加强通风，使可燃气体、蒸气或粉尘达不到爆炸极限

要使设备达到绝对密闭是很难办到的，而且生产过程中有时会挥发出某些可燃性物质，因此，为保证车间的安全，使可燃气体、蒸气或粉尘达不到爆炸浓度范围，采取通风是行之有效的技术措施。通风可分为自然通风和机械通风，按更换空气的作用又分为排风和送风。通风换气次数要有保证，自然通风不足，要加设机械通风。

通风排气口的设置要得当。比空气轻的可燃气体和蒸气的排风口应设在室内建筑的上部，比空气重的可燃气体的排风口应设在下部。

通风方式一般宜采取自然通风，但自然通风不能满足要求时应采取机械通风。如木工车间、喷漆厂房（或部位）、油漆厂的过滤、调漆工段、汽油洗涤工房都应有强有力的机械通风设施；高压聚乙烯生产的乙烯压缩机房，酸性蓄电池的开口式充电房，面粉厂的制粉间等，都应有一定的通风设施。

散发可燃气体或蒸气的场所内的空气不可再循环使用，其排风和送风设施应设独立的通风室；散发有可燃粉尘或可燃纤维的生产厂房内的空气，需要循环使用时应经过净化处理。

8.7.4　严格清洗或置换

对于加工、输送、储存可燃气体的设备、容器和管路、机泵等，在使用前必须用惰性气体置换设备内的空气，否则，原来留在设备内的空气便会与可燃气体形成爆炸性混合物。在停车前也应用同样方法置换设备内的可燃气体，以防空气进入形成爆炸性混合物。特别是在检修中可能使用和出现明火或其他点火源时，设备内的可燃气体或易燃蒸气，必须经置换并分析合格才能进行检修。对于盛放过易燃液体的桶、罐或其他容器，动火焊补前，还必须用水蒸气或水将其中残余的液体及沉淀物彻底清洗干净并分析合格。置换、清洗和动火分析均应符合动火管理的有关要求，并严格操作规程。

8.7.5　惰性介质保护

当可燃性物质难免与空气中的氧气接触时，用惰性介质保护是防止形成爆炸混合物的重要措施，这对防火防爆有很大实际意义。工业生产中常用的惰性气体有氮气、二氧化碳、水蒸气及烟道气等。在防火技术上常在以下几种场合使用。

ⅰ. 易燃固体的粉碎、筛选处理及粉末输送时，一般用惰性气体进行保护。

ⅱ. 在处理（包括开工、停工、动火等）易燃、易爆物料的系统时作为置换使用。

ⅲ. 易燃液体利用惰性气体进行充压输送，如油漆厂的热炼车间，油料由反应釜反应完毕后用二氧化碳气体压送到稀释罐等；

ⅳ. 在有爆炸危险场所，对有可能引起火花的电气设备、仪表等（除有防爆炸性能的外），采用充氮气正压保护。

ⅴ. 当发生易燃、易爆物料泄漏或跑料时，用惰性气体冲淡、稀释或着火时用其灭火等。

参 考 文 献

[1] 潘旭海. 事故性泄漏动力学过程的理论与实验研究：[博士论文]. 南京：南京工业大学. 2004.
[2] 崔克清主编. 安全工程燃烧爆炸理论与技术. 北京：中国计量出版社，2005.
[3] 魏新利，李惠萍，王自健. 工业生产过程安全评价. 北京：化学工业出版社，2005.
[4] 中华人民共和国公安部政治部编. 消防燃烧学. 北京：中国人民公安大学出版社，1996.
[5] 刘荣海，陈网桦，胡毅婷编著. 安全原理与危险化学品测评技术. 北京：化学工业出版社，2004.
[6] 郑端文. 危险品防火. 北京：化学工业出版社，2003.
[7] 王凯全，邵辉，袁雄军. 危险化学品安全评价方法（第二版），北京：中国石化出版社，2010.
[8] 吴宗之，高进东，魏利军. 危险评价方法及其应用. 北京：冶金工业出版社，2001.
[9] 魏利军. 重气扩散过程的数值模拟：[博士论文]. 北京：中国科学院上海冶金研究所，2000.
[10] 黄沿波，梁栋，李剑峰等. 重气扩散模型分类方法，安全与环境工程，2008，15（4）.
[11] 郑远攀，钱新明，冯长根. 重气扩散研究方法及其比较，安全与环境学报，2008，8（5）.
[12] 黄琴，蒋军成. 重气扩散研究综述，安全与环境工程，2007，14（4）.
[13] 何莎，袁宗明，喻建胜. 重气效应研究进展，中国测试技术，2008，34（4）.
[14] 崔政斌，石跃武. 防火防爆技术. 北京：化学工业出版社，2010.
[15] 张应力，张莉. 工业企业防火防爆. 北京：中国电力出版社，2003.
[16] 黄郑华，李建华，黄汉京. 化工生产防火防爆安全技术，北京：中国劳动出版社，2006.
[17] 公安部人民警察干部学校编. 石油和化工企业防火. 北京：群众出版社，1980.
[18] 马良，杨守生主编. 石油化工生产防火防爆. 北京：中国石化出版社，2005.
[19] GB 6944—2005 危险货物分类和品名编号.
[20] GB 13690—2009 化学品分类和危险性公示通则.
[21] GB 190—1990 危险货物包装标志.
[22] 王济昌主编. 现代科学技术知识词典. 北京：中国科学技术出版社，2008.
[23] 杨立中. 工业热安全工程. 合肥：中国科学技术大学出版社，2001.
[24] 张国顺. 燃烧爆炸危险与安全技术. 北京：中国电力出版社，2003.
[25] 田兰等. 化工生产安全技术. 北京：化学工业出版社，1984.
[26] 冯肇瑞，杨有启. 化工安全技术手册. 北京：化学工业出版社，1999.
[27] 中华人民共和国劳动部. 工业防爆实用技术手册. 沈阳：辽宁科技出版社，1998.
[28] 陈莹. 工业防火与防爆。北京：中国劳动出版社，1993.
[29] （美）欧文·格拉斯曼著. 赵惠富，张宝诚译. 燃烧学. 北京：科学出版社，1983.
[30] 张守中主编. 爆炸基本原理. 北京：国防工业出版社，1988.
[31] 宇德明. 易燃、易爆、有毒危险品储运过程定量风险评价. 北京：中国铁道出版社，2000.
[32] 杨泗霖. 防火与防爆. 北京：首都经贸大学出版社，2000.
[33] 高永庭. 防火防爆工学. 北京：国防工业出版社，1989.
[34] （日）北川彻三. 化学安全工学. 北京：群众出版社，1981.
[35] 徐厚生，赵双其. 防火防爆. 北京：化学工业出版社，2004.
[36] 中国石油化工集团公司安全监督局. 石油化工防火与灭火. 北京：中国石化出版社，1998.
[37] 周忠元，陈桂琴. 化工安全技术与管理（第二版）. 北京：化学工业出版社，2002.
[38] （日）前泽正礼著. 魏殿柱，董裕译. 安全工程学. 北京：化学工业出版社，1989.
[39] 蔡凤英，谈宗山，孟赫等. 化工安全工程 [M]. 北京：科学出版社，2001.
[40] Daniel A. Crowl, Joseph F. Louvar 著. 蒋军成，潘旭海译. 化工过程安全原理理论及应用 [M]. 北京：化学工业出版社，2006.
[41] 北川彻三著，黄九华译. 爆炸事故的分析 [M]. 北京：化学工业出版社，1984.
[42] 赵衡阳. 气体和粉尘爆炸原理 [M]. 北京：北京理工大学出版社，1996.

[43] Dag Bjerketvedt，Jan Roar Bakke，Kees van Wingerden. Gas explosion handbook [J]. Journal of Hazardous Materials，1997，52 (1)：1-150.

[44] 崔克清 . 安全安全工程大辞典 [M]. 北京：化学工业出版社，1995.

[45] 田兰，曲和鼎，蒋永明等 . 化工安全技术 [M]. 北京：化学工业出版社，1984.

[46] 万俊华，郜冶，夏允庆 . 燃烧理论基础 [M]. 哈尔滨：哈尔滨工程大学出版社，2007.

[47] 蒋军成 . 化工安全 [M]. 北京：中国劳动和社会保障出版社，2008.

[48] 李萌中 . 石油化工防火防爆手册 [M]. 北京：中国石化出版社，2003.

[49] 任作鹏 . 消防燃烧学 [M]. 北京：中国建筑工业出版社，1994.

[50] GB 50016—2006 建筑设计防火规范 .

[51] GB 18218—2009 危险化学品重大危险源辩识 .

[52] GB 3836.1—2010 爆炸性环境第 1 部分：设备通用要求 .

[53] GB 50058—1992 爆炸和火灾危险环境电力装置设计规范 .